中高职衔接系列教材

建筑识图与房屋构造

主编　张凌燕　易云梅

中国水利水电出版社
www.waterpub.com.cn

内 容 提 要

本书系统介绍了建筑施工图的基本概念和专业知识，涉及投影原理、相关标准、房屋建筑的基本知识，重点是识图方法和技巧。本书首先介绍了投影原理，然后依照施工图图纸的顺序，融入房屋主要构造知识，并结合一套完整的工程施工图展开论述，内容精炼而又具有系统性。

本书可作为高等职业技术院校建筑类专业教材，也可供其他各类工程技术人员阅读参考。

图书在版编目（CIP）数据

建筑识图与房屋构造 / 张凌燕，易云梅主编. -- 北京：中国水利水电出版社，2016.6(2022.7重印)
中高职衔接系列教材
ISBN 978-7-5170-3949-5

Ⅰ. ①建… Ⅱ. ①张… ②易… Ⅲ. ①建筑制图－识别－高等职业教育－教材②房屋结构－高等职业教育－教材 Ⅳ. ①TU2

中国版本图书馆CIP数据核字(2015)第315844号

书　名	中高职衔接系列教材 **建筑识图与房屋构造**
作　者	主编　张凌燕　易云梅
出版发行	中国水利水电出版社 （北京市海淀区玉渊潭南路1号D座　100038） 网址：www.waterpub.com.cn E-mail：sales@mwr.gov.cn 电话：（010）68545888（营销中心）
经　售	北京科水图书销售有限公司 电话：（010）68545874、63202643 全国各地新华书店和相关出版物销售网点
排　版	中国水利水电出版社微机排版中心
印　刷	北京市密东印刷有限公司
规　格	184mm×260mm　16开本　14.5印张　382千字　13插页
版　次	2016年6月第1版　2022年7月第3次印刷
印　数	4001—6500册
定　价	**47.00**元

凡购买我社图书，如有缺页、倒页、脱页的，本社营销中心负责调换

本书编写人员

主　编　张凌燕　易云梅

副主编　黄　冰　李小莲　吴　萍

参　编　庞　玲（中职）　蒙　萱（中职）

前言 QIANYAN

本书以国家职业教育有关改革精神为指导，以高等职业教育人才培养的要求为目标，定位于综合能力与职业素养的培养，融“教、学、做”为一体。本书体现了职业教育改革方向，依据教育部最新教学指导方案，按照“以服务为宗旨、以就业为导向”的精神，注重能力与基础知识融会贯通，以“基础理论够用为度”为原则，重点突出实用性。本书采用项目形式，以识图为主线，融入建筑物构造原理，使学生掌握从事建筑施工、工程造价工作应具备的核心知识和操作技能，为后续课程做准备，为专业工作服务。

全书共11个项目，由张凌燕、易云梅主编，并负责全书的统稿工作。编写分工如下：项目1和项目2由吴萍编写，项目3和项目6由易云梅编写，项目4由黄冰编写，项目5和项目7由李小莲编写，项目8和项目10由张凌燕编写，项目9由庞玲编写，项目11由蒙萱编写。

限于编写时间和编写水平，书中难免存在不足和不当之处，恳请读者批评指正，诚挚希望本书能为读者学习识图知识带来更多的帮助。

编者

2016年5月

目录 MULU

项目 1

投 影 基 础 知 识

【学习目标】

知识目标：掌握工程图投影原理、正投影方法，点、线、面、体的正投影作图及基本形体的尺寸标注规则，学习轴测图的简易画法，了解剖视图、断面图的基本常识。

技能目标：提高空间想象能力，掌握绘制和识读简单建筑形体的视图的基本技能。

【情景导入】

阅读如图 1.0－1（a）所示简易房屋的工程图，你能否想象出它们的实际空间形状是单位的门卫值班室？能否将图 1.0－1（a）中的部位与图 1.0－1（b）、（c）相对应？

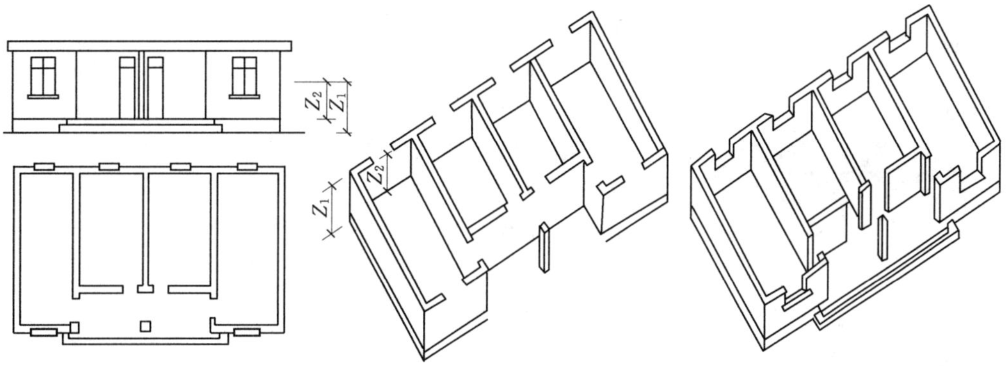

（a）房屋的立面图和平面图　（b）画内外墙角、墙脚线和柱　（c）画门窗洞、窗台和台阶

图 1.0－1　简易房屋的工程图

任务 1.1　投　影　原　理

【内容简介】

本任务通过学习工程图中投影的概念、正投影法基本原理，要求掌握形体的基本视图、剖视图、断面图的知识，并了解基本形体尺寸标注的一般规则。

1.1.1　投影基本知识

1. 投影的概念

日常生活中，人们经常可以看到，在阳光或灯光的照射下，物体会在地面或墙面上留下影子，影子灰黑一片，只能反映物体外形的轮廓，而上部形状则被黑影所代替，不能体现物体的本来面目，如图 1.1－1 所示。

人们将自然界的这一物理现象加以科学的抽象和概括，把光线抽象为投影线，把物体

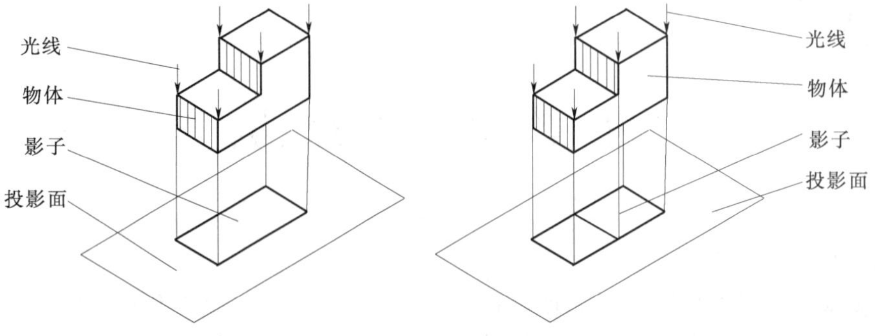

图 1.1-1　影子和投影

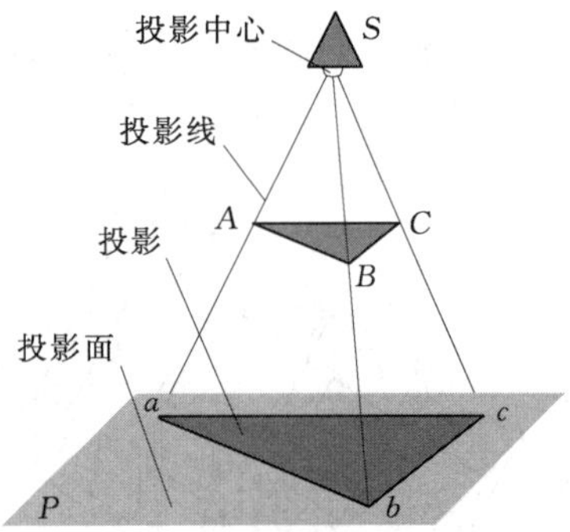

图 1.1-2　投影的形成

抽象为形体（只研究其形状、大小、位置，而不考虑它的物理性质和化学性质的物体），把地面抽象为投影面，即假设光线能穿透物体，而将物体表面上的各个点和线都在承接影子的平面上落下它们的影子，从而使这些点、线的影子组成能够反映物体形状的“线框图”，如图 1.1-2 所示。我们把这样形成的“线框图”称为投影。把能够产生光线的光源称为投影中心，光线称为投影线，承接影子的平面称为投影面。这种把空间形体转化为平面图形的方法称为投影法。

要产生投影必须具备投影线、形体、投影面，这就是投影的三要素。

2. 投影的分类

根据投影线之间的相互关系，可将投影分为中心投影和平行投影。

(1) 中心投影。当投影中心 S 在有限的距离内，所有的投影线都交汇于一点，这种方法所产生的投影，称为中心投影，如图 1.1-3 所示。

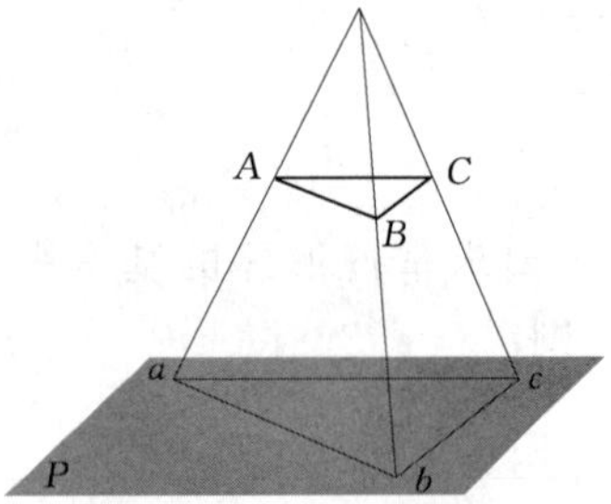

图 1.1-3　中心投影

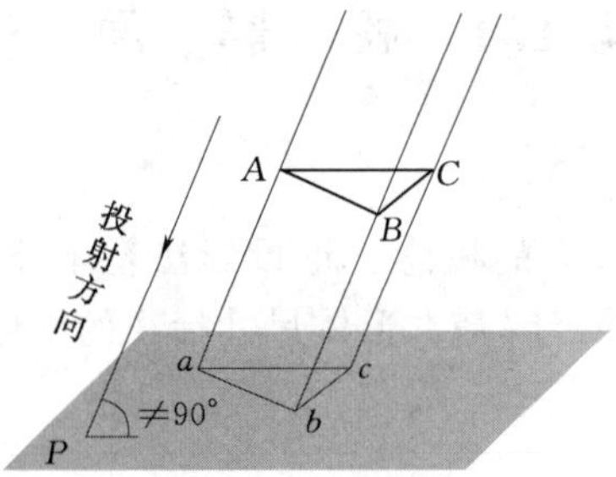

图 1.1-4　斜投影

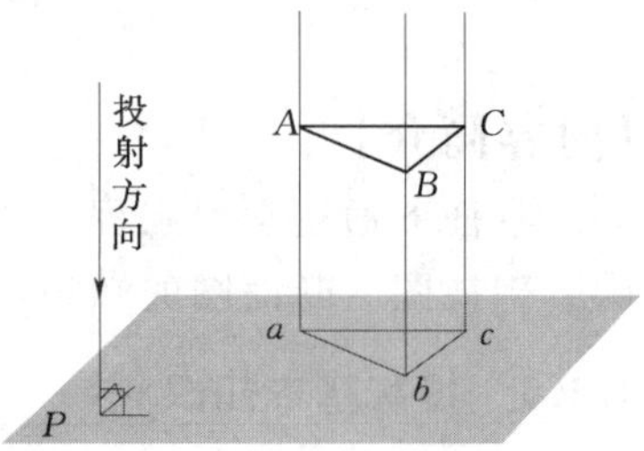

图 1.1-5　正投影

(2) 平行投影。把投影中心 S 移到离投影面无限远处，则投影线可视为互相平行，由此产生的投影称为平行投影。平行投影的投影线互相平行，所得投影的大小与物体离投影中心的距离无关。

根据投影线与投影面之间的位置关系，平行投影又分为斜投影和正投影两种：投影线与投影面相倾斜时称为斜投影，如图1.1－4所示。投影线与投影面垂直时称为正投影，如图1.1－5所示。

1.1.2　正投影法基本原理

工程上绘制建筑图样的方法主要是正投影法。这种画图方法简单，画出的图形真实，度量方便，能够满足房屋建筑的设计与施工的需要。

物体在一个投影面上的投影称为单面视图，用两个互相垂直的投影面的投影称为两面视图，以上两种投影图来不能确定空间物体形体的唯一准确形状。如图1.1－6所示，四个形状不同的物体在投影面 H 上具有相同的水平投影，单凭这个投影图来确定物体的唯一形状，是不可能的。为此，我们一般用三个互相垂直的投影面，建立三面投影体系来完成形体的正投影。

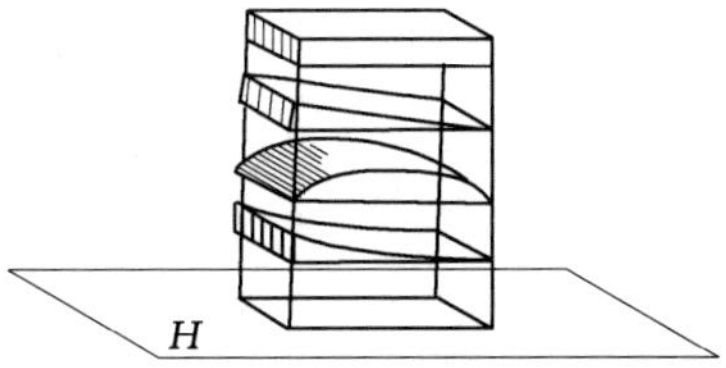

图1.1－6　不同形体的水平面投影

1. 三面投影体系的建立

为了使正投影图能唯一确定较复杂形体的形状，设立三个互相垂直的平面为投影面，组成一个三面投影体系。

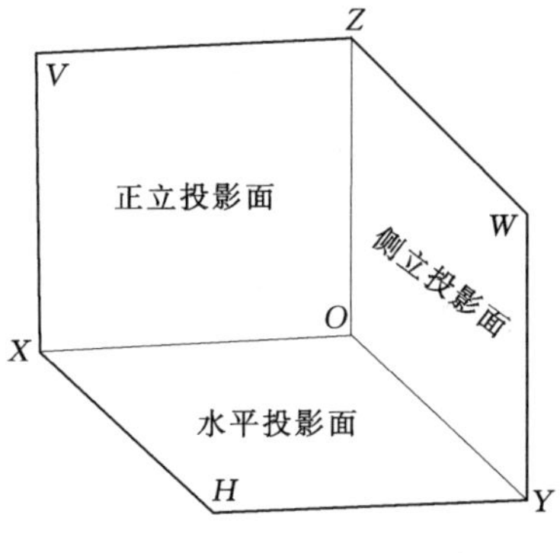

图1.1－7　三面投影体系

如图1.1－7所示，三个相互垂直的投影面分别为：水平投影面用 H 标记，简称水平面或 H 面；正立投影面用 V 标记，简称正立面或 V 面；侧立投影面用 W 标记，简称侧立面或 W 面。

相邻两投影面的交线称为投影轴，它们也互相垂直，并交汇于原点 O：H 面与 V 面的交线为 OX 轴，H 面与 W 面的交线为 OY 轴，V 面与 W 面的交线为 OZ 轴。

2. 三面投影图的形成

将形体放置于三面投影体系中，安放位置应适宜，即把形体的主要表面与三个投影面对应平行，然后用三组分别垂直于三个投影面的平行投影线进行投影，即可得到三个方向的正投影图，如图1.1－8所示。从上向下投影，在 H 面上得到水平投影图，简称水平投影或 H 投影；从前向后投影，在 V 面得到正面投影图，简称正面投影或 V 投影；从左向右投影，在 W 面上得到侧面投影图，简称侧面投影或 W 投影。

为了把互相垂直的三个投影面上的投影画在一张二维的图纸上，我们必须将其展开。为此，假设 V 面不动，H 面沿 OX 轴向下旋转90°，W 面沿 OZ 轴向后旋转90°，使三个投影面处于同一个平面内，如图1.1－9所示。需要注意的是，这时 Y 轴分为两条，一条随 H 面旋转到 OZ 轴的正下方，用 YH 表示；一条随 W 面旋转到 OX 轴的正右方，用 YW 表示。

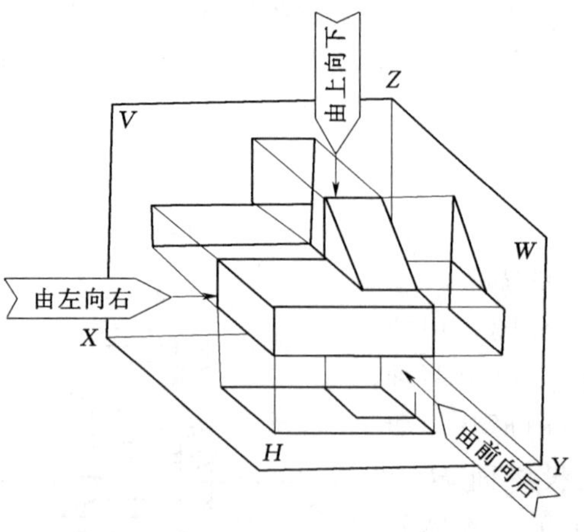

图 1.1-8 形体的三面投影

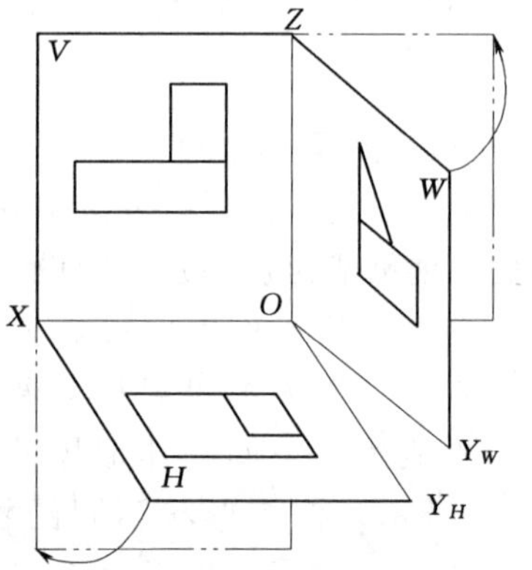

图 1.1-9 平面投影的展开

图 1.1-10 (a) 就是形体的三面正投影图，简称三面投影。实际绘图时，在投影图外不必画出投影面的边框，也不注写 H、V、W 字样，也不必画出投影轴，如图 1.1-10 (b) 所示，工程中的图样均是按照不画投影面边框和投影轴“无轴投影”绘制的。

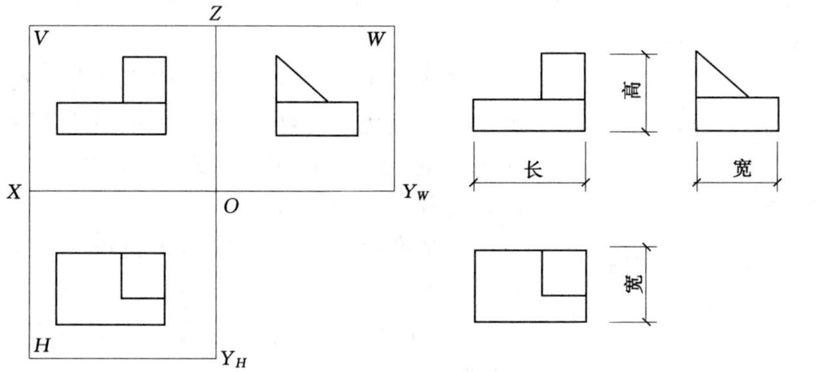

(a) (b)

图 1.1-10 形体三面投影图的投影三等关系

3. 三面投影图的投影关系

在图 1.1-10 中，形体的 X 轴方向尺寸称为长度，Y 轴方向尺寸称为宽度，Z 轴方向尺寸称为高度，在形体的三面投影中，水平投影图和正面投影图在 X 轴方向都反映物体的长度，它们的位置左右应对正，即“长对正”；正面投影图和侧面投影图在 Z 轴方向都反映物体的高度，它们的位置上下应对齐，即“高平齐”；水平投影图和侧面投影图在 Y 轴方向都反映物体的宽度，这两个宽度一定相等，即“宽相等”。**“长对正、高平齐、宽相等”称为“三等关系”**，它是形体的三面投影图之间最基本的投影关系，是画图和读图的基础。

4. 三面投影图的方位关系

形体在三面投影体系中的位置确定后，相对于观察者，它在空间就有上、下、左、右、前、后六个方位，如图 1.1-11 (a) 所示。这六个方位关系反映在形体的三面投影

图 1.1－11（b）中，每个投影图都可反映出其中四个方位。V 面投影反映形体的上下、左右关系，H 面投影反映形体的前后、左右关系，W 面投影反映形体的前后、上下关系。**“左右正、上下齐、前后等”称为“六向关系”**，它是形体的三面投影图之间最基本的方位关系，也是画图和读图的基础。

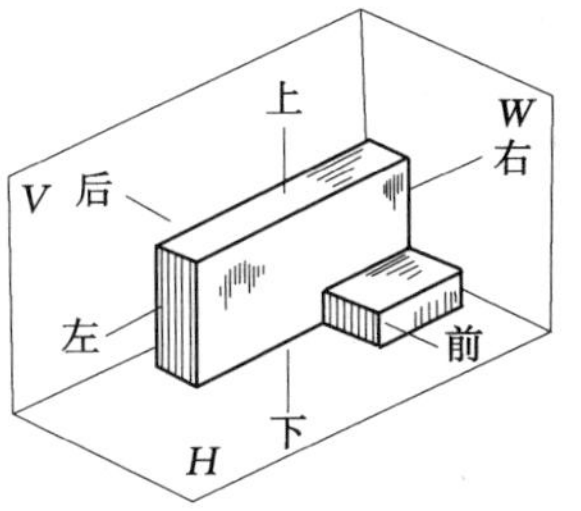

(a)

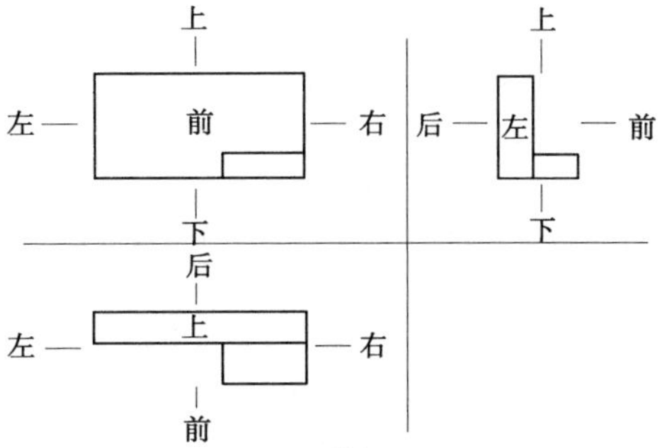

(b)

图 1.1－11 形体三面投影图的投影六向关系

三面投影图之间存在着上述的“三等关系”“六向关系”等必然联系。因此只要给出物体的任何两面投影，就可求出第三个投影。

1.1.3 形体的基本视图

在原有三个投影面 V、H、W 的对面，再增设三个分别与它们平行的投影面 $V1$、$H1$、$W1$，形成一个象征六面体的六个投影面（图 1.1－12），这六个投影面称为基本投影面。

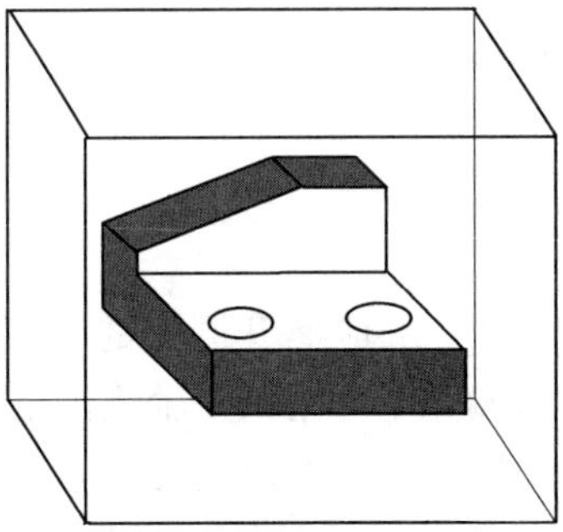

图 1.1－12 形体在空间

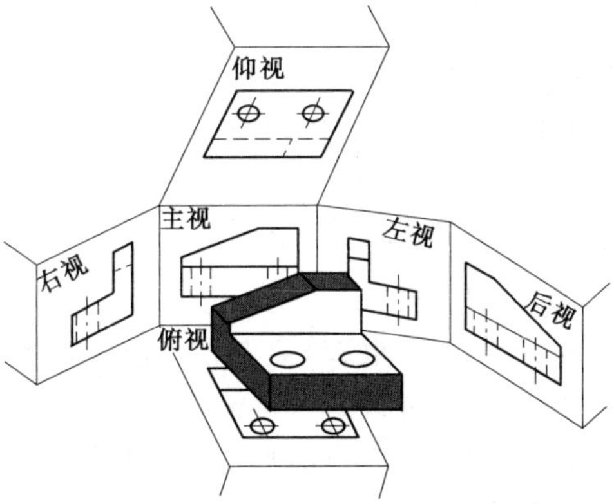

图 1.1－13 形体的六个方位

形体的正投影六视图是将形体放置在基本投影面之中，按观察者→形体→投影面的关系，从形体的前、后、左、右、上、下六个方向，向六个投影面进行投影（图 1.1－13），展开后得到图 1.1－14。

建筑工程图样中一般根据实际情况，选用其中必要的几个基本视图，如立面图对应主、后、左、右视图；平面图对应俯视图；剖面图和详图则是采用基本视图作剖切或放大处理后反映建筑内部构造的视图。具体对应关系见表 1.1－1。

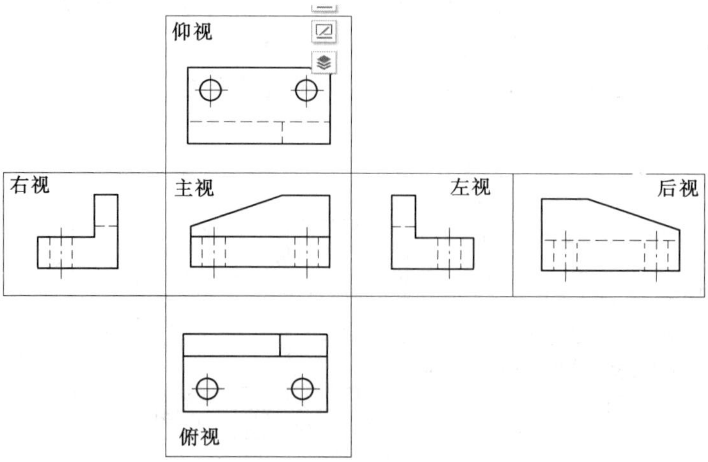

图 1.1-14 形体的六个投影面

表 1.1-1 基本视图的投影图

投 影 方 法	投影图名	工程图名
从前向后作投影所得的视图	主视图	正立面图
从上向下作投影所得的视图	俯视图	平面图
从左向右作投影所得的视图	左视图	左侧立面图
从右向左作投影所得的视图	右视图	右侧立面图
从下向上作投影所得的视图	仰视图	底面图
从后向前作投影所得的视图	后视图	背立面图

1.1.4 基本形体的尺寸标注

图纸上的图形仅表达形体的空间形状，尺寸则表示形体的真实大小及相关技术要求。图中的尺寸数字值是实物尺寸，与绘图时采用的比例和准确度无关。尺寸是施工建造的重要依据，必须注写完整准确、清晰整齐。

尺寸标注的组成如下：

(1) 尺寸界线：用细实线绘制，与被注长度垂直，其一端应离开图样的轮廓线不小于2mm，另一端应超出尺寸线2～3mm。必要时可利用图样轮廓线、中心线及轴线作为尺寸界线。

(2) 尺寸线：用细实线绘制，并与被注长度平行，与尺寸界线垂直相交，但不宜超出尺寸界线外。图样轮廓线以外的尺寸线，距图样最外轮廓线之间距离不宜小于10mm，平行排列的尺寸线的间距为7～10mm，并应保持一致。图样上任何图线都不得用作尺寸线。

(3) 尺寸起止符号：用中粗短斜线绘制，并画在尺寸线与尺寸界线的相交处。其倾斜方向应与尺寸界线成顺时针45°角，长度宜为2～3mm，在轴测图中标注尺寸时，其起止符号宜用小圆点。半径、直径、角度与弧长的尺寸起止符号宜用箭头表示。

(4) 尺寸数字：用阿拉伯数字标注图样的实际尺寸，图样上的尺寸单位，除标高及总平面图中的尺寸以米(m)为单位外，其他一律以毫米(mm)为单位，图上尺寸数字都不再注写单位(图 1.1-15)。

尺寸数字一般注写在尺寸线的中部。水平方向的尺寸，尺寸数字要写在尺寸线的上面，字头朝上；竖直方向的尺寸，尺寸数字要写在尺寸线的左侧，字头朝左；倾斜方向的尺寸，尺寸数字的方向应按规定注写，尺寸数字在图中所示 30°影线范围内时可按图 1.1－16 规定形式注写。

尺寸数字如果没有足够的注写位置时，两边的尺寸可以注写在尺寸界线的外侧，中间相邻的尺寸可以错开注写。尺寸宜标注在图样轮廓之外，不宜与图线、文字及符号等相交。

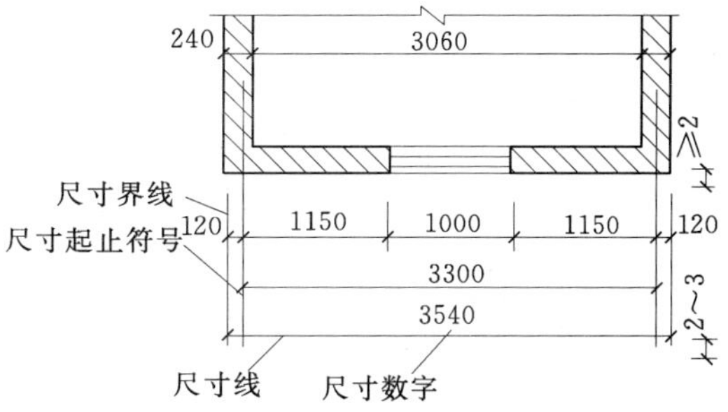

图 1.1－15　尺寸标注的组成

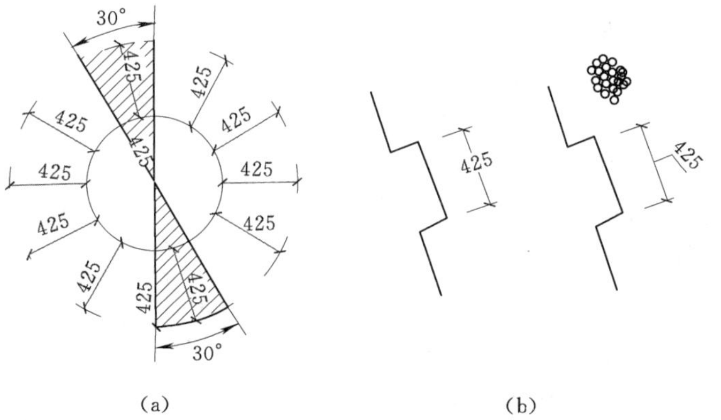

图 1.1－16　尺寸数字的注写方向

尺寸数字如果没有足够的注写位置时，两边的尺寸可以注写在尺寸界线的外侧，中间相邻的尺寸可以错开注写，如图 1.1－17 所示。

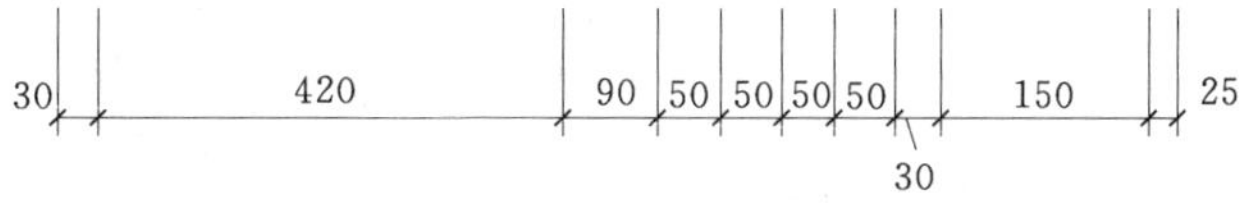

图 1.1－17　尺寸数字的错开注写

尺寸宜标注在图样轮廓之外，不宜与图线、文字及符号等相交，如图 1.1－18 所示。

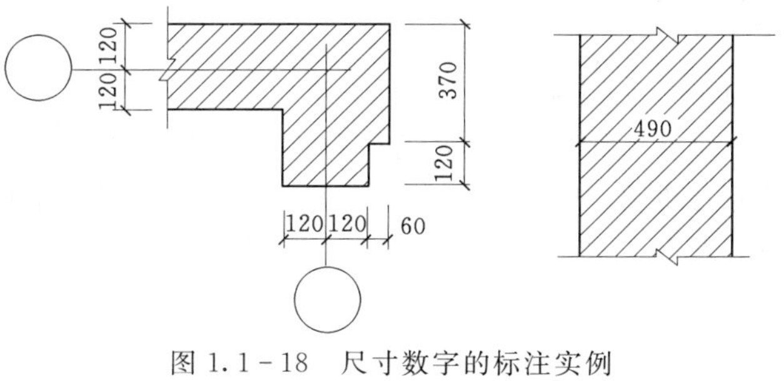

图 1.1－18　尺寸数字的标注实例

1.1.5　剖面图

在绘制形体的投影图时，可见的轮廓线用实线表示，不可见的轮廓线则用虚线表示。当一个形体的内部结构比较复杂时，如图1.1－19所示楼房的柱下杯形基础，内部有杯口构配件，如果用虚线表示出这些从外部看不见的部分，必然造成形体视图图面上实线和虚线纵横交错，混淆不清，因而给画图、读图和标注尺寸均带来不便，也容易产生差错，无法清楚表达内部构造，对这一问题，常选用剖面图来加以解决。

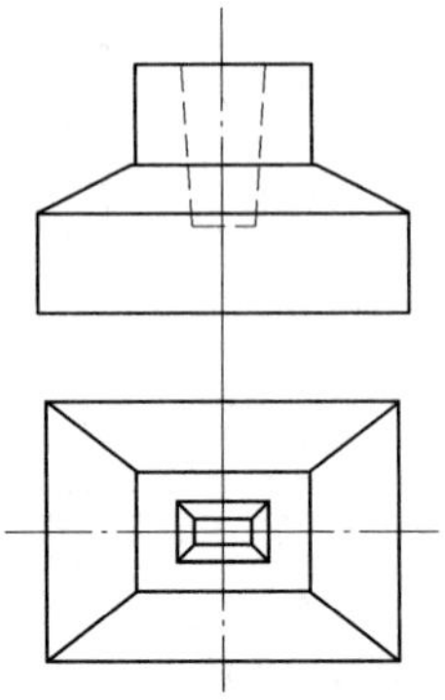

图1.1－19　杯形基础三视图

1. 剖面图的形成与标注

剖面图的形成：假想用一个剖切平面在形体的适当部位剖切开，移走观察者与剖切平面之间的部分，将剩余部分投影到与剖切平面平行的投影面上，所得的投影图称为剖面图。

如图1.1－20图所示，假想用一个通过基础前后对称面的正平面P，将基础切开，移走剖切平面P和观察者之间的部分，如图1.1－20（a）所示。将留下的后半个基础向V面作投影，所得投影即为基础剖面图，如图1.1－20（b）所示。显然，原来不可见的虚线，在剖面图上已变成实线，为可见轮廓线。剖切平面与形体的交线所围成的平面图形称为断面。

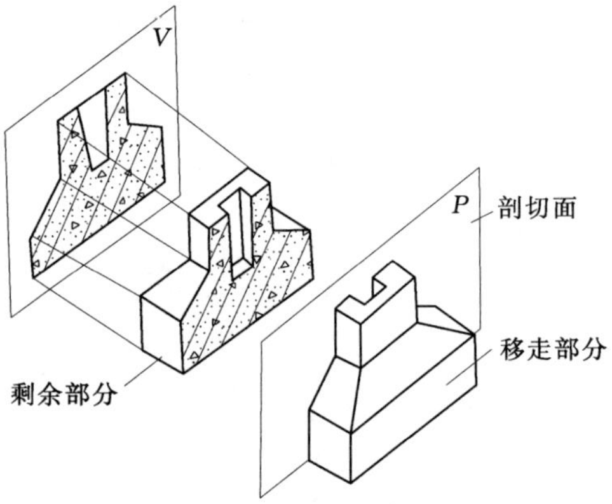

（a）剖视图的形成

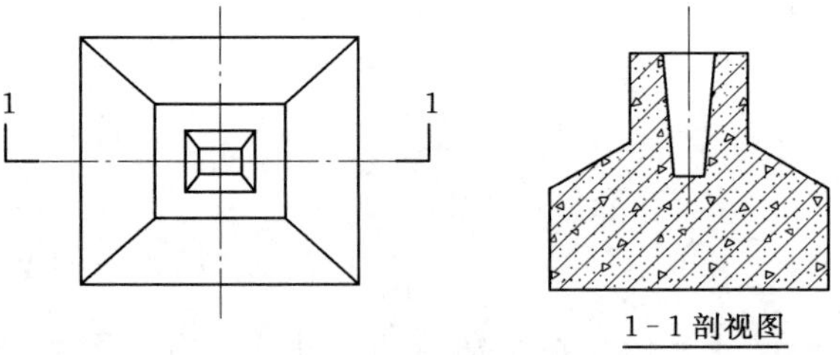

（b）剖视图

图1.1－20　剖面图的形成与绘制

从图1.1－20（b）可以看出，剖面图是由两部分组成的，一部分是断面图形（阴影部分），另一部分是沿投影方向未被切到但能看到部分的投影（杯口部分）。

形体被剖切后，剖切平面切到的实体部分，其材料被“暴露出来”。为了更好地区分实体与空心部分，应在剖面图上的断面部分画出相应建筑材料的图例，如图1.1－19中剖面部分的符号表示钢筋混凝土材料。常用剖面建筑材料图例见表1.1－2。

2. 剖面图的标注

制图标准规定，剖面图的标注由剖切符号和编号组成。

表 1.1－2　**常用剖面建筑材料图例**

名称	图例	备注	名称	图例	备注
自然土壤			混凝土	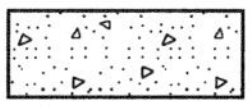	断面较小，不易画出图例线时，可涂黑
夯实土壤			钢筋混凝土		
砂、灰土	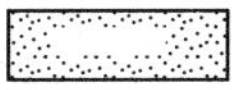	靠近轮廓线绘较密的点	木材	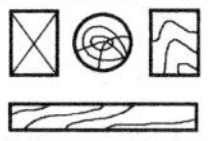	上为横断面，下为纵断面
砂砾石、碎砖三合土	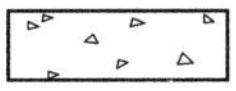		泡沫塑料材料	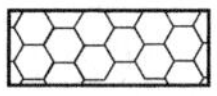	
石材	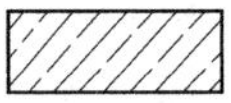		金属	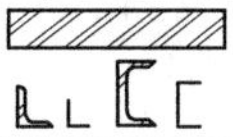	图形小时可涂黑
毛石	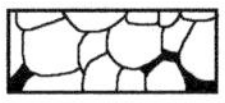		玻璃	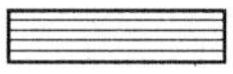	
普通砖	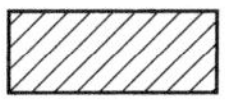	断面较小、可涂红	防水材料		比例大时采用上面图例
饰面砖	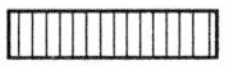		粉刷	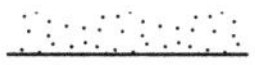	本图例采用较稀的点

（1）剖切符号。剖切符号应由剖切位置线和投射方向线组成。

1）剖切位置线。剖切位置线是剖切平面的积聚投影，它表示了剖切面的剖切位置，剖切位置线用两段粗实线绘制，长度宜为 6～10mm。

2）投射方向线（又称剖视方向线）。投射方向线是画在剖切位置线外端且与剖切位置线垂直的两段粗实线，它表示了形体剖切后剩余部分的投影方向，其长度应短于剖切位置线，宜为 4～6mm。绘图时，剖切符号不应与图面上的其他图线相接触。

3）剖切面的编号。对一些复杂的形体，可能要同时剖切几次才能了解其内部结构，为了区分清楚，对每一次剖切要进行编号。标准规定剖切符号的编号宜采用阿拉伯数字，按顺序由左至右、由下至上连续编排，并应注写在剖视方向线的端部，如图 1.1－21 所示。然后在相应剖面图的下方写上剖切面的编号，作为剖面图的图名，如 1－1 剖面图、2－2 剖面图等，并在图名下方画上与之等长的粗实线。

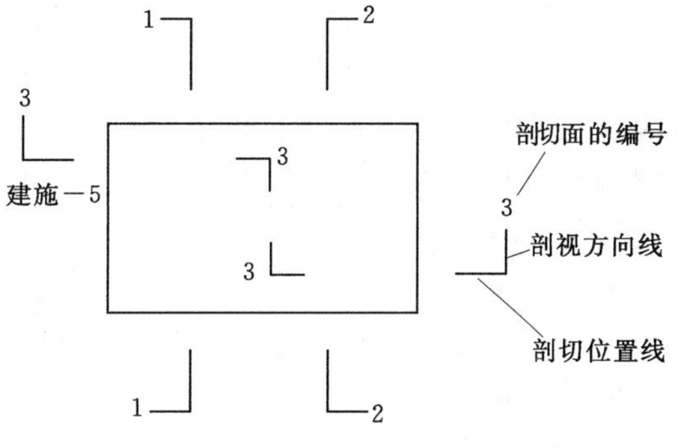

图 1.1－21　剖视图的剖切符号

4）需要转折的剖切位置线，在转折处如与其他图线发生混淆，应在转角的外侧加注与该符号相同的编号。

5）剖面图如与被剖切图样不在同一张图纸内，可在剖切位置线的另一侧注明其所在图纸的编号，如图 1.1－21 中的“建施－5”所示，也可以在图纸上集中说明。

6）对下列剖面图可以不标注剖切符号：剖切平面通过形体对称面所绘制的剖面图；

通过门、窗洞口位置，水平剖切房屋所绘制的建筑平面图。

（2）应注意的几个问题。

1）剖切是假想的，形体并没有真的被切开和移去了一部分。因此，除了剖面图外，其他视图仍应按原先未剖切时完整地画出。

2）在绘制剖面图时，被剖切面切到部分（即断面）的轮廓线用粗实线绘制，剖切面没有切到，但沿投射方向可以看到的部分（即剩余部分）用中实线绘制。

3）剖面图中不画虚线。没有表达清楚的部分，必要时也可画出虚线。

（3）剖面图的种类。根据不同的剖切方式，剖面图有全剖面图、半剖面图、局部剖面图、阶梯剖面图、旋转剖面图和展开剖面图。

1）全剖面图。假想用一个剖切平面将形体全部“切开”后所得到的剖面图称为全剖面图，如图 1.1－22（b）所示。全剖面图一般用于不对称，或虽然对称但外形简单、内部比较复杂的形体。

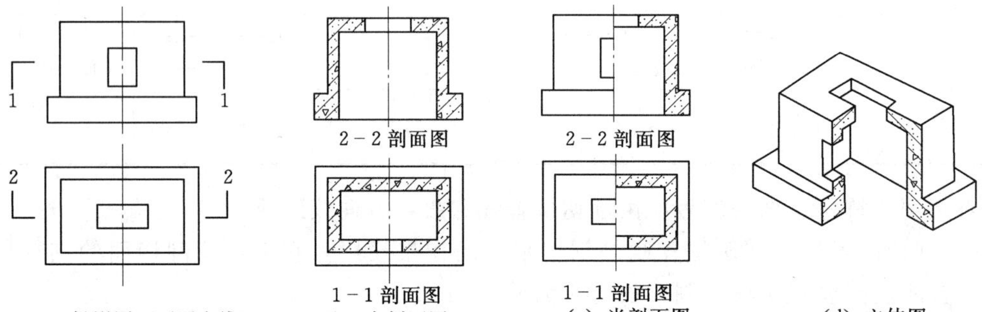

（a）投影图（不画虚线） （b）全剖面图 （c）半剖面图 （d）立体图

图 1.1－22 剖面图的种类

2）半剖面图。当形体具有对称平面时，在垂直于对称平面的投影面上的投影，以对称线为分界，一半画剖面，另一半画视图，这种组合的图形称为半剖面图。

如图 1.1－22 所示的形体，若用投影图表示，其内部结构不清楚［图 1.1－22（a）］；若用全剖面图表示，则上部和前方的长方形孔都没有表达清楚［图 1.1－22（b）］；将投影图和全剖面图各取一半合成半剖面图，则形体的内部结构和外部形状都能完整、清晰地表达出来［图 1.1－22（c）］。

半剖面图适用于表达内外结构形状对称的形体。在绘制半剖面图时应注意以下几点：

a. 半剖面图中视图与剖面应以对称线（细点画线）为分界线，也可以用对称符号作为分界线，而不能画成实线。

b. 由于剖切前视图是对称的，剖切后在半个剖面图中已清楚地表达了内部结构形状，所以在另外半个视图中虚线一般不再出现。

c. 习惯上，当对称线是竖直时，将半个剖面图画在对称线的右边；当对称线是水平时，将半个剖面图画在对称线的下边。

d. 半剖面的标注与全剖面的标注相同。

3）阶梯剖面图。当用一个剖切平面不能将形体上需要表达的内部结构都剖切到时，可用两个或两个以上相互平行的剖切平面剖开物体，所得到的剖面图称为阶梯剖面图。

如图 1.1－23 所示，该形体上有两个前后位置不同、形状各异的孔洞，两孔的轴线不在同一正平面内，因而难以用一个剖切平面（即全剖面图）同时通过两个孔洞轴线。为此应采用两个互相平行的平面 P_1 和 P_2 作为剖切平面，P_1 和 P_2 分别过圆柱形孔和方形孔的轴线，并将物体完全剖开，其剩余部分的正面投影就是阶梯剖面图。

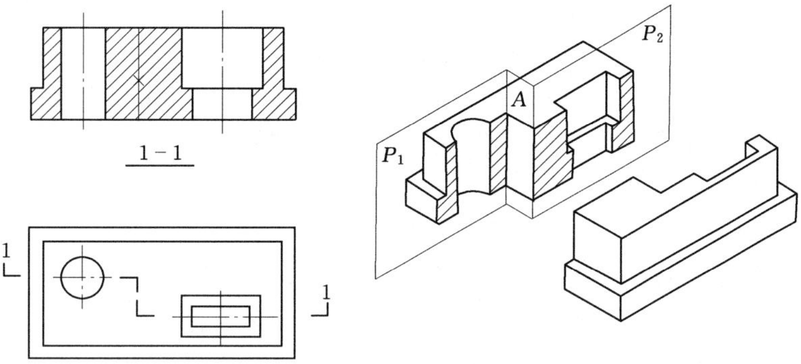

图 1.1－23　阶梯剖面图

1.1.6　断面图

1. 断面图的形成

假想用剖切平面将形体切开，仅画出剖切平面与形体接触部分即截断面的形状，所得到的图形称为断面图，简称断面，如图 1.1－24 所示。

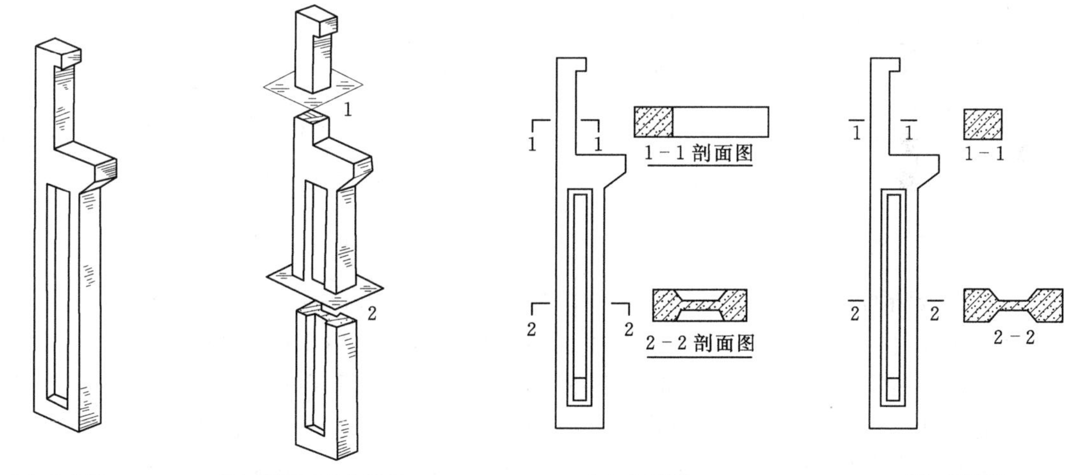

(a) 牛腿柱　(b) 剖开后的牛腿柱　(c) 剖面图　(d) 断面图

图 1.1－24　断面图的形成

断面图是用来表达形体上某处断面形状的，它与剖面图的区别在于：

(1) 断面图只画出剖切平面切到部分的图形，如图 1.1－24 (d) 所示；而剖面图除应画出断面图形外，还应画出剩余部分的投影，如图 1.1－24 (c) 所示。即剖面图是“体”的投影，断面图只是“面”的投影。

(2) 剖面图可采用多个平行剖切平面，绘制成阶梯剖面图；而断面图则不能，它只反映单一剖切平面的断面特征。

（3）剖面图用来表达形体内部形状和结构；而断面图则常用来表达形体中某断面的形状和结构。

2. 断面图的标注

（1）剖切符号。断面图的剖切符号，仅用剖切位置线表示。剖切位置线绘制成两段粗实线，长度宜为6～10mm，如图1.1-24（d）所示。

（2）剖切符号的编号。断面的剖切符号要进行编号，用阿拉伯数字或拉丁字母按顺序编排，注写在剖切位置线的同一侧，数字所在的一侧就是投影方向，如图1.1-24（d）中的1-1和2-2所示。

3. 断面图的种类

根据断面图在视图上的位置不同，将断面图分为移出断面、重合断面和中断断面。

（1）移出断面图。绘制在视图轮廓线外面的断面图称为移出断面图。

移出断面的轮廓线用粗实线绘制，断面上要绘出材料图例，材料不明时可用45°斜线绘出。移出断面图一般应标注剖切位置、投影方向和断面名称。移出断面可画在剖切平面的延长线上，或其他任何适当位置，如图1.1-25所示。

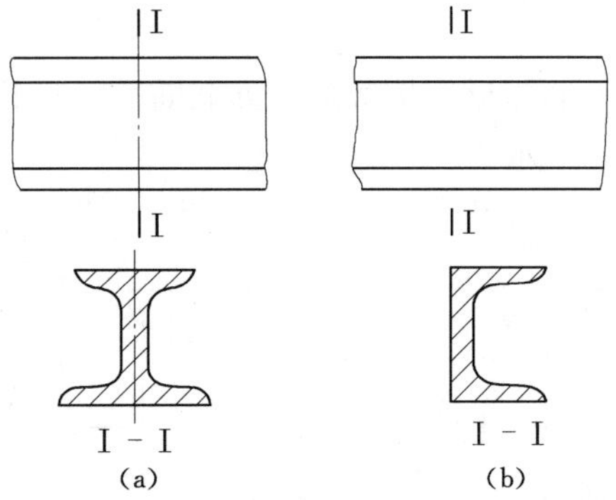

图1.1-25　移出断面图

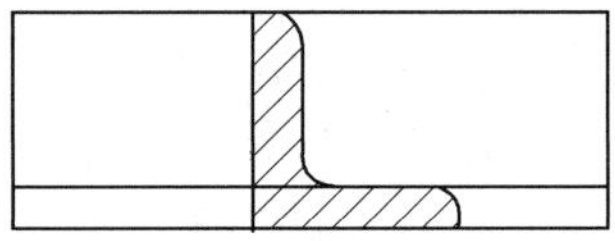

图1.1-26　型钢重合断面图

（2）重合断面图。绘制在视图轮廓线内的断面图称为重合断面图。重合断面不需标注剖切符号和编号。如图1.1-26所示，假想用一个垂直于角钢轴线的剖切平面切开角钢，然后把断面向右旋转90°，使它与正立面图重合后画出重合断面图。如果断面图的轮廓线是封闭的线框，重合断面的轮廓线用细实线绘制，并画出相应的材料图例。

如果断面图的轮廓线不是封闭的线框，重合断面的轮廓线比视图的轮廓线还要粗，并在断面图的范围内，沿轮廓线边缘加画45°细实线，如图1.1-27所示。

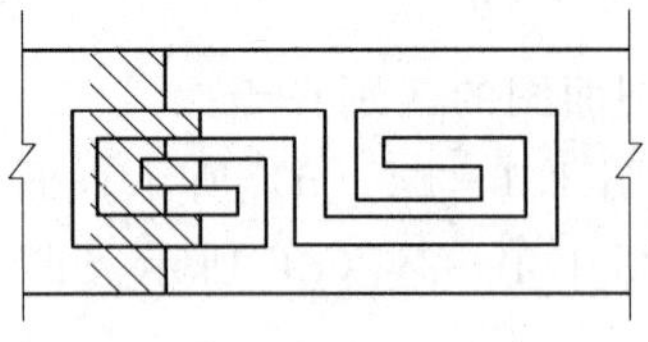

图1.1-27　钢板重合断面图

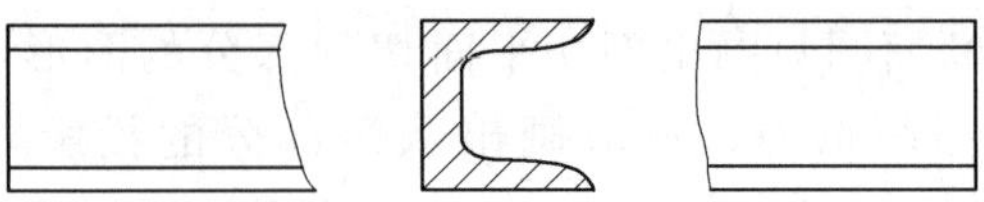

图1.1-28　中断断面图

（3）中断断面图。绘制在视图轮廓线中断处的断面图称为中断断面图。这种断面图适合于表达等截面的长向构件，如图 1.1－28 所示为槽钢的断面图。中断断面图不需要标注剖切符号和编号。

任务 1.2　点、直线、平面的投影

【内容简介】

本任务重点学习空间的点、直线及平面这三个几何要素的投影作图方法，了解点、直线及平面的相互位置的识图判断方法。

1.2.1　点的投影

1. 点在两面投影体系中的投影

点在两面投影体系中有如下投影特性：

（1）如图 1.2－1 所示，点的正面投影和水平投影连线垂直 OX 轴，即 $a'a \perp OX$。

（2）点的正面投影到 OX 轴的距离，反映该点到 H 面的距离，点的水平投影到 OX 轴的距离，反映该点到 V 面的距离，即 $a'a_x = Aa$，$aa_x = Aa'$。

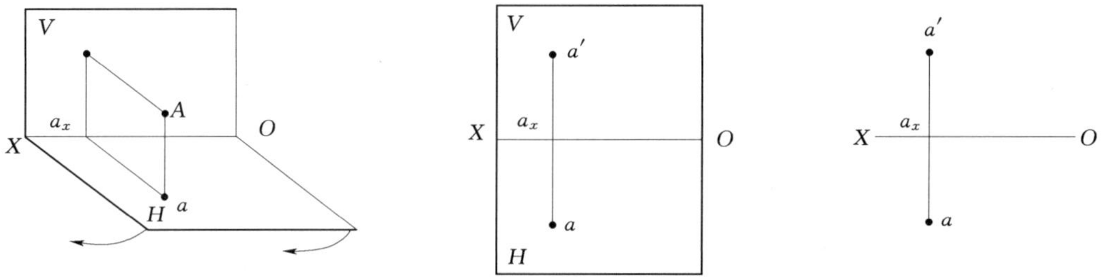

（a）立体图　　（b）投影面展开后　　（c）投影图

图 1.2－1　点在两面投影体系的投影

2. 点在三面投影体系中的投影

点在两面投影体系已能确定该点的空间位置，但为了更清楚地表达某些形体，有时需要在两投影面体系基础上，再增加一个与 H 面及 V 面垂直的侧立的投影面 W 面，形成三面投影体系，如图 1.2－2 所示。点在三面体系中的投影特性如下：

（1）$a'a \perp OX$，$a'a'' \perp OZ$，$aa_{yH} \perp OY_H$，$a''a_{yW} \perp OY_W$。

（2）$a'a_x = Aa$，$aa_x = Aa'$，$a'a_z = Aa''$。

3. 点的投影与坐标

根据点的三面投影可以确定点在空间位置，点在空间的位置也可以由直角坐标值来确定。点的正面投影由点的 X、Z 坐标决定，点的水平投影由点的 X、Y 坐标决定，点的侧面投影由点的 Y、Z 坐标决定。

4. 两点的位置

空间两点的位置应通过点相对在同面投影的位坐标来判断，其中左右由 X 坐标差判别，上下由 Z 坐标差判别，前后由 Y 坐标差判别，如图 1.2－3 所示。

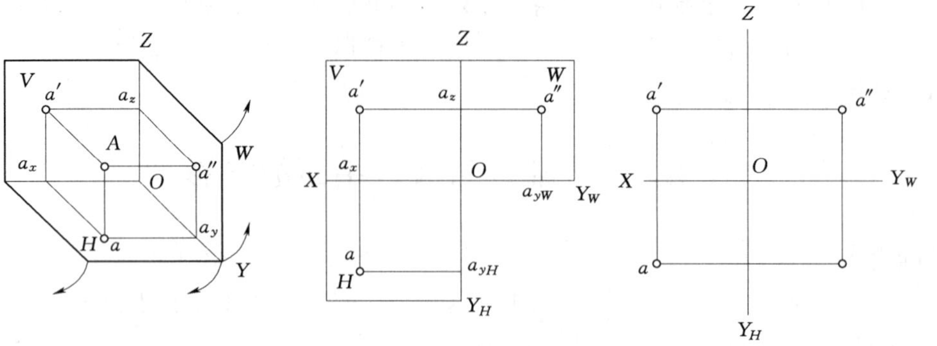

(a) 立体图　　(b) 投影面展开后　　(c) 投影图

图 1.2-2　点在三面投影体系的投影

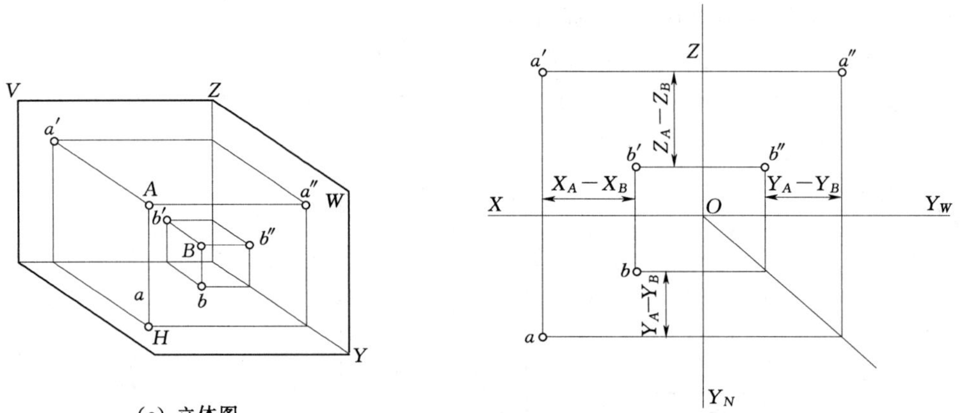

(a) 立体图　　(b) 投影面

图 1.2-3　空间点的相对位置

$Za>Zb$，A 点在 B 点上方；$Ya>Yb$，A 点在 B 点的前方；$Xa>Xb$，A 点在 B 点的左方。综合分析“A 点在 B 点的左前上方”。

5. 重影点

当空间两点位于垂直于某个投影面的同一投影线上时，两点在该投影面上的投影重合，称为重影点。

1.2.2　直线的投影

直线可以由线上的两点确定，所以直线的投影就是点的投影，然后将点的同面投影连接，即为直线的投影，如图 1.2-4 所示。

1. 各种空间位置直线的投影

(1) 投影面平行线。在与直线平行的投影面上的投影反映该直线的实长，而且投影与投影轴的夹角，也反映了该直线对另两个投影面的夹角，而另外两个投影都是类似形，比实长要短。

正平线——平行于 V 面倾斜于 H、W 面。

水平线——平行于 H 面倾斜于 V、W 面。

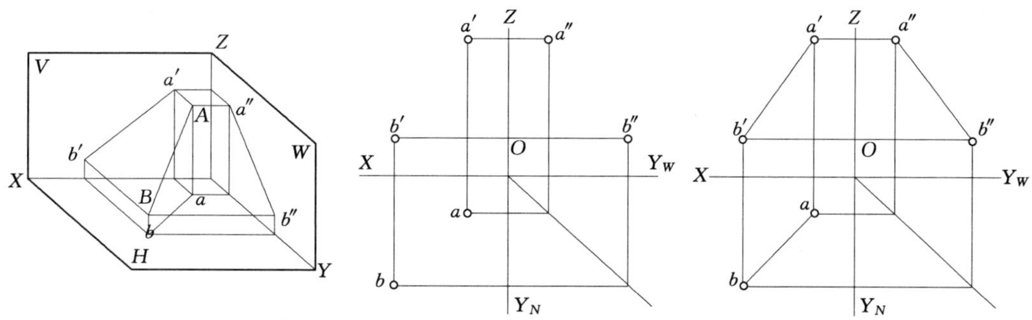

(a)　　(b)　　(c)

图 1.2－4　直线的投影

侧平线——平行于 W 面倾斜于 V、H 面。

投影面平行线的特性见表 1.2－1。

表 1.2－1　　投影面平行线的投影特性

名称	轴测图	投影图	投影特性
正平线	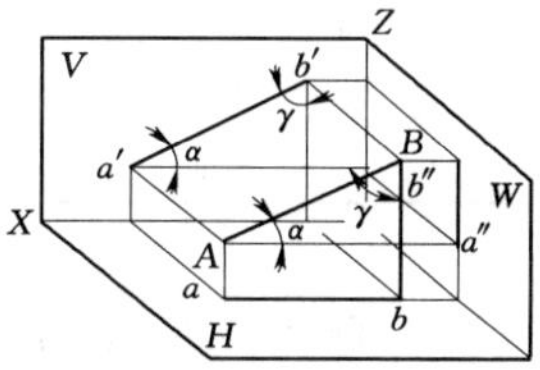	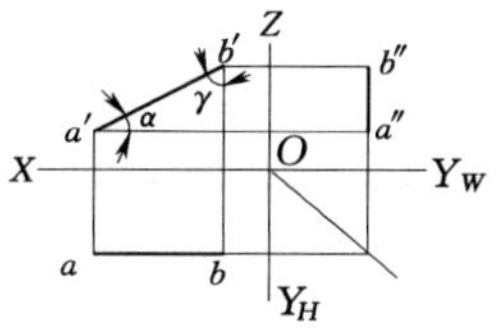	(1) $a'b'=AB$，反映 α、γ 角。 (2) $ab/\!/OX$ 轴，$a''b''/\!/OZ$ 轴
水平线	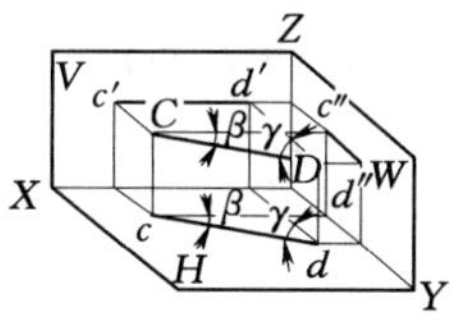	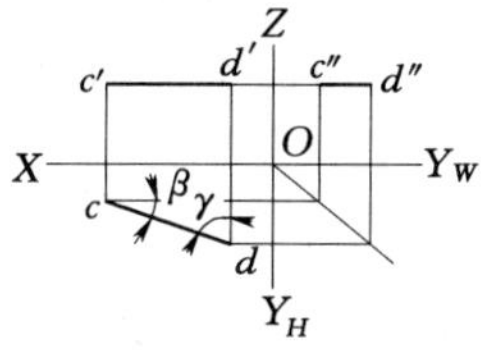	(1) $cd=CD$，反映 β、γ 角。 (2) $c'd'/\!/OX$ 轴，$c''d''/\!/OY_W$ 轴
侧平线	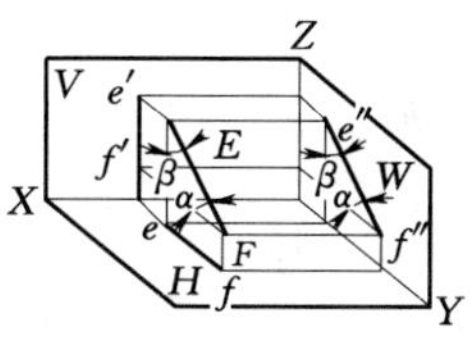	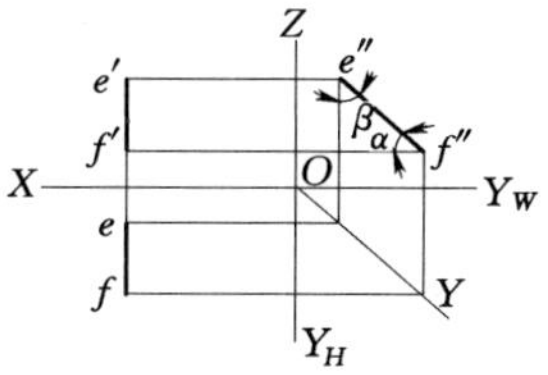	(1) $e''f''=EF$，反映 α、β 角。 (2) $e'f'/\!/OZ$ 轴，$ef/\!/OY_H$ 轴

注　1. 直线在与其平行的投影面上的投影，反映该线段的实长和与其他两个投影面的倾角。

2. 直线在其他两个投影面上的投影分别平行于相应的投影轴，且比线段的实长短。

(2) 投影面垂直线。直线垂直于一个投影面并与另外两个投影面平行时，称为投影面垂直线。

正垂线——垂直于 V 面平行于 H、W 面。

铅垂线——垂直于 H 面平行于 V、W 面。

侧垂线——垂直于 W 面平行于 V、H 面。

投影面平行线的投影特性见表 1.2－2。

表 1.2-2　　投影面垂直线的投影特性

名称	轴测图	投影图	投影特性
正垂线	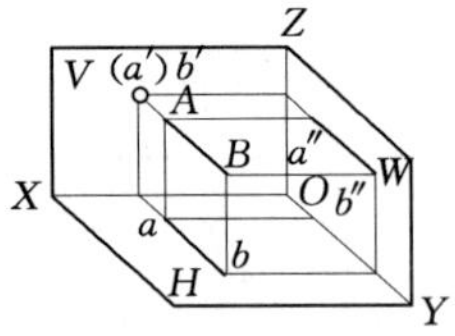	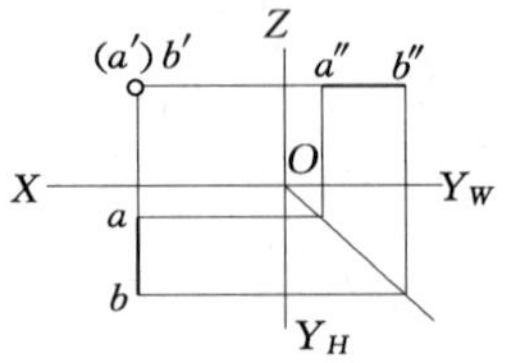	(1) $a'b'$积聚成一点。 (2) ab 垂直 OX 轴，$a''b''$垂直 OZ 轴，$ab=a''b''=AB$
铅垂线	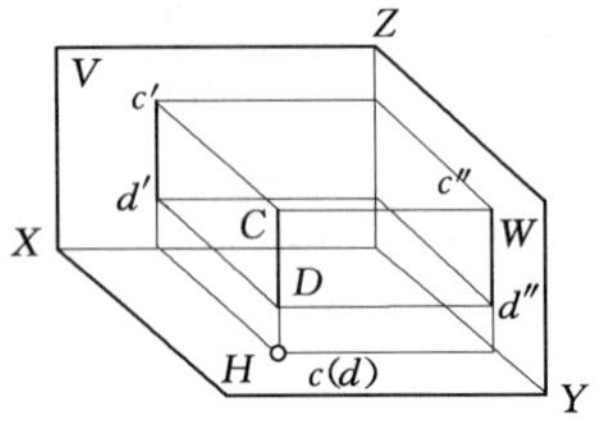	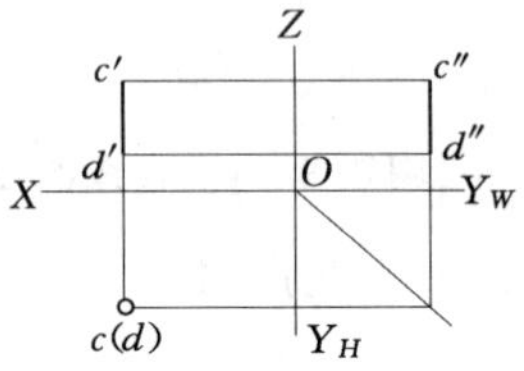	(1) cd 积聚成一点。 (2) $c'd'$ 垂直 OX 轴，$c''d''$ 垂直 OY_W 轴，$c'd'=c''d''=CD$
侧垂线	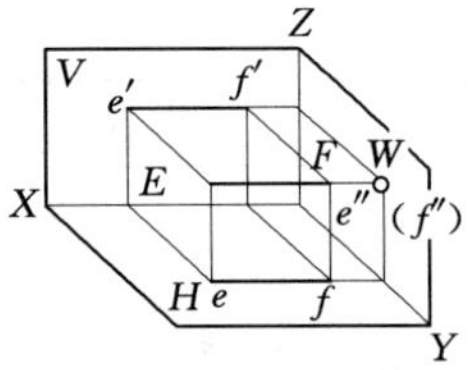	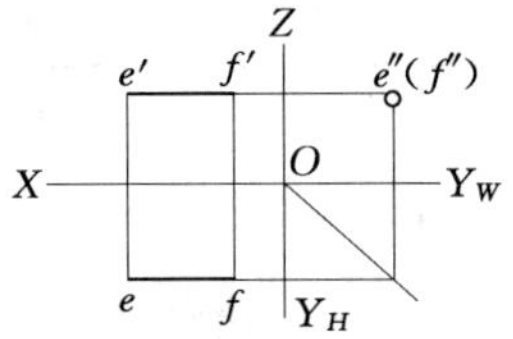	(1) $e''f''$积聚成一点。 (2) $e'f'$ 垂直 OZ 轴，ef 垂直 OY_H 轴，$e'f'=ef=EF$

注　直线在与其所垂直的投影面上的投影积聚成一点。

(3) 一般位置直线。直线与三个投影面都处于倾斜位置，称为一般位置直线。如图 1.2-5 中的直线 AB 即为一般位置直线。一般位置直线特性：直线在三个投影面上的投影都不反映实长，而且与投影轴的夹角也不反映空间直线对投影面的夹角。

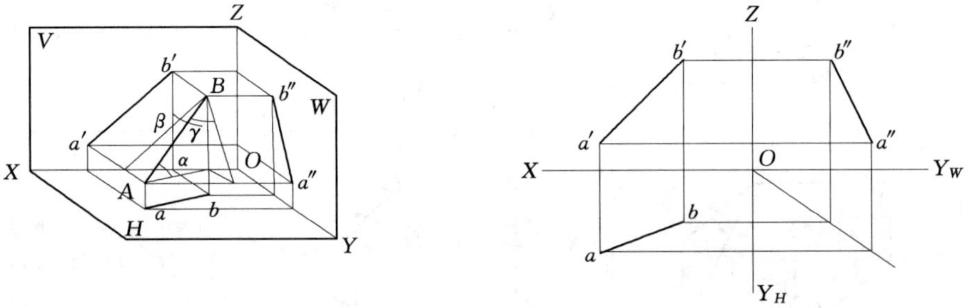

(a)　　　　　　(b)

图 1.2-5　一般位置直线

2. 直线上点的投影

如果点在直线上，则点的各个投影必在该直线的同面投影上，并将直线的各个投影分割成和空间相同的比例，如图 1.2-6 所示。

3. 两直线的相对位置

(1) 两直线平行：两直线空间平行，投影面上的投影也相互平行，如图 1.2-7 所示。

(2) 两直线相交：空间两直线相交，交点 K 是两直线的共有点，K 点的投影符合点

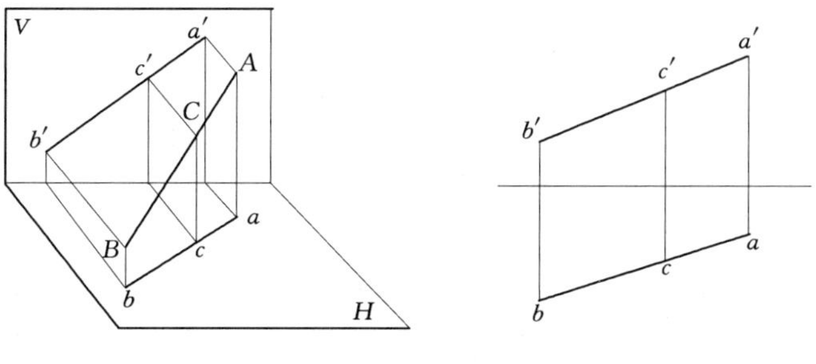

(a)　　　　(b)

图 1.2-6　直线上点的投影

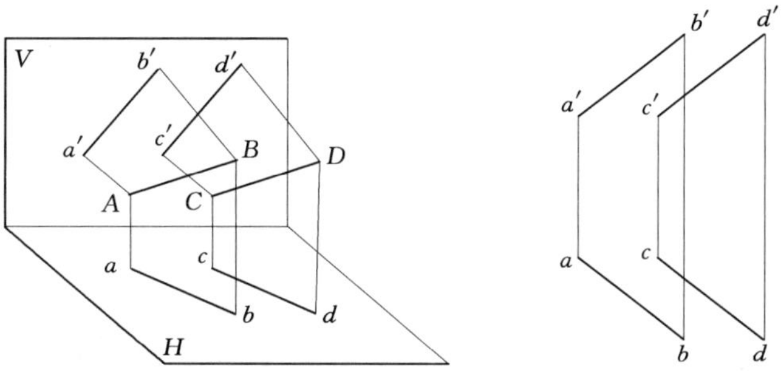

(a)　　　　(b)

图 1.2-7　两直线平行

的投影规律，如图 1.2-8 所示。

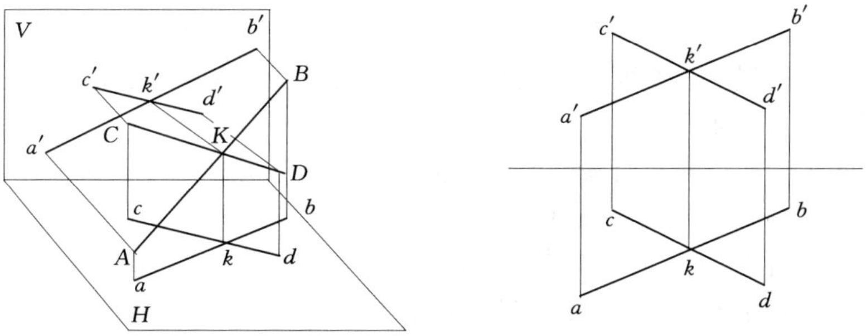

(a)　　　　(b)

图 1.2-8　两直线相交

（3）两直线交叉：空间两直线不平行又不相交时称为交叉。交叉两直线的同面投影可能相交，但它们各个投影的交点不符合点的投影规律，如图 1.2-9 所示。

（4）两直线垂直相交：空间两直线垂直相交，其中有一直线平行于某投影面时，则两直线在所平行的投影面上的投影反映直角，如图 1.2-10 所示。

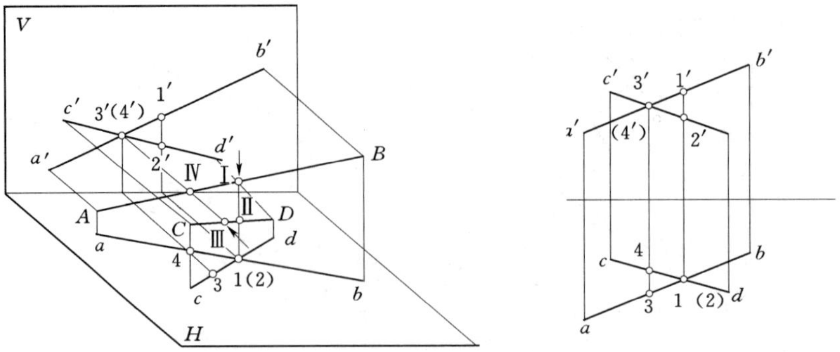

(a) (b)

图 1.2-9 两直线交叉

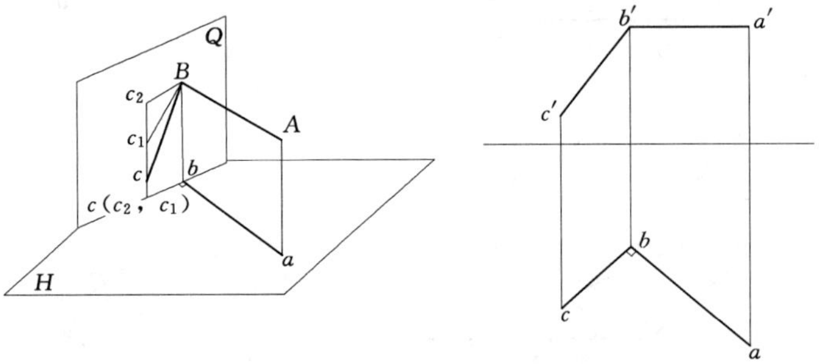

(a) (b)

图 1.2-10 两直线垂直相交

1.2.3 平面的投影

分析平面对三个投影面的相对位置可得出平面的投影特性：

积聚性：平面垂直于投影面时，它在该投影面上的投影积聚成一条直线。

实形性：平面平行于投影面时，它在该投影面上的投影反映实形。

类似性：平面倾斜于投影面时，它在该投影面上的投影为类似图形。

1. 各种位置平面的投影

（1）投影面平行面——平行于一个投影面，而垂直于另外两个投影面。

正平面——平行于 V 面而垂直于 H、W 面。

水平面——平行于 H 面而垂直于 V、W 面。

侧平面——平行于 W 面而垂直于 H、V 面。

投影面平行面的特性见表 1.2-3。

表 1.2-3　　投影面平行面投影特性

名称	轴测图	投影图	投影特性
水平面	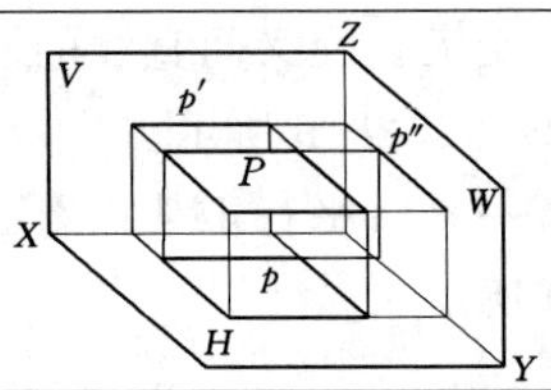	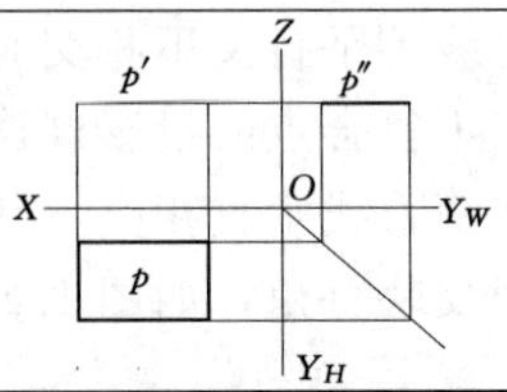	（1）p 反映平面实形。 （2）p' 和 p'' 均具有积聚性，且 p' // OX 轴，p'' // OY_W 轴

续表

名称	轴测图	投影图	投影特性
正平面	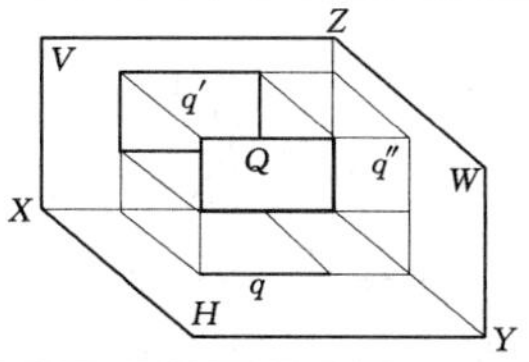	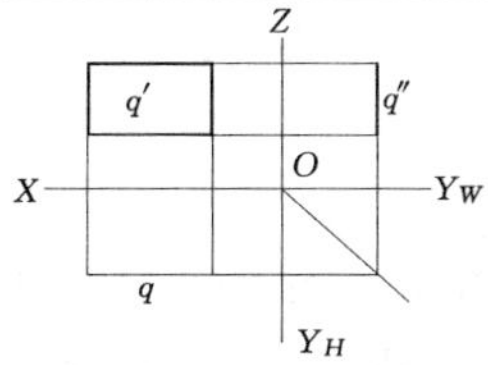	(1) q'反映平面实形。 (2) q 和q''均具有积聚性，且 q∥OX 轴，q''∥OZ 轴
侧平面	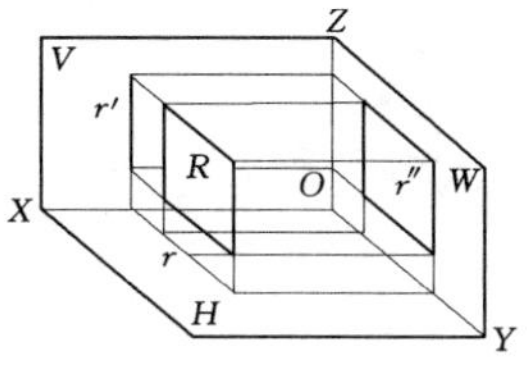	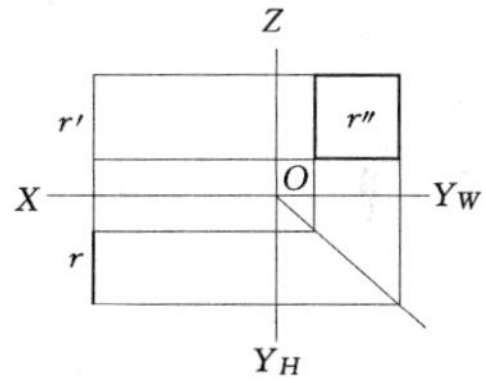	(1) r''反映平面实形。 (2) r'和 r 均具有积聚性，且 r'∥OZ 轴，r∥OY_W 轴

注　1. 平面在与其平行的投影面上的投影反映平面图形的实形。
　　2. 平面在其他两个投影面上的投影均积聚成平行于相应投影轴的直线。

（2）投影面垂直面。在三投影面体系中，垂直于一个投影面，而对另外两投影面倾斜的平面。

正垂面——垂直 V 面而倾斜于 H、W 面。

铅垂面——垂直 H 面而倾斜于 V、W 面。

侧垂面——垂直 W 面而倾斜于 V、H 面。

投影面垂直面的投影特性见表 1.2－4。

表 1.2－4　　投影面垂直面投影特性

名称	轴测图	投影图	投影特性
铅垂面	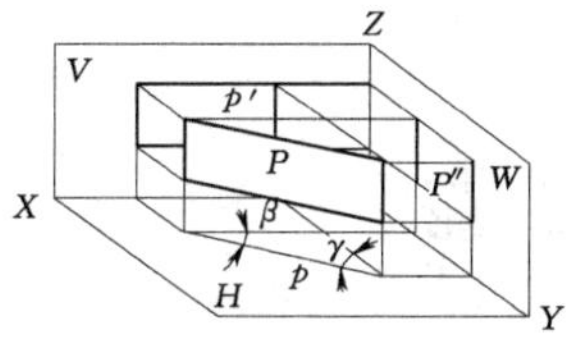	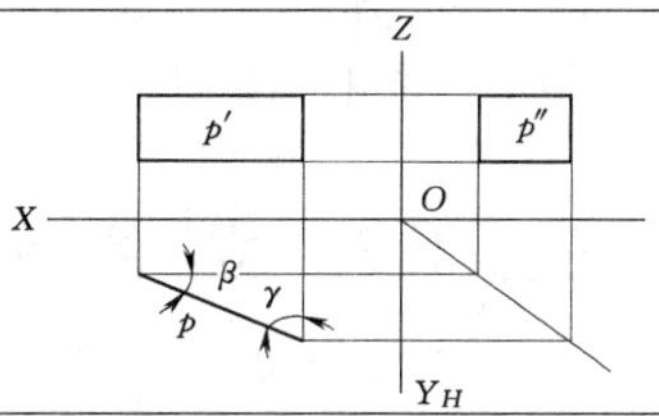	(1) p 积聚成一直线，反映 β、γ 角。 (2) p'和 p''均为原图形的类似形
正垂面	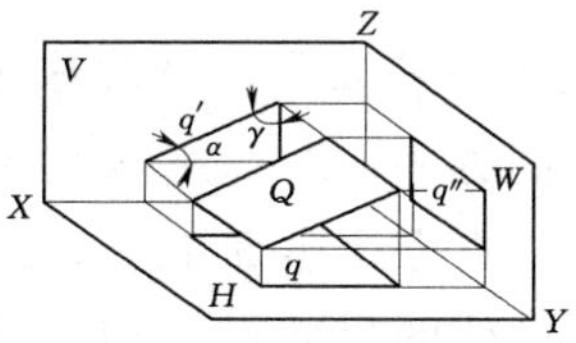	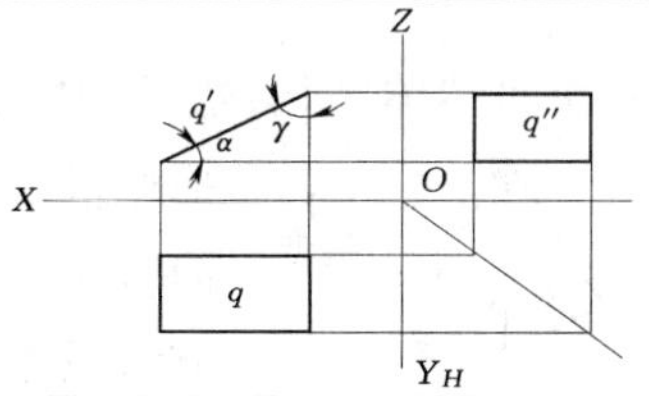	(1) q'积聚成一直线，反映 α、γ 角。 (2) q 和 q''均为原图形的类似形
侧垂面	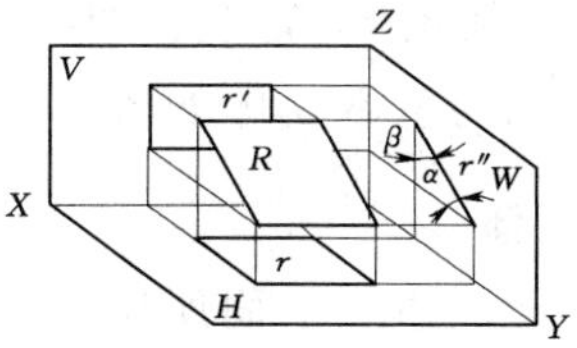	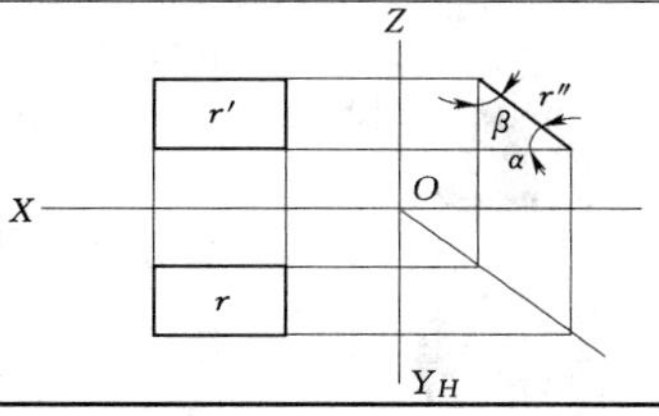	(1) r''积聚成一直线，反映 α、β 角。 (2) r'和 r 均为原图形的类似形

注　1. 平面在与其所垂直的投影面上的投影面积聚成倾斜于投影轴的直线，并反映该平面对其他两个投影面的倾角。
　　2. 平面的其他两个投影都是面积小于原平面图形的类似形。

（3）一般位置平面。平面对三个投影面都倾斜，平面在三个投影面上的投影都是比实形缩小的相似形，如图 1.2－11 所示。

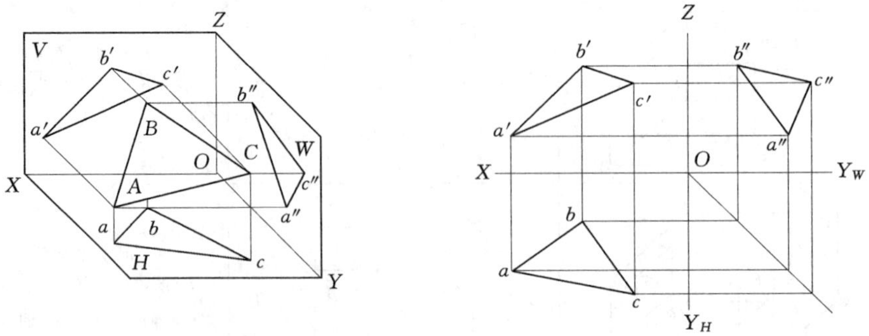

(a)　　　　(b)

图 1.2－11　一般位置平面

2. 平面上的直线和点

（1）平面上的直线。

1）直线通过平面上的已知两点，则该直线在该平面上。

2）直线通过平面上的一已知点，且又平行于平面上的一已知直线，则该直线在该平面上。

（2）平面上的点。点在平面上的几何条件：如果点在平面上的一已知直线上，则该点必在平面上。因此在平面上找点时，必须先要在平面上取含该点的辅助直线，然后在所作辅助直线上求点。

（3）平面上的投影面的平行线。平面上的投影面平行线的投影，既有投影面平行线具有的特性，又要满足直线在平面上的几何条件。

任务 1.3　立 体 的 投 影

【内容简介】

建筑上常见的平面立体和回转体是构成组合体或机件的基本要素。熟悉这些基本几何形体的投影作图方法，掌握基本几何形体的三面投影的画法、在立体表面上取点或线的作图方法及基本几何体的尺寸标注和识读，对以后的识图及专业学习有非常重要的作用。

建筑上常见的基本立体如图 1.3－1 所示。

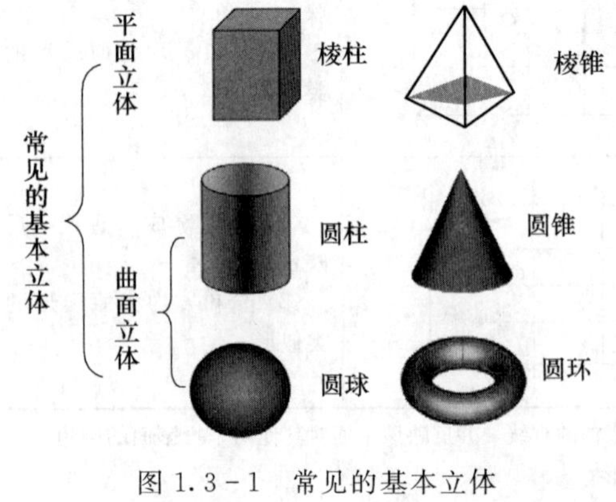

图 1.3－1　常见的基本立体

1.3.1　平面立体

表面由若干多边形平面所围成的形体称为平面立体。工程上常见的平面立体是棱柱体、棱锥体和棱台体（即截头棱锥）。绘制平面立体可归结为绘制它的所有多边形表面的投影。可见棱线用实线表示，不可见棱线用虚线表示，以区分可见表面和不可见表面。

1. 棱柱

（1）形体特征：棱柱的各棱线互相平行，底面、顶面为多边形。棱线垂直顶面时称为直棱柱，棱线倾斜顶面时称为斜棱柱。安放平面形体时要考虑两个因素：一要使形体处于稳定状态，二要考虑形体的工作状况。为了作图方便，应尽量使形体的表面平行或垂直于投影面。

（2）投影特征：工程上的棱柱体大部分是直棱柱，底面一般平行于投影面，该面投影为反映实形的多边形，且上下底面重合。多边形的各边即为各侧棱面的积聚投影；另两面投影则为反映各侧棱面的缩小（倾斜于投影面）或实形（平行于投影面）的复合矩形框，该矩形框也可以看成是由上下底面的积聚性投影与各棱线的实形投影组成的。

（3）投影作图：图 1.3－2 是绘制正六棱柱体的三面投影的作图过程及投影特征。

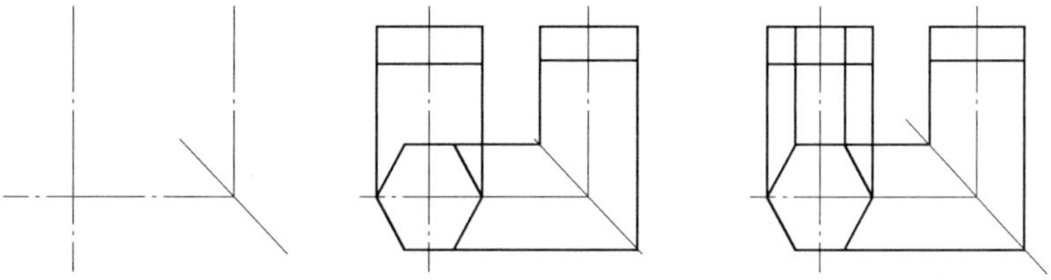

图 1.3－2　正六棱柱的三面投影

2. 棱锥

（1）形体特征：棱锥的各棱锥线相交于顶点，底面为多边形。顶点与底面中心的连线垂直底面时称为直棱锥，倾斜底面时称为斜棱锥。为了作图方便，应尽量使棱锥的底面平行或垂直于投影面。

（2）投影特征：工程上的棱锥体大部分是直棱锥，底面一般平行于投影面，该面投影为反映实形的多边形。多边形的各点与顶点的连线即为各侧锥线的投影；另两面投影则为反映各侧棱面的缩小（倾斜于投影面）或实形（平行于投影面）的复合三角形框。

（3）投影作图：图 1.3－3 是绘制正三棱锥体的三面投影的作图过程及投影特征。

3. 棱台

（1）形体特征：棱台为棱锥被与底面平行的平面截割而成，各棱锥线相交于原棱锥顶点，上下底面为相似多边形。顶点与底面中心的连线垂直底面时称为直棱台。为了作图方便，应尽量使棱锥的底面平行或垂直于投影面。

（2）投影特征：直棱台上下底面一般平行于投影面，该面投影为两个反映实形的相似多边形。两个多边形的各对应点间的连线即为各侧棱台线的投影；另两面投影则为反映各侧棱面的缩小（倾斜于投影面）或实形（平行于投影面）的复合梯形框。

（3）投影作图：图 1.3－4 是绘制正四棱台体的三面投影的作图过程及投影特征。

4. 平面立体表面取的点和直线的投影

平面立体表面取的点和直线的投影即在其表面上取点、取线的作图问题，其作图的基

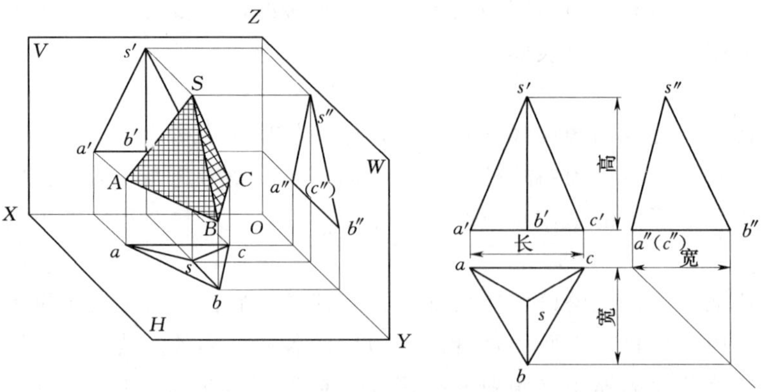

图 1.3-3　正三棱锥的三面投影图

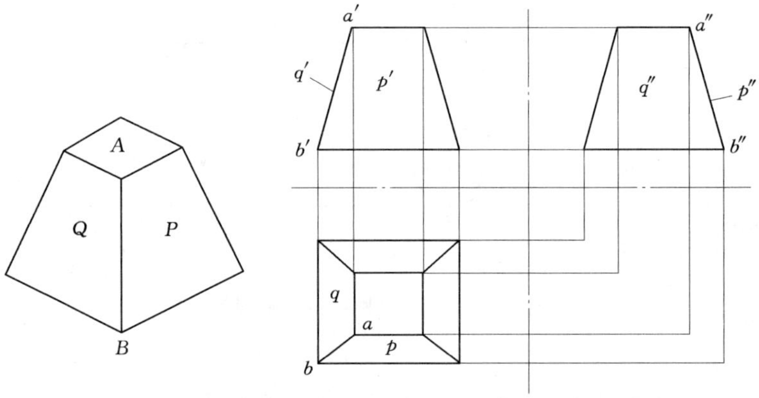

图 1.3-4　正四棱台的三面投影作图

本原理是：平面立体上的点和直线一定在立体表面上。求解方法如下：

（1）从属性法。当点位于立体表面的某条棱线上时，那么点的投影必定在棱线的投影上，即可利用线上点的"从属性"求解。

（2）积聚性法。当点所在的立体表面对某投影面的投影具有积聚性时，那么点投影必定在该表面对这个投影面的积聚投影上。

下面以图 1.3-5 正六棱柱体为例说明平面立体表面取点、线的方法。

1.3.2　曲面立体

曲面立体由曲面或曲面和平面所围成。常见的曲面立体有圆柱、圆锥、圆球和圆环及具有环面的回转体。它们通常称为回转体。曲面立体的投影就是组成曲面立体的曲面和平面的投影的组合。以下介绍曲面立体投影图的画法以及表面取点的方法。

1. 直立圆柱

（1）形体特征：直立圆柱由圆柱面、顶面、底面所围成。我们只研究圆柱轴线垂直于某一投影面，底面、顶面为投影面平行面的情况。

（2）投影特征：上下底圆面的水平投影为反映底面实形的圆；另两面投影为由上下底

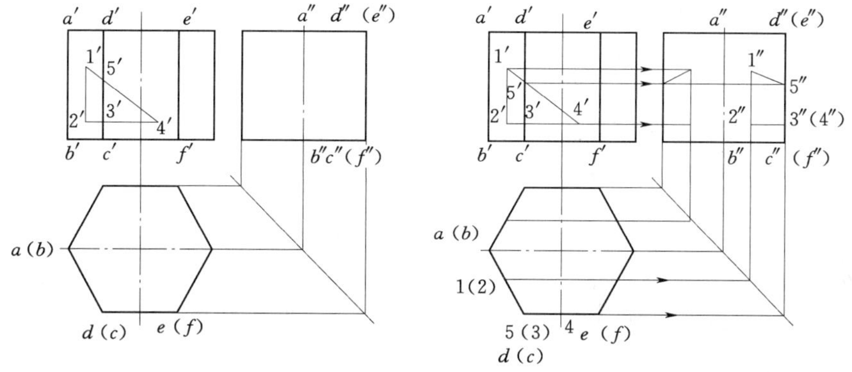

(a)　　　　　　　　(b)

图 1.3－5　正六棱柱体表面取点、线

圆直径和圆柱的高作为长和宽的矩形。

（3）圆柱体等曲面立体表面求点的方法：曲面立体表面取的点和直线的投影即在其表面上取点、取线的作图问题，其作图的基本原理是：曲面立体上的点和直线一定在立体表面上。求解方法如下：

1）从属性法。当点位于立体表面的某条棱线上时，那么点的投影必定在棱线的投影上，即可利用线上点的“从属性”求解。

2）积聚性法。当点所在的立体表面对某投影面的投影具有积聚性时，那么点投影必定在该表面对这个投影面的积聚投影上。

3）辅助线法。可利用曲面的特性，采用素线法、纬圆法来作图找点的投影。

图 1.3－6 为圆柱体的投影及圆柱表面取点的作图。

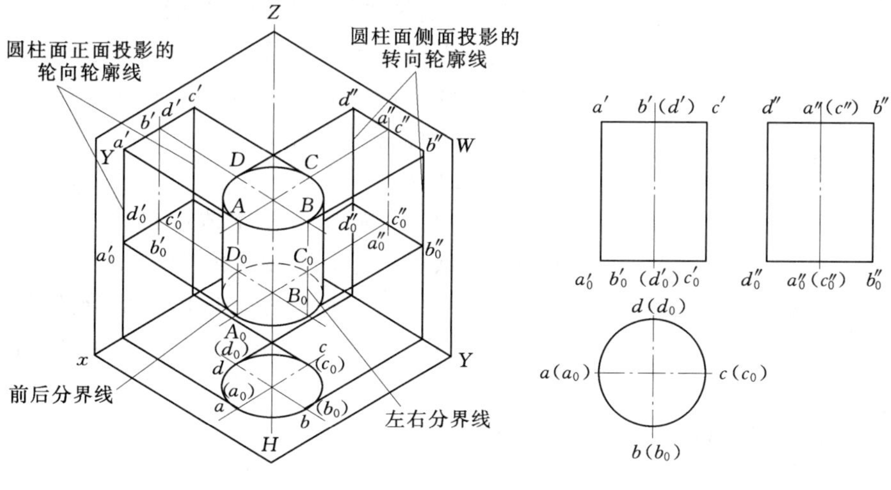

(a)　　　　　　　　(b)

图 1.3－6　圆柱及圆柱上的点的投影

2. 直立圆锥

（1）形体特征：直立圆锥由圆锥面、底面所围成。

（2）投影特征：底圆面的水平投影为反映底面实形的圆；另两面投影为以底圆直径作为底、圆锥的高作为高的等腰三角形。

（3）圆锥表面取点的两种方法：辅助线法如素线法、纬圆法。

圆锥及圆锥表面上的点的投影如图 1.3-7 所示。

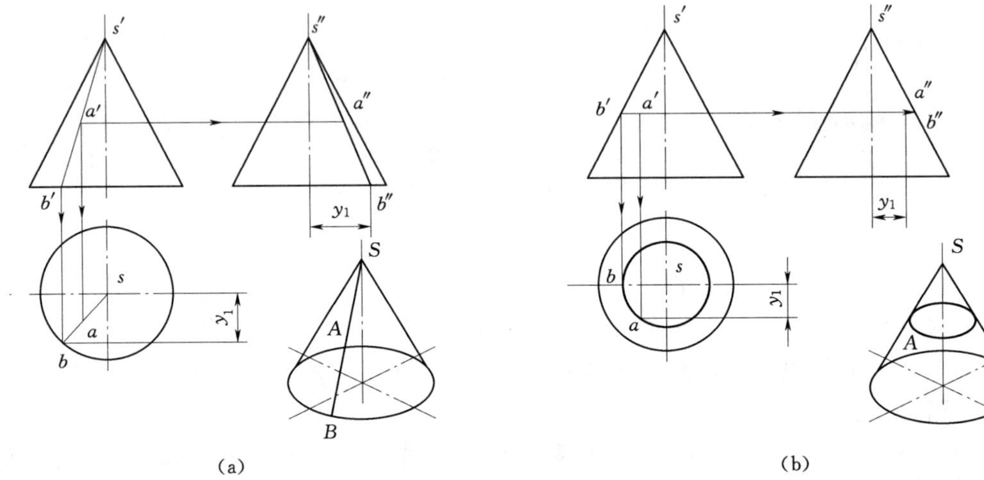

图 1.3-7　圆锥及圆锥上的点的投影

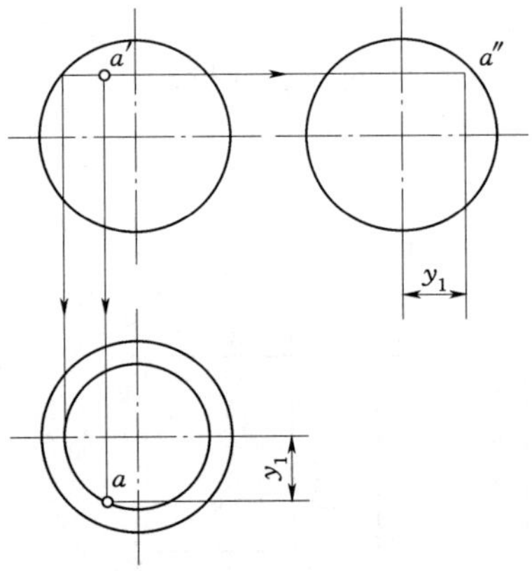

图 1.3-8　球和球面上点的投影

3. 球

球体由球面围成。球和球面上点的投影如图 1.3-8所示。

1.3.3　建筑形体的尺寸标注及识读

建筑形体的尺寸标注基本方法，是应用形体分析法将组合体分解为若干个基本体和简单体，在形体分析的基础上标注三类尺寸。

1. 定形尺寸

定形尺寸即确定各基本体形状和大小的尺寸，一般包括：线性尺寸、坡度、角度及标高。

（1）形体的线性尺寸：形体各部分及整体的线性尺寸为长度、宽度、高度，尺寸的标注及识读如图 1.3-9 和图 1.3-10 所示。

（2）角度、圆弧及坡度的尺寸标注如图 1.3-11 所示。

（3）标高尺寸：标高数字应以米为单位，注写到小数点以后第三位。在总平面图中，可注写到小数点以后第二位。零点标高应注写成±0.000，正数标高不注“+”，负数标高应注“−”，例如，3.000、−0.600。标高符号应以直角等腰三角形表示，用细实线绘制，如图 1.3-12 所示。

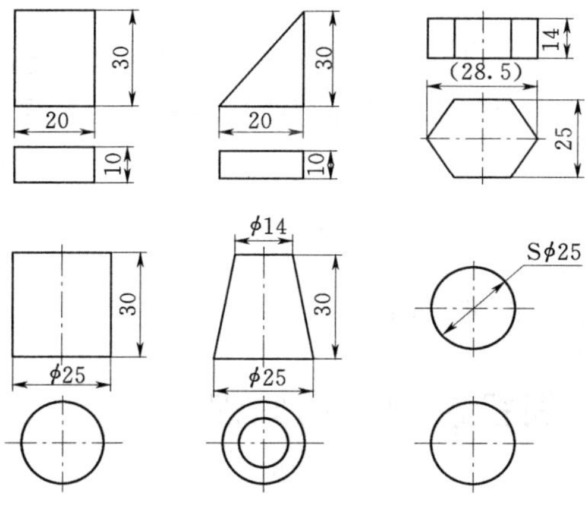

图 1.3-9 基本体的尺寸标注

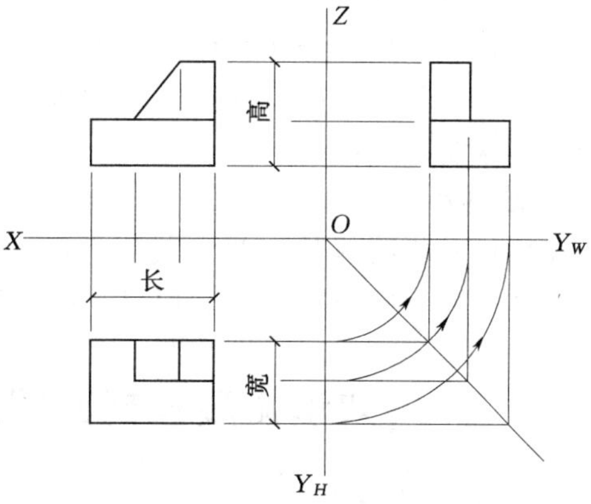

图 1.3-10 组合体的尺寸标注

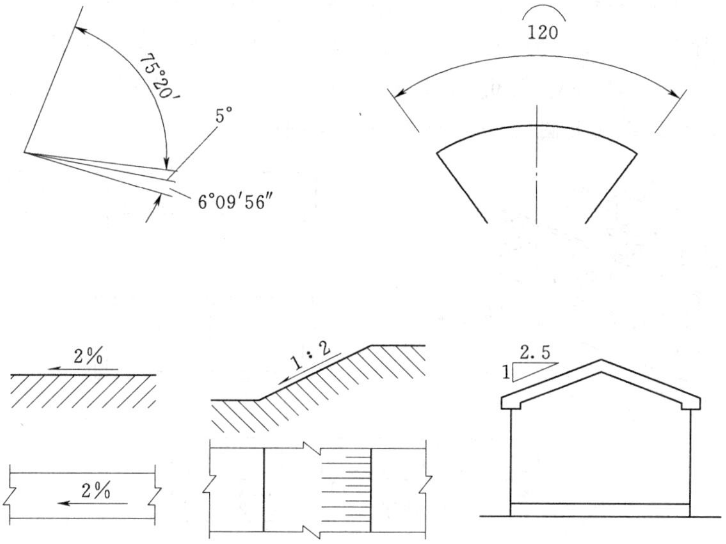

图 1.3-11 角度、圆弧及坡度的尺寸标注

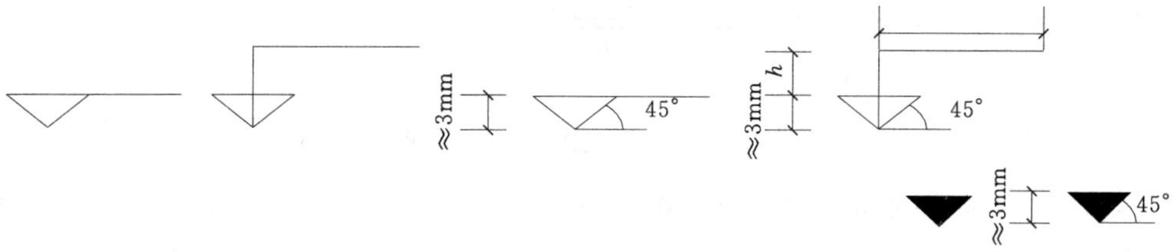

图 1.3-12 标高尺寸标注

总平面图室外地坪标高符号，宜用涂黑的三角形表示。

标高符号的尖端应指向被注高度的位置。尖端一般应向下，也可向上，如图 1.3-13 所示。注写在标高符号的左侧或右侧。

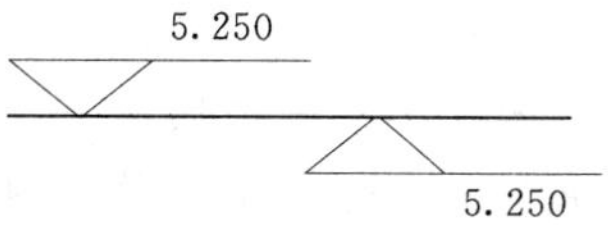

图 1.3-13 标高符号

2. 定位尺寸

确定各基本体之间相对位置的尺寸。要标注定位尺寸，必须先选定尺寸基准。物体有长、宽、高三个方向的尺寸，每个方向至少要有一个基准。通常以物体的底面、端面、对称面和轴线作为基准。

3. 总体尺寸

总体尺寸指物体长、宽、高三个方向的最大尺寸。

总体尺寸、定位尺寸、定形尺寸可能重合，这时需作调整，以免出现多余尺寸。

知识拓展：剖面图及三面投影图提高知识

1. 剖面图的画法

以拓展图1为例，剖面图的画法步骤如下：

(1) 确定剖切平面的位置。为了更好地反映出形体的内部形状和结构，所取的剖切平面应是投影面平行面，以便使断面的投影反映实形；剖切平面应尽量通过形体的孔、槽等结构的轴线或对称面，使得它们由不可见变为可见，并表达得完整、清楚。如拓展图1 (a)所示，取过水池底板上圆孔轴线的正平面为剖切平面。

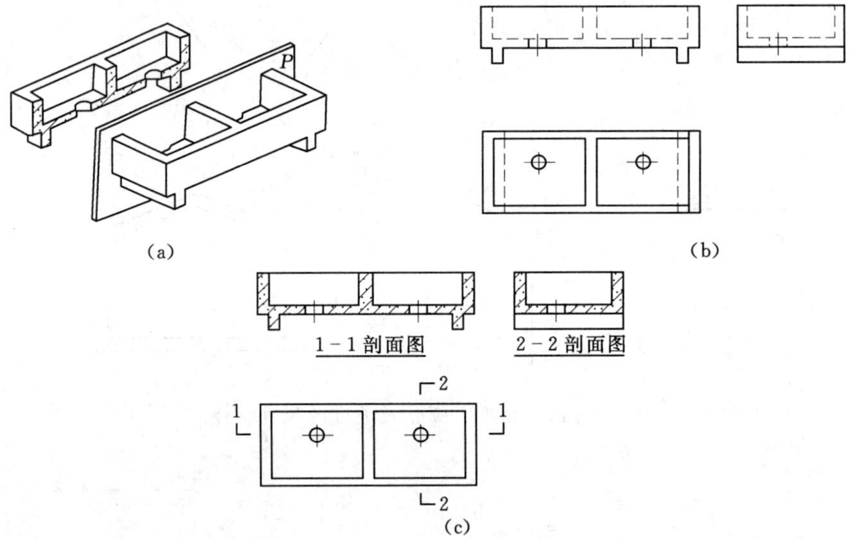

拓展图1　剖面图的画法步骤

(2) 画剖面剖切符号并进行标注。剖切平面的位置确定以后，应在投影图上的相应位置画上剖切符号并进行编号，如拓展图1 (c) 中的投影图所示。这样做既便于读者读图，同时又为下一步的作图打下了基础。

(3) 画断面、剖开后剩余部分的轮廓线。按剖切平面的剖切位置，假想移去形体在剖切平面和观察者之间的部分 [如拓展图1 (a) 所示，移去剖切平面 P 前面的部分形体]，根据剩余的部分形体作出投影。

对照拓展图1 (c) 中的1-1剖面图和拓展图1 (b) 中的 V 面投影图，可以看出水池在同一投影面上的投影图和剖面图既有共同点，又有不同点。共同点是外形轮廓线相同；不同点是投影图内部的实线在剖面图中消失，而虚线在剖面图中则变成实线。这就是依据投影图，作相应剖面图的方法。

必须注意：按此法作图时，先要想象出形体的完整形象和剖切后的剩余部分的形象，并且在作图过程中要不断将所绘制的剖面图与形体进行对照，才能画出正确的剖面图。

（4）填绘建筑材料图例。在断面轮廓线内填绘建筑材料图例，当建筑物的材料不明时，可用同向、等距的45°细实线来表示。

（5）标注剖面图名称。

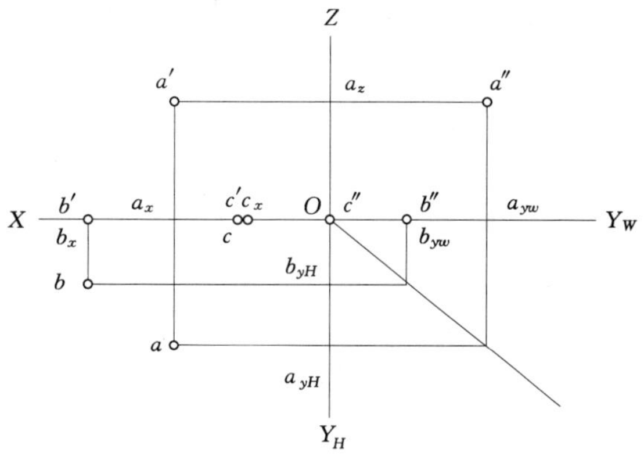

拓展图 2　求作空间各点的三面投影

2. 点的投影与坐标

如拓展图 2 所示，已知点 A(20，15，10)、B(30，10，0)、C(15，0，0)，求作各点的三面投影。

分析：由于 $Z_B=0$，所以 B 点在 H 面上，$Y_C=0$，$Z_C=0$，则点 C 在 X 轴上。

作 A 点的投影：

在 OX 轴上量取 $Oa_x=20$，过 a_x 作 $aa'\perp OX$ 轴，并使 $aa_x=15$，$a'a_z=10$；过 a' 作 $aa''\perp OZ$ 轴，并使 $a''a_z=aa_x$，a、a'、a''即为所求 A 点的三面投影。

作 B 点的投影：

在 OX 轴上量取 $Ob_x=30$；过 b_x 作 $bb'\perp OX$ 轴，并使 $b'b_x=0$，$bb_x=10$，由于 $Z_B=0$，b'、b_x 重合，即 b'在 X 轴上。因为 $Z_B=0$，b'在 OY_W 轴上，在该轴上量取 $Ob_{yw}=10$，得 b''，则 b、b'、b''即为所求 B 点的三面投影。

作 C 点的投影：

由在 OX 轴上量取 $Oc_x=15$；

因 $Yc=0$，$Zc=0$，c、c'都在 OX 轴上，与 c 重合，c''与原点 O 重合。

3. 一般位置直线的实长及其与投影面夹角

一般位置直线的投影既不反映实长，又不反映对投影面的真实倾斜角度。要求得实长和夹角，我们利用直角三角形法求得，如拓展图 3 所示。

4. 平面上求点和直线

例题：已知三角形 ABC 的两面投影，在三角形 ABC 平面上取一点 K，使 K 点在 A 点之下 15mm，在 A 点之前 13mm，试求 K 点的两面投影，如拓展图 4 所示。

分析：由已知条件可知 K 点在 A 点之下 15mm，之前 13mm，可以利用平面上的投影面平行线作辅助线求得。K 点在 A 点之下 15mm，可利用平面上的水平线；K 点在 A 点之前 13mm，可利用平面上的正平线，K 点必在两直线的交点上。

作法：（1）从 a' 向下量取 15mm，作一平行于 OX 轴的直线，与 $a'b'$ 交于 m'，与 $a'c'$ 交于 n'。

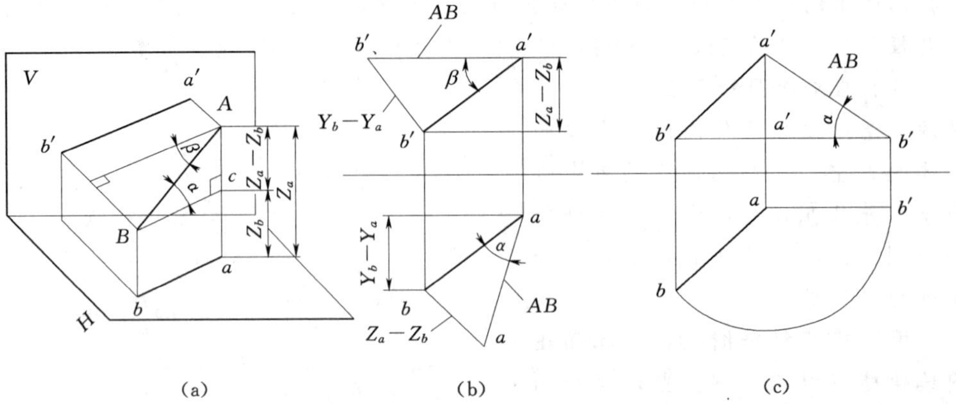

拓展图3　一般位置直线的实长与夹角

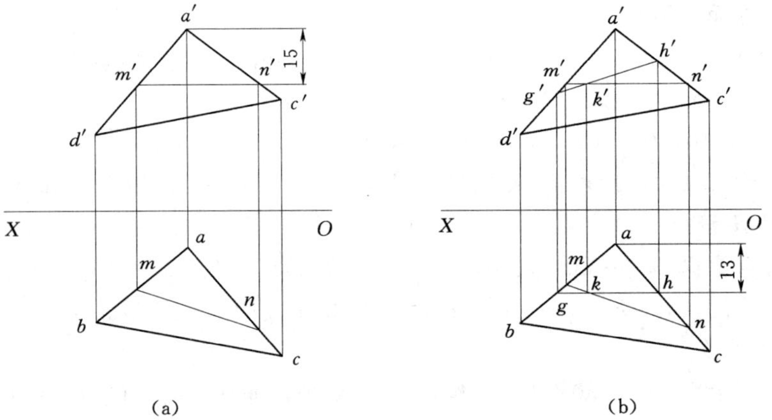

拓展图4　平面上求点和直线

(2) 求水平线 MN 的水平投影 m、n。

(3) 从 a 向前量取 13mm，作一平行于 OX 轴的直线，与 ab 交于 g，与 ac 交于 h，则 mn 与 gh 的交点即为 k。

(4) 由 g、h 求 g'、h'，则 $g'h'$ 与 $m'n'$ 交于 k'，k' 即为所求。

5. 轴测投影图

前面我们介绍了三面视图的形成及画法，三视图作图简单，度量性好。工程上应用广泛，但直观性不强，看图较困难。本拓展介绍作为识读工程图样的辅助方法之一的直观性比较强的轴测投影图。轴测图能在一个投影面上反映出物体三个坐标面的形象，富有立体感，接近人们的视觉习惯。但其不能反映物体的真实形状和大小，度量性差，作图也麻烦，常用作工程上的辅助图样。

(1) 轴测图的基本知识。

1) 轴测图的概念。如拓展图5所示用平行投影法将物体连同其直角坐标系，沿不平行于任一坐标平面的方向（S)，一起投射到选定的单一投影面（P 面）上所得投影，叫做轴测图。

2）轴测图的形成。轴测图的形成一般有两种方式：

正轴测图：改变物体相对于投影面的位置，而投影方向仍垂直于投影面，所得轴测图称为正轴测图。

斜轴测图：改变投影方向使其倾斜于投影面，而不改变物体对投影面的相对位置，所得投影图为斜轴测图。

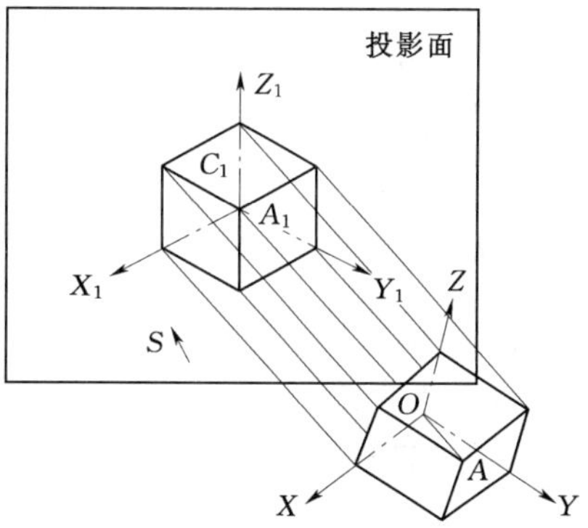

拓展图 5　轴测图的概念

3）轴测投影术语。

a. 轴测轴和轴间角。

轴测轴：建立在物体上的空间直角坐标轴在轴测投影面上的投影叫做轴测轴。

轴间角：轴测轴间的夹角叫做轴间角。

b. 轴向伸缩系数。

轴向伸缩系数：轴测轴上的单位长度与对应直角坐标轴上单位长度的比值。

4）轴测投影的特性。

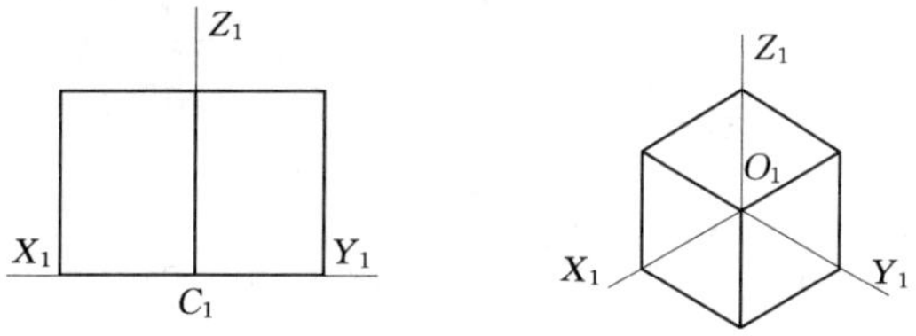

拓展图 6　结合投影形象展示正等轴测图

a. 平行性：两线段平行，它们的轴测投影也平行。

b. 定比性：平行于坐标轴的线段其轴测投影长度与原长度之比等于轴向伸缩系数。

5）常用轴测图的分类：①正等测轴测图；②正面斜二等测轴测图；③水平斜二等测轴测图。

（2）正等轴测投影图。

1）正等轴测图的形成。

拓展图 6 为结合投影形象展示正等轴测图的形成过程。

2）轴间角和轴向伸缩系数。

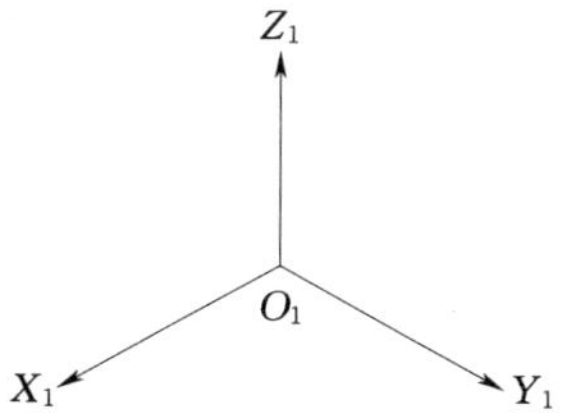

轴间角：

$\angle X_1O_1Y_1=\angle X_1O_1Z_1=\angle Y_1O_1Z_1=120°$

轴向伸缩系数：$p=q=r=0.82$

简化轴向伸缩系数：$p=q=r\approx1$

拓展图 7　正等轴测图的轴间角和轴向伸缩系数

3）平面立体正等轴测图的画法。根据形体的正投影图画轴测图的一般步骤为：首先读懂正投影图，进行形体分析并确定形体上直角坐标系位置；其次选择合适的轴测图种类及观察方向，确定轴间角与轴向伸缩系数；最后根据形体特征选择作图方法，比如：坐标法、切割法、叠加法、端面法等，先绘底稿线，检查加深可见轮廓线，不可见部分通常省略不绘虚线。

拓展图8为利用坐标法作出正六棱柱体的正等轴测图的方法及步骤。

4）曲面回转立体的正等轴测图的画法。圆的正等轴测图是椭圆，如拓展图9介绍的菱形法画椭圆，注意四个切点所在的轴测轴的方向，及菱形四条边的方向，只要正确画出菱形方向，才能正确画出椭圆。请注意平行于不同投影面的椭圆的长、短轴的方向（拓展图10）。

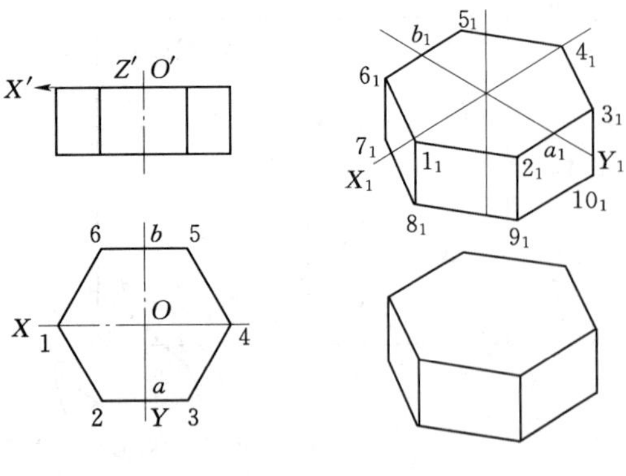

拓展图8 正六棱柱体的正等轴测图

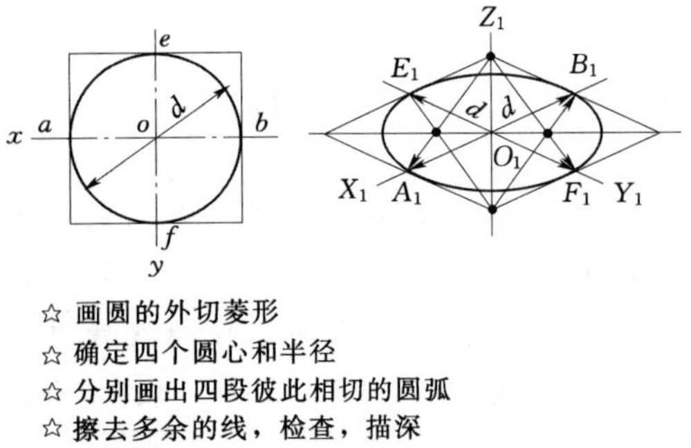

拓展图9 水平圆的正等轴测图

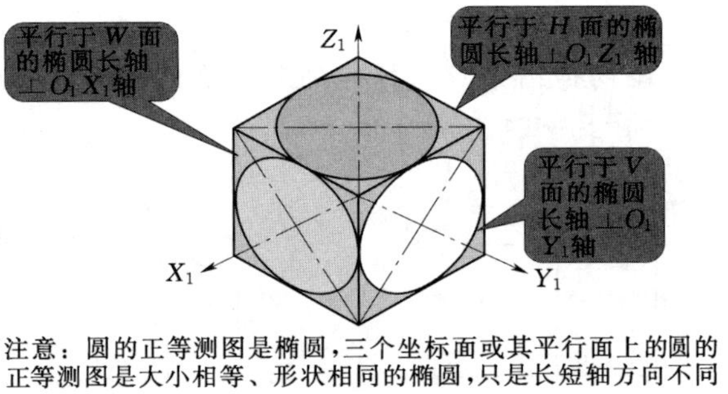

拓展图10 投影面平行圆的正等轴测图

圆柱体的正等轴测图的画法如拓展图11所示。

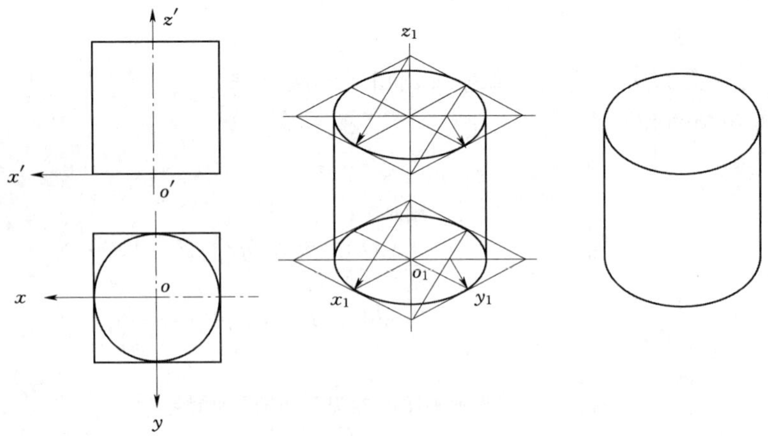

拓展图11 圆柱体的正等轴测图的画法

（3）正面斜二等测轴测图。拓展图12为结合投影形象展示正面斜二等测轴测图的形成过程。

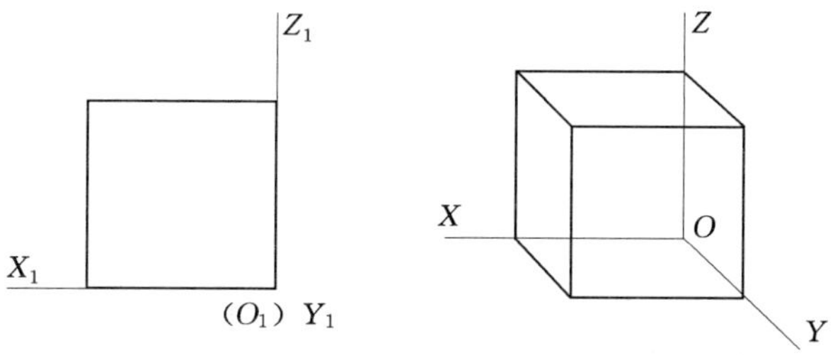

拓展图12 结合投影形象展示正面斜二等测轴测

拓展图13介绍了台阶的正面斜二等轴测的画法。

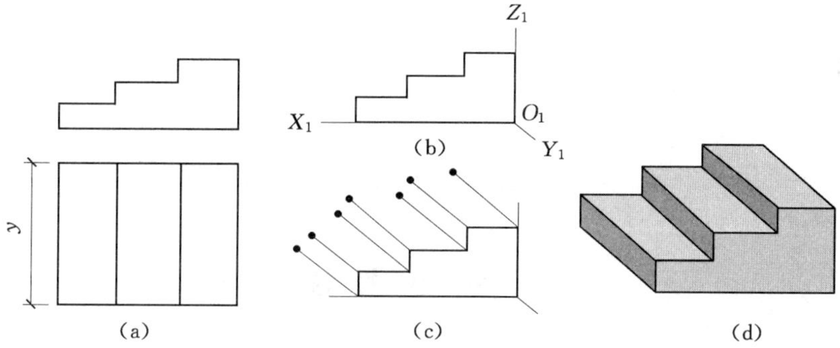

拓展图13 台阶的正面斜二等轴测

（4）水平斜二等测轴测图。常用于绘制一个区域建筑群的总平面图，如拓展图14所示。

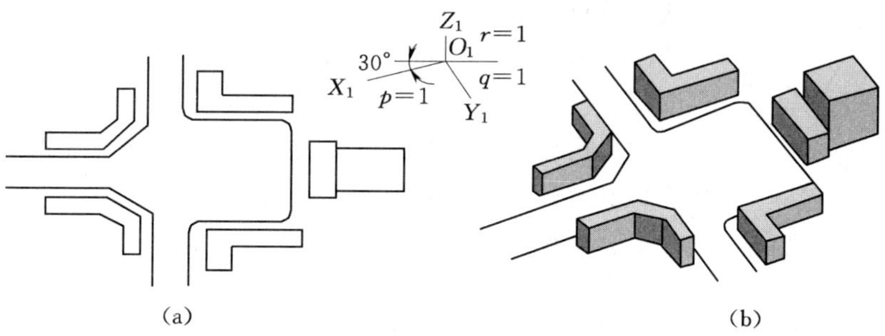

拓展图14 区域建筑群的总平面图

拓展图15为某建筑形体的水平斜二等轴测图的画法步骤。

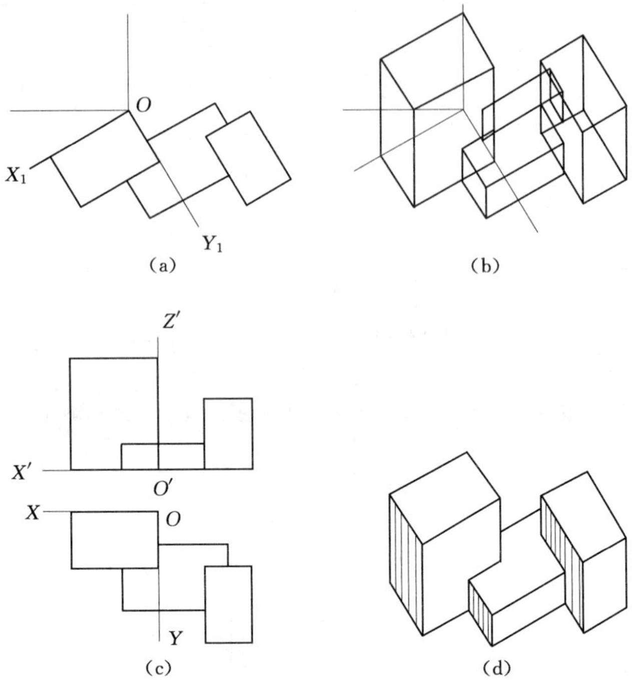

拓展图15　某建筑形体的水平斜二等轴测图

习题与考核

一、实操题

1. 如习题图1所示挡土墙，已知正等轴测图，量取尺寸，画出三视图并按1∶1标注尺寸。

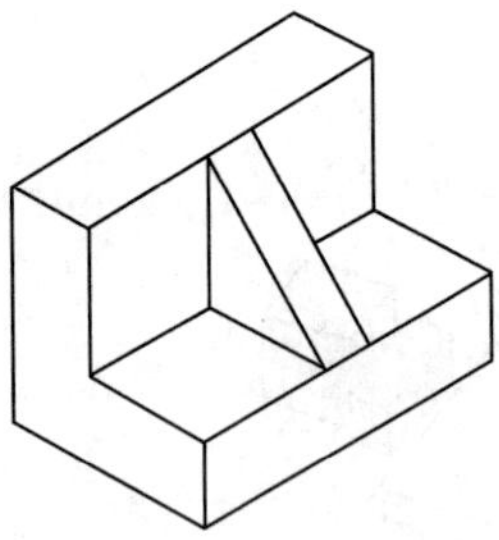

习题图1　挡土墙示意图

2. 阅读以下房屋三视图并分别指出：

(1) 空间点 A、B、C、D、E、F 的空间位置及投影要素，并判断各点的相互位置。

(2) 屋脊线、檐口线、墙脚线、斜脊线、竖向墙角线等的空间位置及投影要素，并判断各直线类型。

(3) 房屋的前、后、左、右四个端面及基础顶面的空间位置及投影要素，并判断各平面类型。

二、理论题

1. 投影如何分类？各有哪些特点？

2. 三面投影体系中，三面视图的名称各是什么？三个投影图分别体现形体的哪个方向的特征？

3. 三面投影图的对应"三等""六向"关系如何？

4. 基本几何体分几类？其投影图各有何特点？

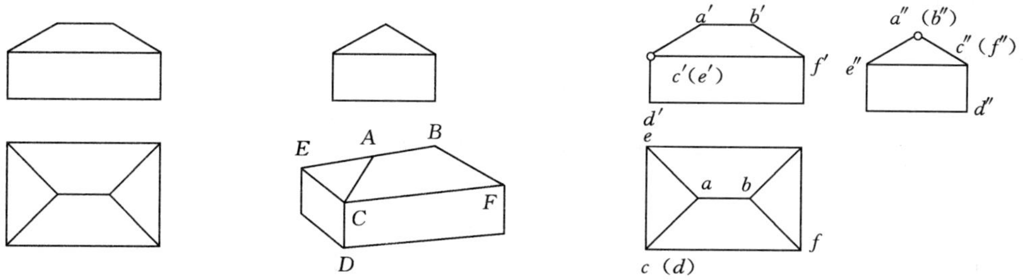

(a) 四坡顶房屋三面投影图　(b) 立体图　(c) 各点的投影和重影关系

习题图 2　房屋三视图

项目 2

建筑构造概论

【学习目标】

知识目标： 建筑的概念和基本构成要素，建筑的分类分级常识。

技能目标： 建筑构造配件的名称及位置，在图纸的一般表达形式，阅读及理解工程图样的设计总说明中关于建筑物的分类及分级的内容。

【情景导入】

结合校园内房屋建筑物，学习了解在图 2.0－1 中的房屋构造名称，并在实际房屋建筑物中现场指示出来。

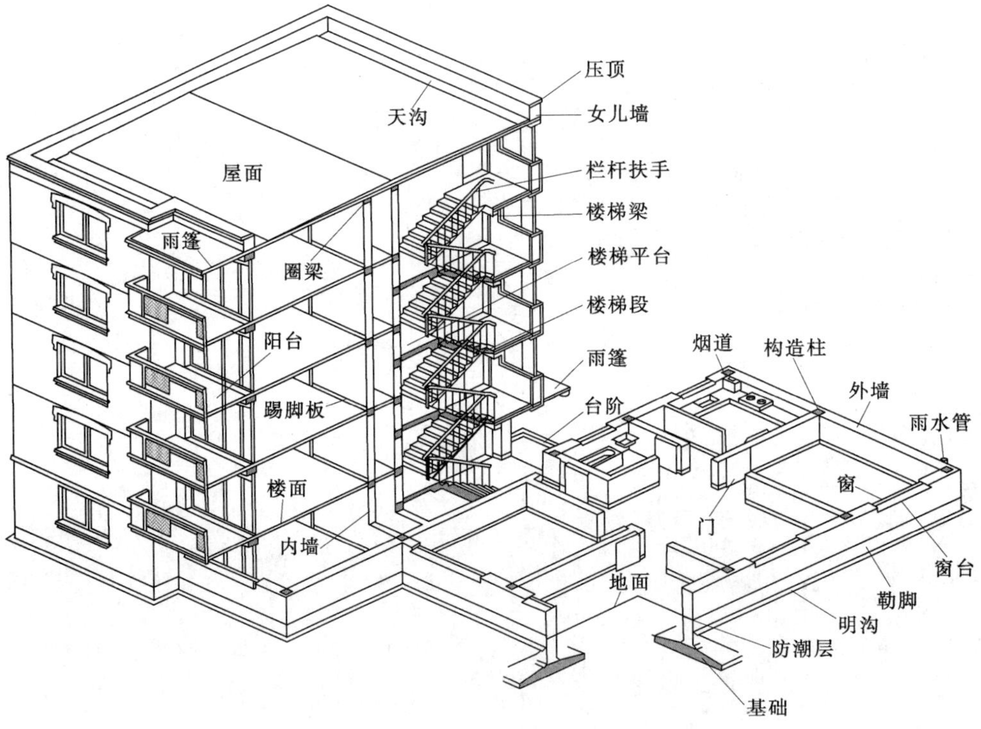

图 2.0－1　房屋构造图

任务 2.1　建筑和构成建筑的基本要素

【内容简介】

本任务要求掌握建筑的概念及六大基本构成要素。

2.1.1　建筑的概念

（1）建筑一般指建筑物与构筑物的通称。

1）建筑物：是供人们在其中生产、生活或其他活动的房屋或场所，如工厂、住宅、学校、展览馆等。

2）构筑物：是人们不在其中生产、生活的建筑，如烟囱、水塔、电塔、堤坝等。

（2）构成建筑的基本要素。构成建筑的基本要素是建筑功能、建筑技术和建筑形象，称为建筑的三要素。

1）建筑功能。人们建造房屋有着明显的使用要素，它体现了建筑物的目的性。例如，建设工厂是为了生产的需要，住宅建设是为了居住的需要等。因此各类建筑具有不同的使用功能要求。

2）建筑技术。建筑技术是实现房屋功能的手段，包括建筑结构、建筑材料、建筑施工和建筑设备等内容。

3）建筑形象。建筑形象是建筑物内外观感的具体体现，它包括内外空间的组织，建筑体型与立面的处理，材料、装饰、色彩的应用等内容。建筑功能、技术条件和建筑形象三者是辩证统一的，不可分割并相互制约。其中建筑功能是起主导作用的，其次是建筑技术，而建筑形象是建筑功能、建筑技术与建筑艺术内容的综合表现。

2.1.2　民用建筑的组成与作用

尽管房屋建筑的使用功能、结构及材料做法上各有不同，但通常都是由基础、墙与柱、楼地层、楼梯、屋顶和门窗等六大部分组成，各部分处于房屋不同部位而发挥着不同作用。

1. 基础

基础是位于房屋最下部的承重构件，埋在地面以下，承担建筑物的全部荷载，并将荷载传递给地基的作用。

2. 墙与柱

墙体是围成房屋空间的竖向构件，它承受由屋顶及各楼层传来的荷载，并将这些荷载传递给基础，外墙主要抵御自然界的风雨雪霜等各种因素对室内的侵袭，内墙主要用作房间的分隔；柱是房屋空间的竖向承重构件，并将承担的荷载传递给基础。

3. 楼层与地层

房屋的楼层和地坪层是水平承重、分隔构件，楼层将房屋从高度方向分隔成若干层，承受墙体、家具、设备、人体荷载及自重，并将这些荷载传递给墙或柱；地坪层是房屋的底层的承重分隔层，将底层的全部荷载传给地基土层。

4. 楼梯

楼梯是多层及高层房屋上下层之间的垂直交通联系构件，主要用于供人们上下楼层和紧急疏散用途。

5. 屋顶

屋顶是房屋顶部的承重及围护构件，主要作用是承重、保温、隔热和防水，屋顶承受着房屋顶部的全部荷载，并将这些荷载传递给墙或柱，同时抵御自然界的风雨雪霜等各种因素对顶层房间的侵袭。

6. 门窗

门和窗均属于非承重的建筑配件，门的主要作用是水平交通、房间分隔及采光、通风，窗的主要作用是采光、通风，同时还具有分隔和围护的作用。

一般房屋建筑的六大组成部分的位置及形态如图 2.1-1 所示，除上述主要组成部分以外，还有一些附属的组成部分，如女儿墙、阳台、雨篷、勒脚、散水、明沟、台阶、地下室等，均为房屋本身所必需的构配件，为人们使用房屋创造了有利条件。

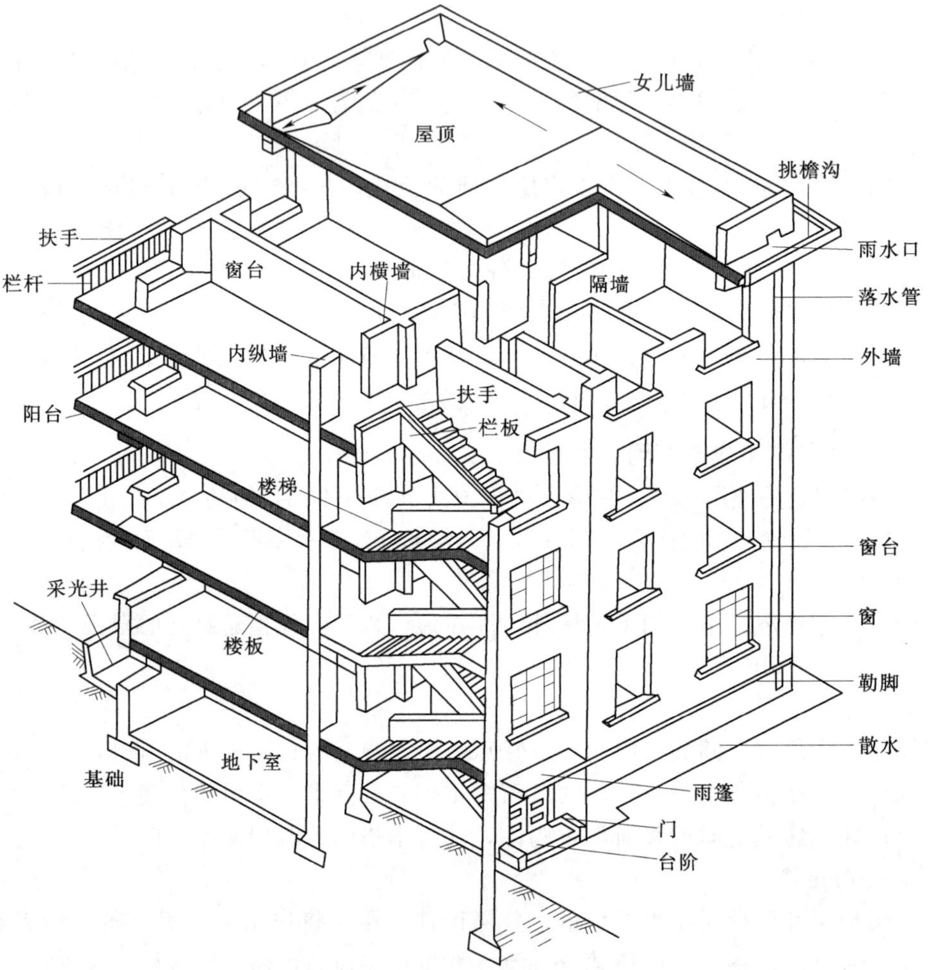

图 2.1-1　民用房屋的构造组成

任务 2.2　建筑的分类与分级

【内容简介】

本任务要求掌握建筑的分类与耐久、耐火及防震的分级常识。

2.2.1　建筑的分类

建筑分类一般从使用功能、规模、层数或高度、主要承重结构材料四个方面进行划分。

1. 按建筑的使用功能分类

（1）民用建筑：包括居住建筑和公共建筑，是指各种供人们进行生活、学习、工作、活动的建筑物。

居住建筑是指供家庭和集体生活起居用的建筑物，如住宅、宿舍、公寓等。

公共建筑是指除居住建筑以外的供人们进行各种社会活动的建筑物。

（2）工业建筑：为工业生产服务的各类建筑，如生产车间、辅助车间、动力用房、仓储建筑等。

（3）农业建筑：用于农业、牧业生产和加工用的建筑，如温室、畜禽饲养场、粮食与饲料加工站、农机修理站等。

2. 按建筑物的规模分类

（1）大量性建筑：单体建筑规模不大，但兴建数量多、分布面广的建筑，如住宅、学校、中小型办公楼、商店、医院等。

（2）大型性建筑：建筑规模大、耗资多、影响大的建筑，如大型火车站、航空港、大型体育馆、博物馆、大会堂等。

3. 按建筑物的层数分类

（1）低层建筑：1～3 层建筑。

（2）多层建筑：4～6 层建筑。

（3）中高层建筑：7～9 层建筑。

（4）高层建筑：一般规定 10 层及以上的住宅建筑，以及高度超过 24m 的其他民用建筑为高层建筑。

（5）超高层建筑：高度超过 100m 的建筑物。

4. 按主要承重结构材料分类

（1）砖木结构建筑：指以砖（石）砌墙体及木楼板、木屋顶的建筑，这种结构具有自重轻、抗震性能好、构造简单、施工方便等特点，是我国古代建筑的主要结构类型。

（2）砖混结构建筑：指主要承重结构由砖（石）砌墙体，钢筋混凝土楼板和屋顶的多层建筑，这是当前建筑数量最大、采用最为普遍的结构类型，如图 2.2-1 所示。

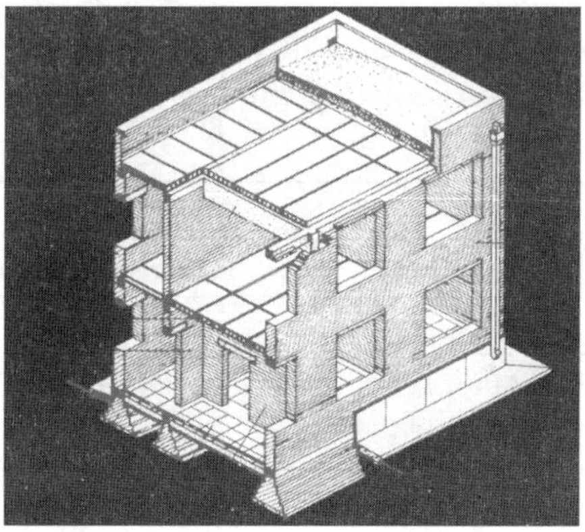

图 2.2-1　砖混结构

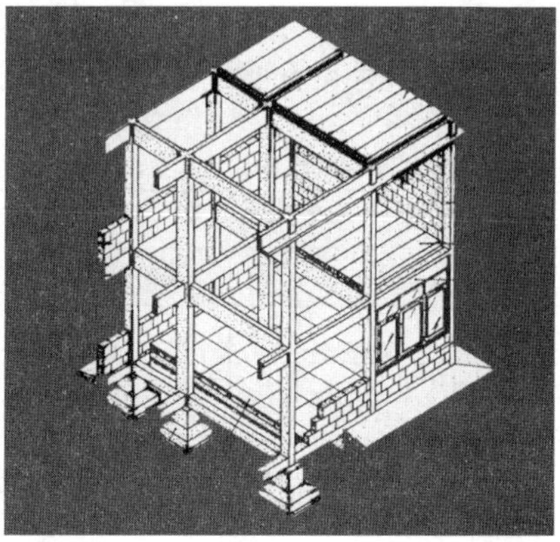

图 2.2-2　框架结构

（3）钢筋混凝土建筑：指主要承重构件为钢筋混凝土柱、梁、板的多层和高层建筑，包括用钢筋混凝土材料制造的装配式大板、大模板建筑，如混凝土框架结构（图 2.2-2）、剪力墙结构、筒中筒结构（图 2.2-3），这种结构具有坚固耐久、防火、可塑性强等特点，在当今建筑领域中应用很广泛且发展前途很大。

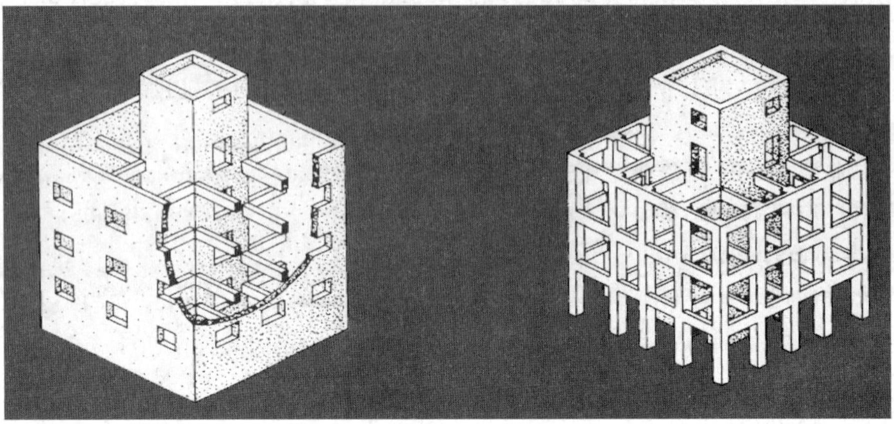

图 2.2-3　筒中筒结构

（4）钢结构：指全部用钢柱、钢梁组成承重骨架的建筑，具有力学性能好、制作安装方便、自重轻等特点，应用于大型公共建筑、工业建筑及桥梁等工程中。

2.2.2　建筑的分级

建筑物的等级是从重要性、耐久年限、耐火、防震等不同角度划分的建筑物级别。进行建筑构造设计时，应根据不同等级对房屋各组成部分的不同要求，选择恰当的构造方案。民用建筑可按以下方式划分等级。

1. 建筑物的工程等级

依据建筑物的工程主要特征及复杂程度，建筑物的工程等级共分 6 级，即特级、1～5 级。如国家重点项目或以国际性活动为主的特高级大型公共建筑物为特级，大专院校的教学楼、部省级机关办公楼等为 2 级，1～2 层单功能、小跨度结构建筑为 5 级建筑物。

2. 耐久年限

按建筑质量标准和重要性，建筑分为四级。

表 2.2-1　　**建筑物的耐久等级划分**

级　别	耐　久　年　限	适　用　建　筑
Ⅰ	100 年	重要建筑和高层建筑
Ⅱ	50～100 年	一般性民用建筑
Ⅲ	25～50 年	次要建筑
Ⅳ	15 年以下	临时建筑

3. 耐火等级

火灾是人为的灾害，一旦发生将对人民的生命和财产造成巨大损失。为了从建筑构造上控制火灾的发生和曼延，《建筑设计防火规范》（GBJ 16—87）规定，多层建筑物的耐火等级依据房屋主要构件的燃烧性能和耐火极限分为四级：一级耐火建筑为钢筋混凝土楼板、屋顶、砌体墙组成的钢筋混凝土混合结构；二级耐火建筑与一级基本相似，但所用材料的耐火极限可较低；三级耐火建筑为木屋顶、钢筋混凝土楼板和砖墙组成的砖木结构；四级耐火建筑为木屋顶、难燃体楼板和墙组成的可燃结构。对高层房屋建筑则依据房屋主要构件的燃烧性能和耐火极限分为两级，即上述的一级和二级。

（1）燃烧性能。燃烧性能是指组成建筑物的主要构件在明火或高温作用下，燃烧与否，以及燃烧的难易等性能，构件的燃烧性能分为燃烧体、难燃烧体和非燃烧体。

非燃烧体是指非燃烧材料制成的构件。非燃烧材料是指在空气中受到火烧或高温作用时不起火，不燃烧、不炭化的材料。如金属材料和天然的或人工的无机矿物材料（石材、砖、混凝土等）。

（2）耐火极限。耐火极限是指建筑构件遇火后能支持的时间。从构件受到火的作用起，到失去支持能力或完整性被破坏或失去隔火能力时为止的这段时间，用小时表示，即为该构件的耐火极限。

4. 防震等级

抗震等级是设计部门依据国家有关规定，按“建筑物重要性分类与设防标准”，根据地震烈度、结构类型和房屋高度等，而采用不同抗震等级进行的具体设计。以钢筋混凝土框架结构为例，抗震等级划分为四级，以表示其很严重、严重、较严重及一般的四个级别。

地震烈度是指某一地区地面和各类建筑物遭受一次地震影响破坏的强烈程度，是衡量某次地震对一定地点影响程度的一种度量。同一地震发生后，不同地区受地震影响的破坏程度不同，烈度也不同，受地震影响破坏越大的地区，烈度越高。一般根据人的感觉、家具及物品振动的情况、房屋及建筑物受破坏的程度以及地面出现的破坏现象等判断烈度的大小。

知识拓展：建筑标准化与建筑模数

1. 建筑标准化

实现建筑工业化，其前提是达到建筑标准化。建筑标准化包括两个方面的含义：一方面是建筑设计的标准化，包括由国家颁发的建筑法规、规范、定额及有关技术经济指标等；另一方面是建筑的标准设计，包括由国家或地方所编制的标准建筑构、配件的图集及整个房屋的标准设计图样等。

2. 建筑模数常识

为了实现工业化大规模生产，使不同材料、不同形式和不同制造方法的建筑构配件，组合件具有一定的通用性和互换性，在建筑业中必须共同遵守《建筑模数统一协调标准》，在建筑设计中选定建筑物、建筑构配件、建筑制品以及建筑设备尺寸间相互协调的标准尺度单位，包括基本模数和导出模数。

（1）基本模数。《建筑模数统一协调标准》规定了我国建筑行业的基本的尺寸单位，其数值为100mm，用1M表示，称为基本模数。整个建筑物和建筑物的各个部分以及建筑组合件的模数化尺寸，应是基本模数的整数倍。

（2）导出模数。导出模数又分为扩大模数和分模数。

1）扩大模数。扩大模数是指基本模数的整数集数，分为水平扩大模数和竖向扩大模数。

水平扩大模数：水平扩大模数的基数为3M、6M、12M、15M、30M、60M，相应尺寸为300mm、600mm、1200mm、1500mm、3000mm、6000mm。水平扩大模数主要用于建筑的平面尺寸。

竖向扩大模数：竖向扩大模数的基数是3M与6M，相应尺寸为300mm与600mm。竖向扩大模数主要用于建筑的竖向尺寸及标高。

2）分模数。分模数是基本模数的分数倍数，其基数为1/10M、1/5M、1/2M。相应的尺寸为10mm、20mm、50mm。分模数的数列主要用于构件之间的缝隙、构造节点、构配件截面等。

由基本模数、扩大模数和分模数组成一个完整的模数数列的数值系统，称作模数制。

习题与考核

一、实操题

结合课本后的附图中的设计总说明及平、立、剖、详图等，应用所学知识，识别建筑组成并对其建筑类别进行判断。

二、理论题

1. 房屋由哪几部分组成？各部分的主要作用是什么？
2. 建筑的类别是根据什么划分的？建筑按使用性质分为哪几类？
3. 建筑按耐久年限分为几级？各适用于何种建筑？
4. 房屋的耐火等级是根据什么确定的？多层房屋的耐火等级分为几级？

项目 3

建筑识图基础知识

【学习目标】

知识目标：了解建筑构造及配件图例；掌握建筑制图标准和规范；掌握建筑总平面图识读方法。

技能目标：能够准确识读建筑总平面图。

【情景导入】

众所周知，在建造一幢房屋前，我们需要提供相关图纸以便施工人员能按图施工。那么请同学们思考，这套用于施工的图纸需要满足哪些制图标准？这套图纸由哪些部分组成？下面，我们将通过学习项目 3 的内容来寻找答案。

任务 3.1 建筑制图标准和规范

【内容简介】

本任务主要介绍《房屋建筑制图统一标准》（GB/T 50001—2010），使学生掌握建筑制图标准和规范。

3.1.1 图纸幅面

1. 图幅

图纸幅面是指图纸宽度与长度组成的图面。幅面尺寸共分 5 类，即 A0～A4，各图幅尺寸应符合表 3.1－1 的规定。依实际需要，A0～A3 幅面长边尺寸可加长，但应符合表 3.1－2 的规定。

表 3.1－1 **图幅及图框尺寸** 单位：mm

尺寸代号 \ 幅面代号	A0	A1	A2	A3	A4
$b\times l$	841×1189	594×841	420×594	297×420	210×297
c	10			5	
a	25				

表 3.1－2 **图纸长边加长尺寸** 单位：mm

幅面代号	长边尺寸	长边加长后尺寸
A0	1189	1486（A0＋1/4l）、1635（A0＋3/8l）、1783（A0＋1/2l）、1932（A0＋5/8l）、2080（A0＋3/4l）、2230（A0＋7/8l）、2378（A0＋l）

续表

幅面代号	长边尺寸	长边加长后尺寸
A1	841	1051 (A1+1/4l)、1261 (A1+1/2l)、1471 (A1+3/4l)、1682 (A1+l)、1892 (A1+5/4l)、2102 (A1+3/2l)
A2	594	743 (A2+1/4l)、891 (A2+1/2l)、1041 (A2+3/4l)、1189 (A2+l)、1338 (A2+5/4l)、1486 (A2+3/2l)、1635 (A2+7/4l)、1783 (A2+2l)、1932 (A2+9/4l)、2080 (A2+5/2l)
A3	420	630 (A3+1/2l)、841 (A3+l)、1051 (A3+3/2l)、1261 (A3+2l)、1471 (A3+5/2l)、1682 (A3+3l)、1892 (A3+7/2l)

注 有特殊需要的图纸，可采用 $b\times l$ 为 841mm×891mm 与 1189×1261mm 的幅面。

2. 图纸格式

图纸以短边作为垂直边应为横式，如图 3.1-1 和图 3.1-2 所示；以短边作为水平边应为立式，如图 3.1-3 和图 3.1-4 所示。A0～A3 图纸宜横式使用；必要时，也可立式使用。一个工程设计中，每个专业所使用的图纸，不宜多于两种幅面，不含目录及表格所采用的 A4 幅面。

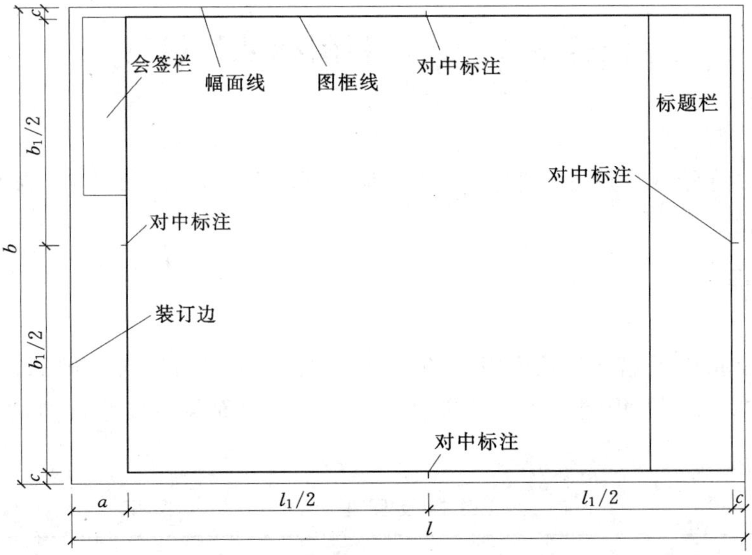

图 3.1-1 A0～A3 横式幅面（一）

3.1.2 标题栏与会签栏

1. 标题栏

标题栏是用于确定设计单位、工程名称、图号和有关人员签名等内容的表格；绘制位置如图 3.1-1～图 3.1-4 所示；格式应符合图 3.1-5 和图 3.1-6 的规定。

2. 会签栏

会签栏是用于各工程负责人签署专业、姓名、日期的表格；绘制位置如图 3.1-1～图 3.1-4 所示；按表 3.1-3 的格式绘制。

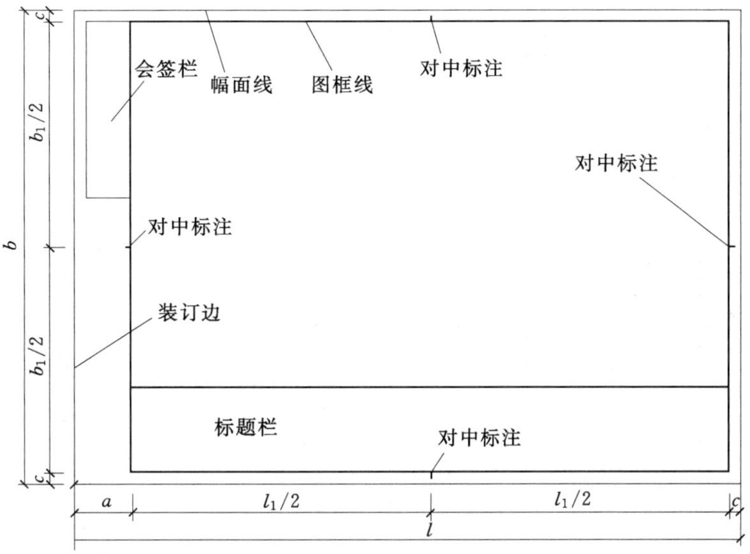

图 3.1-2　A0～A3 横式幅面（二）

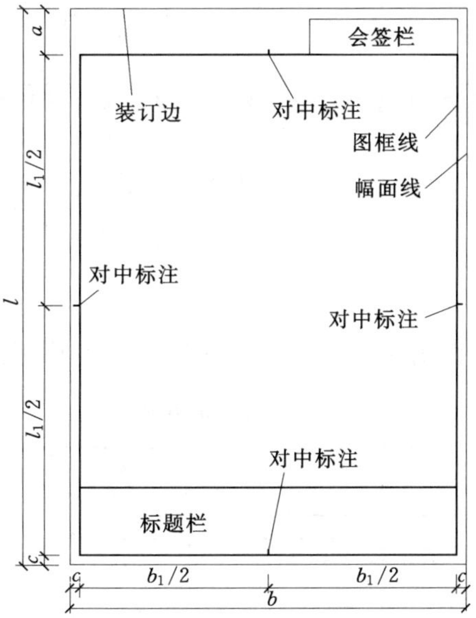

图 3.1-3　A0～A4 立式幅面（一）

表 3.1-3　　　　**会　签　栏**

（专业）	（实名）	（签字）	（日期）

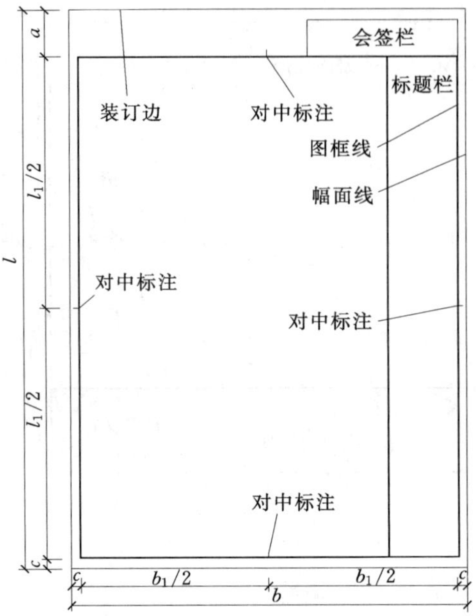

图 3.1－4　A0～A4 立式幅面（二）

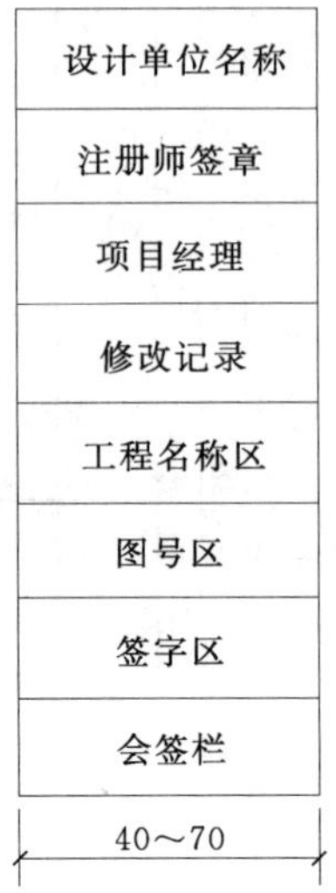

图 3.1－5　标题栏（一）

图 3.1－6　标题栏（二）

3.1.3　图线

1. 线型

工程建设制图时，应根据用途选择相应线型，常用线型见表 3.1－4。

表 3.1－4　　**图线型式和用途**

名称		线型	线宽	用途
实线	粗		b	主要可见轮廓线
	中粗		$0.7b$	可见轮廓线
	中		$0.5b$	可见轮廓线、尺寸线、变更云线
	细		$0.25b$	图例填充线、家具线
虚线	粗		b	见各有关专业制图标准
	中粗		$0.7b$	不可见轮廓线
	中		$0.5b$	不可见轮廓线、图例线
	细		$0.25b$	图例填充线、家具线
单点长画线	粗		b	见各有关专业制图标准
	中		$0.5b$	见各有关专业制图标准
	细		$0.25b$	中心线、对称线、轴线等

续表

名称		线型	线宽	用途
双点长画线	粗		b	见各有关专业制图标准
	中		$0.5b$	见各有关专业制图标准
	细		$0.25b$	假想轮廓线、成型前原始轮廓线
折断线	细		$0.25b$	断开界线
波浪线	细		$0.25b$	断开界线

2. 图线画法规定

（1）相互平行的图例线，其净间隙或线中间隙不宜小于 0.2mm。

（2）虚线、单点长画线或双点长画线的线段长度和间隔，宜各自相等。

（3）单点长画线或双点长画线，当在较小图形中绘制有困难时，可用实线代替。

（4）单点长画线或双点长画线的两端，不应是点。点画线与点画线交接点或点画线与其他图线交接时，应是线段交接。

（5）虚线与虚线交接或虚线与其他图线交接时，应是线段交接。虚线为实线的延长线时，不得与实线相接。

（6）图线不得与文字、数字或符号重叠、混淆，不可避免时，应首先保证文字的清晰。

3.1.4 字体

图纸上所需书写的文字、数字或符号等，均应笔画清晰、字体端正、排列整齐；标点符号应清楚正确。图样及说明中的汉字，宜采用长仿宋体（矢量字体）或黑体，同一图纸字体种类不应超过两种。长仿宋体的宽度与高度的关系应符合表 3.1－5 的规定，黑体字的宽度与高度应相同。

表 3.1－5　　长仿宋字高宽关系　　单位：mm

字高	20	14	10	7	5	3.5
自宽	14	10	7	5	3.5	2.5

3.1.5 比例

图样的比例，是指图形与实物相对应的线性尺寸之比。比例的符号为“∶”，比例以阿拉伯数字表示。比例的第一个数字表示图形尺寸，第二个数字表示实物为图形的倍数。例如：1∶100，表示图形大小只有实物大小的百分之一。

比例宜注写在图名的右侧，字的基准线应取平；比例的字高宜比图名的字高小一号或二号，如图 3.1－7 所示。绘图所用的比例应根据图样的用途与被绘对象的复杂程度，从表 3.1－6 中选用，并应优先采用表中常用比例。

图 3.1－7　比例注写

表 3.1-6　　绘图所用比例

常用比例	1∶1、1∶2、1∶5、1∶10、1∶20、1∶30、1∶50、1∶100、1∶150、1∶200、1∶500、1∶1000、1∶2000
可用比例	1∶3、1∶4、1∶6、1∶15、1∶25、1∶40、1∶60、1∶80、1∶250、1∶300、1∶400、1∶600、1∶5000、1∶10000、1∶20000、1∶50000、1∶100000、1∶200000

一般情况下，一个图样应选用一种比例。根据专业制图需要，同一图样可选用两种比例。特殊情况下也可自选比例，这时除应注出绘图比例外，还必须在适当位置绘制出相应的比例尺。

3.1.6　符号

1. 索引符号与详图符号

（1）索引符号。若图样中的某一局部或构件需另见详图，应以索引符号索引。索引符号由直径为8～10mm的圆和水平直径组成，并以细实线绘制，如图3.1-8（a）所示。

当索引出的详图与被索引的详图同在一张图纸上时，索引符号按图3.1-8（b）编写；当索引出的详图与被索引的详图不在同一张图纸上时，索引符号按图3.1-8（c）编写；当索引出的详图采用标准图时，索引符号按图3.1-8（d）编写。

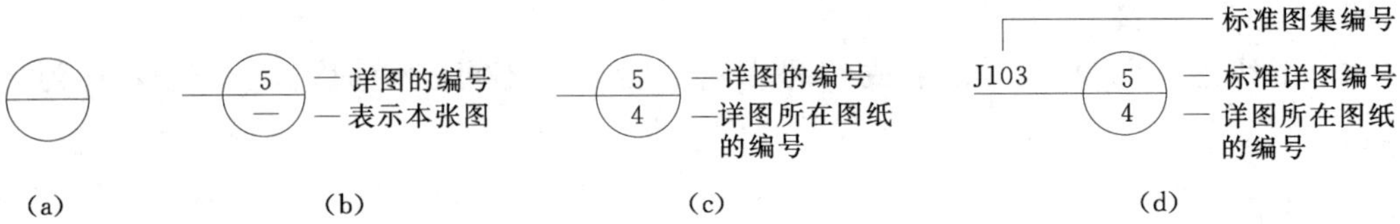

图3.1-8　索引符号

索引符号当用于索引剖视详图，应在被剖切的部位绘制剖切位置线，并以引出线引出索引符号，引出线所在的一侧应为剖视方向，如图3.1-9所示。

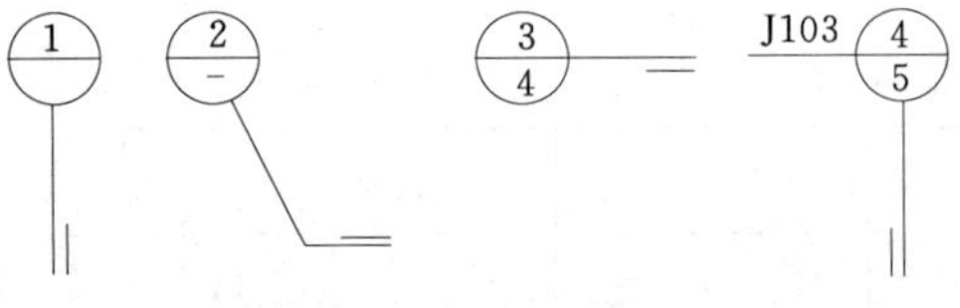

图3.1-9　用于索引剖面详图的索引符号

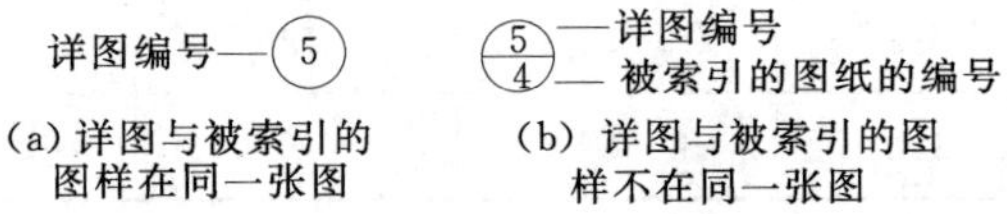

图3.1-10　详图符号

（2）详图符号。详图的位置和编号应以详图符号表示。详图符号的圆的直径为14mm，用粗实线绘制。当详图与被索引的图样同在一张图纸上时，详图符号内用阿拉伯数字注明详图编号，如图3.1-10（a）所示；当详图与被索引的图样不在同一张图纸上时，详图符号按图3.1-10（b）编写。

2. 引出线

引出线以细实线绘制，宜采用水平方向的直线、与水平方向成30°、45°、60°、90°的直线，或经上述角度再折为水平线。文字说明宜注写在水平线的上方，如图3.1-11（a）所示，也可注写在水平线的端部，如图3.1-11（b）所示。索引详图的引出线，应与水平直径线相连接，如图 3.1－11（c）所示。

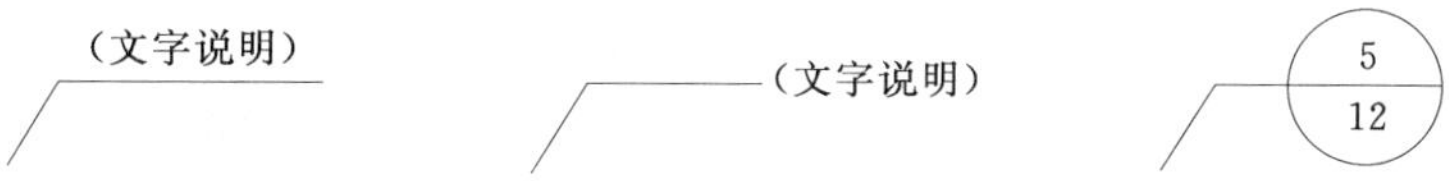

(a)　　(b)　　(c)

图 3.1－11　引出线

同时引出的几个相同部分的引出线，宜互相平行，如图 3.1－12（a）所示，也可画成集中于一点的放射线，如图 3.1－12（b）所示。

(a)　　(b)

图 3.1－12　共同引出线

多层构造或多层管道共用引出线，应通过被引出的各层。文字说明宜注写在水平线的上方，或注写在水平线的端部，说明的顺序应由上至下，并应与被说明的层次对应一致；如层次为横向排序，则由上至下的说明顺序应与由左至右的层次对应一致，如图 3.1－13 所示。

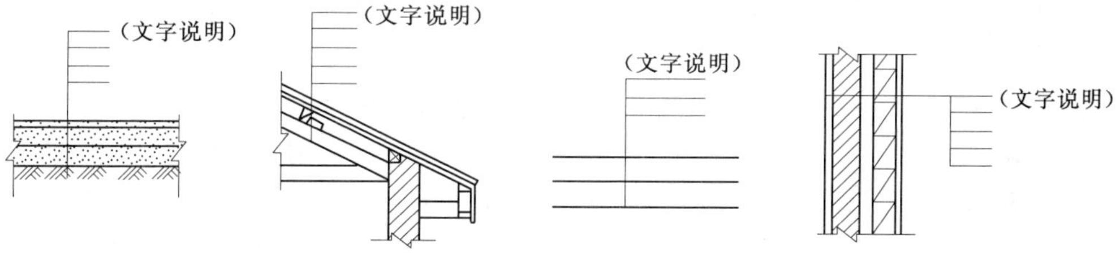

(a)　　(b)　　(c)　　(d)

图 3.1－13　多层共用引出线

3. 对称符号

当建筑物或构配件的图形对称时，可只画对称图形的一半，在图形的对称中心处画上对称符号。对称符号由对称线和两端的两对平行线组成。对称线用细单点长画线绘制；平行线用细实线绘制，其长度宜为 6～10mm，每对平行线的间距宜为 2～3mm；对称线垂直平分于两对平行线，两端超出平行线宜为 2～3mm，如图 3.1－14 所示。

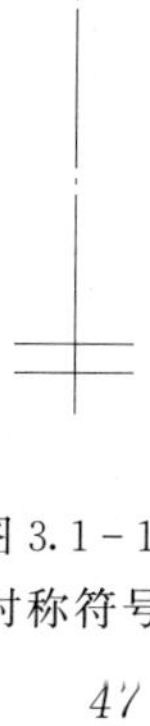

图 3.1－14 对称符号

4. 指北针与风玫瑰图

（1）指北针。指北针是用于建筑物定位的符号，其圆的直径宜为 24mm，用细实线绘制；指针尾部的宽度宜为 3mm，指针头部应注“北”或“N”，如图 3.1－15 所示。需用较大直径绘制指北针时，指针尾部的宽度宜为直径的 1/8。

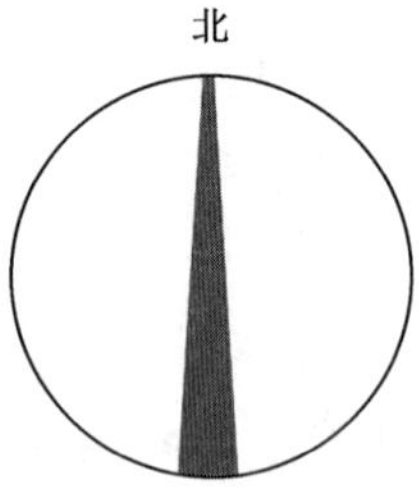

图 3.1-15 指北针

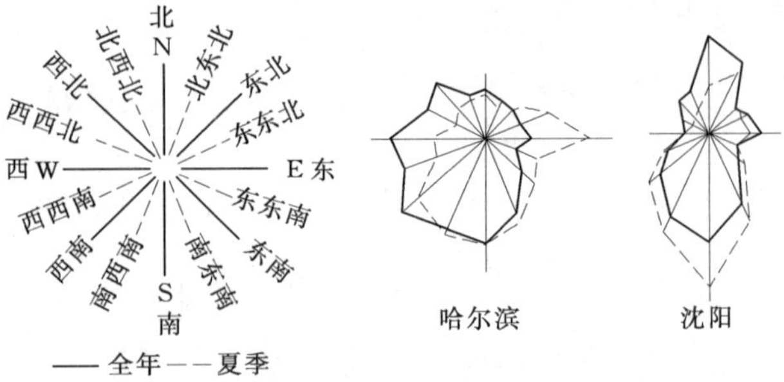

图 3.1-16 风玫瑰图

（2）风玫瑰图。风玫瑰图也称风向频率玫瑰图，是根据某一地区多年平均统计的各风向频率的百分数值，按一定比例绘制，一般多用八个或十六个罗盘方位表示，玫瑰图上所表示风的吹向（即风的来向），是指从外面吹向地区中心的方向。风玫瑰折线上的点离圆心的远近，表示从此点向圆心方向刮风的频率的大小；实线表示常年风，虚线表示夏季风，如图 3.1-16 所示。

3.1.7 定位轴线

定位轴线是确定建筑物主要结构或构件的位置及其标志尺寸的基准线，同时是施工放线的依据。定位轴线应用细单点长画线绘制，轴线端部的圆用细实线绘制，直径为8～10mm。

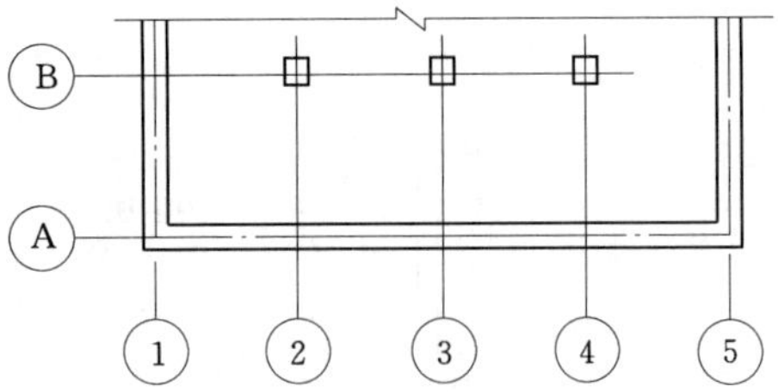

图 3.1-17 定位轴线的编号顺序

1. 定位轴线编号

定位轴线应编号，编号应注写在轴线端部的圆内。除较复杂需采用分区编号或圆形、折线形外，一般平面上定位轴线的编号宜标注在图样的下方或左侧。横向编号应用阿拉伯数字，从左至右顺序编写；竖向编号应用大写拉丁字母从下至上顺序编写，其中拉丁字母的“I、O、Z”不得用做轴线编号，当字母数量不够使用时，可增用双字母或单字母加数字注脚，如图 3.1-17 所示。

2. 附加定位轴线编号

附加定位轴线是确定建筑物非承重或次要构件位置的轴线，其编号应以分数形式表示。

两根轴线的附加轴线，应以分母表示前一轴线的编号，分子表示附加轴线的编号，编号宜用阿拉伯数字顺序编写；1 号轴线或 A 号轴线之前的附加轴线的分母应

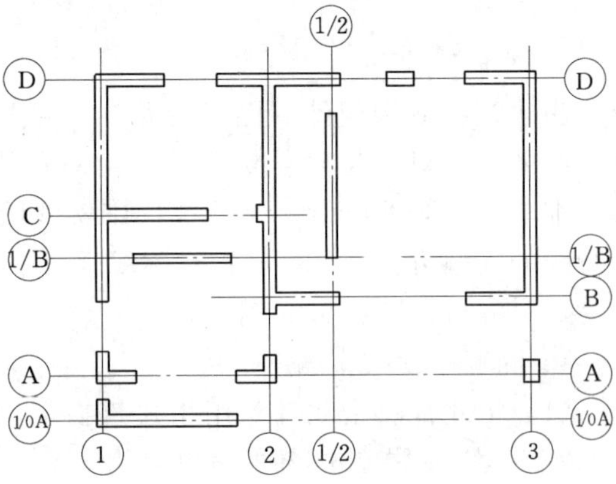

图 3.1-18 附加定位轴线的编号

以 01 或 0A 表示，如图 3.1－18 所示。

3. 详图轴线的编号

一个详图适用于几根轴线时，应同时注明各有关轴线的编号，如图 3.1－19 所示。通用详图中的定位轴线，应只画圆，不注写轴线编号。

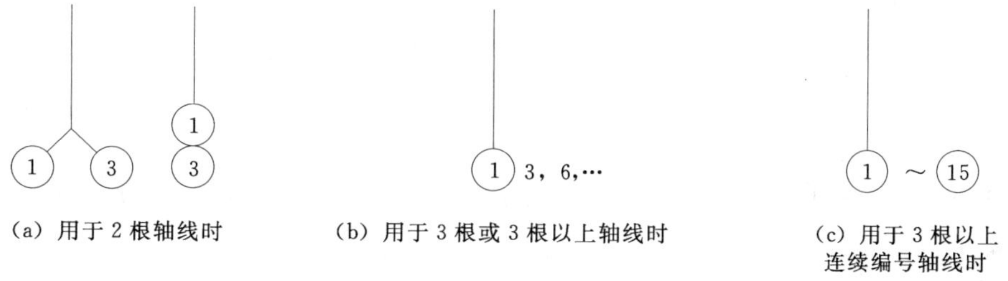

图 3.1－19　详图的轴线编号

4. 组合复杂平面定位轴线编号

组合较复杂的平面图中定位轴线也可采用分区编号，如图 3.1－20 所示。编号的注写形式应为“分区号—该分区编号”。“分区号—该分区编号”采用阿拉伯数字或大写拉丁字母表示。

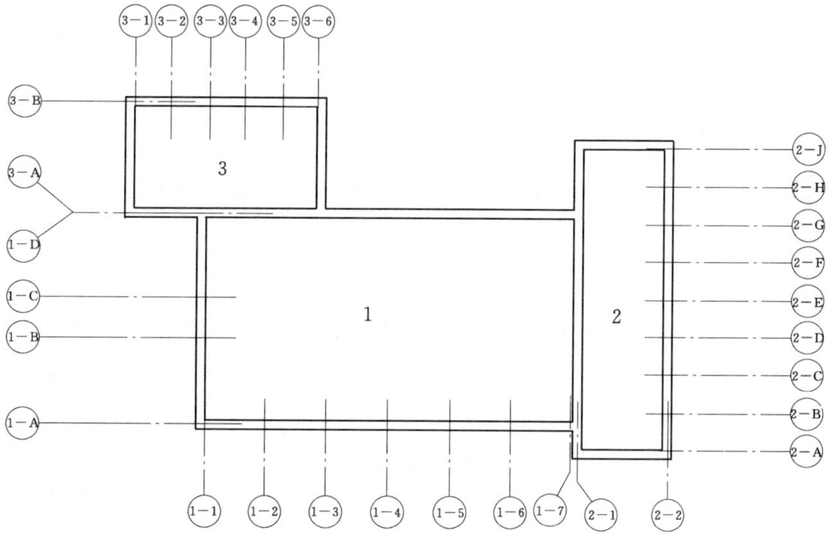

图 3.1－20　定位轴线的分区编号

5. 圆形与弧形平面定位轴线编号

圆形与弧形平面图中的定位轴线，其径向轴线应以角度进行定位，其编号宜用阿拉伯数字表示，从左下角或－90°（若径向轴线很密，角度间隔很小）开始，按逆时针顺序编写；其环向轴线宜用大写拉丁字母表示，从外向内顺序编写，如图 3.1－21 和图 3.1－22 所示。

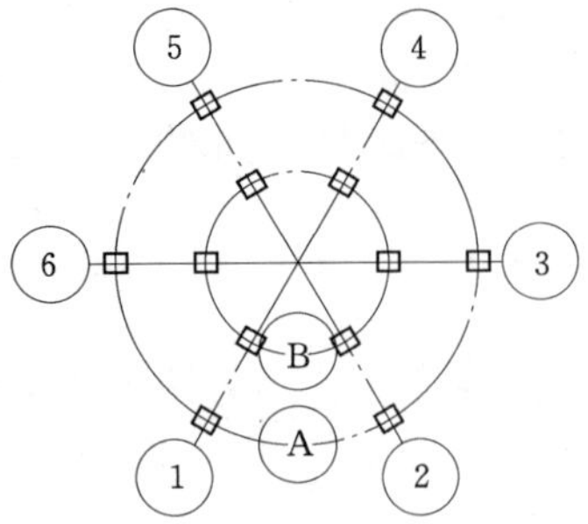

图 3.1-21 圆形平面定位轴线的编号

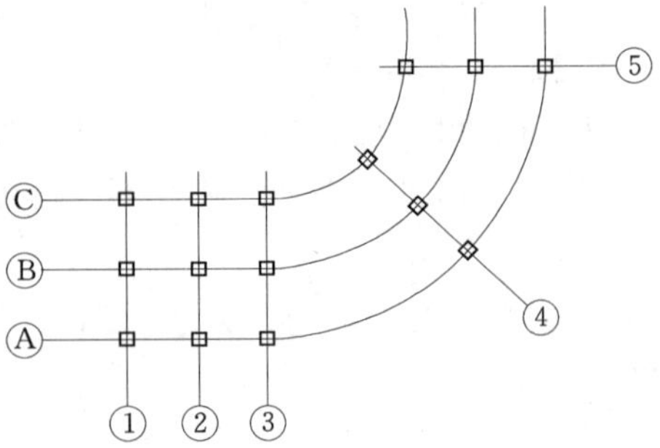

图 3.1-22 弧形平面定位轴线的编号

6. 折线形平面定位轴线编号

折线形平面图中定位轴线的编号可按图 3.1-23 的形式编写。

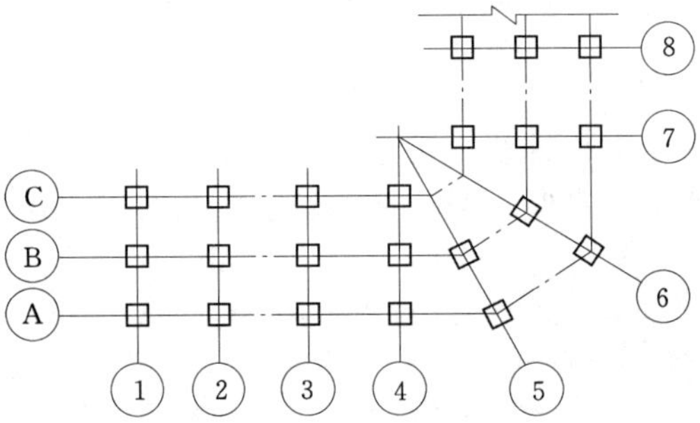

图 3.1-23 折线形平面定位轴线的编号

任务 3.2 建筑构造及配件图例

【内容简介】

本任务主要介绍建筑构造及配件图例，使学生能进行建筑构配件图例识读。

本任务依据《建筑制图统一标准》（GB/T 50104—2010），介绍建筑施工图中的构造及配件图例，见表 3.2-1。

表 3.2-1 构造及配件图例

序号	名称	图 例	备 注
1	墙体	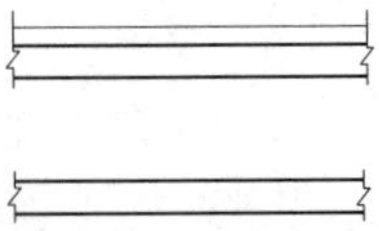	1. 上图为外墙，下图为内墙。 2. 外墙细线表示有保温层或有幕墙。 3. 应加注文字或涂色或图案填充表示各种材料的墙体。 4. 在各层平面图中防火墙宜着重以特殊图案填充表示
2	隔断	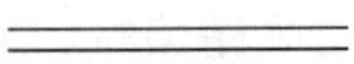	1. 应加注文字或涂色或图案填充表示各种材料的轻质隔断。 2. 适用于到顶与不到顶隔断

续表

序号	名称	图　例	备　注
3	玻璃幕墙		幕墙龙骨是否表示由项目设计决定
4	栏杆		
5	楼梯	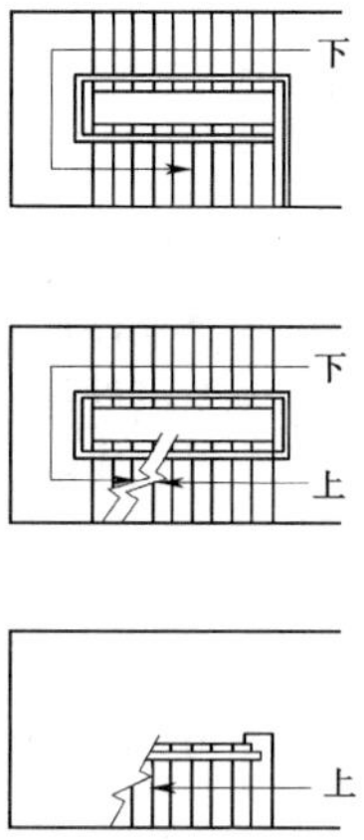	1. 上图为顶层楼梯平面，中图为中间层楼梯平面，下图为底层楼梯平面。 2. 需设置靠墙扶手或中间扶手时，应在图中表示
6	坡道	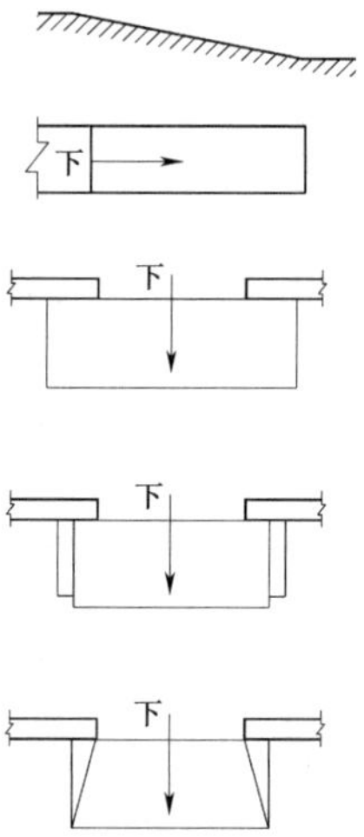	1. 长坡道。 2. 上图为两侧垂直的门口坡道，中图为有挡墙的门口坡道，下图为两侧找坡的门口坡道
7	台阶	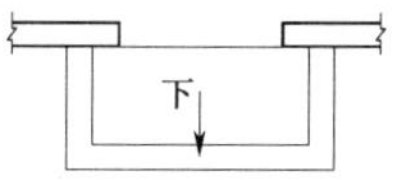	
8	平面高差	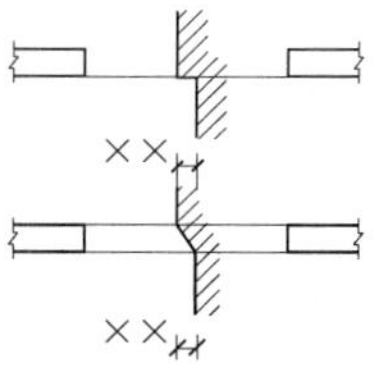	用于高差小的地面或楼面交接处，并应与门的开启方向协调
9	检查口		左图为可见检查口，右图为不可见检查口

续表

序号	名称	图　例	备　注
10	孔洞		阴影部分也可填充灰度或涂色
11	坑槽		
12	墙预留洞、槽	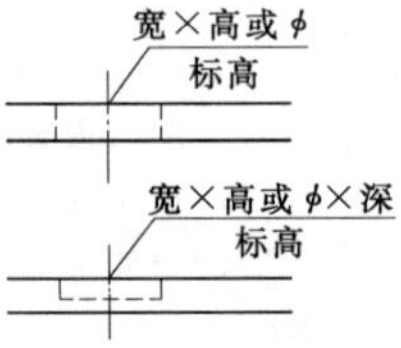	1. 上图为预留洞，下图为预留槽。 2. 平面以洞（槽）中心定位。 3. 标高以洞（槽）底或中心定位。 4. 宜以涂色区别墙体和预留洞（槽）
13	地沟	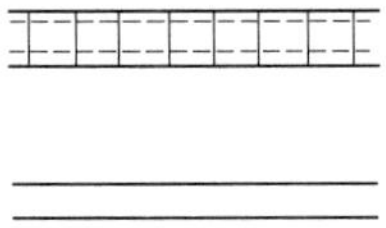	上图为活动盖板地沟，下图为无盖板明沟
14	烟道	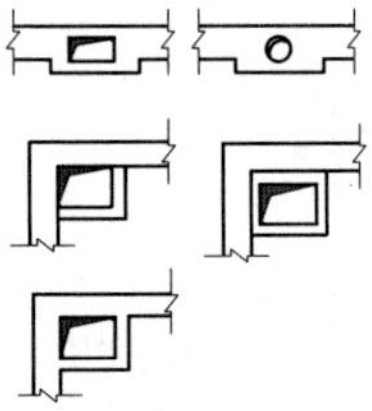	1. 阴影部分也可涂色。 2. 烟道、风道与墙体为相同材料，其相接处墙身线应连通。 3. 烟道、风道根据需要增加不同材料的内衬
15	风道	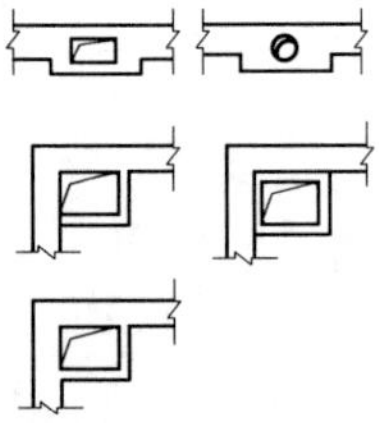	
16	新建的墙和窗	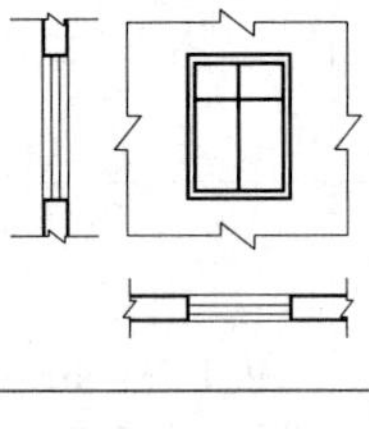	只更换窗，应加粗窗的轮廓线
17	改建时保留的原有墙和窗	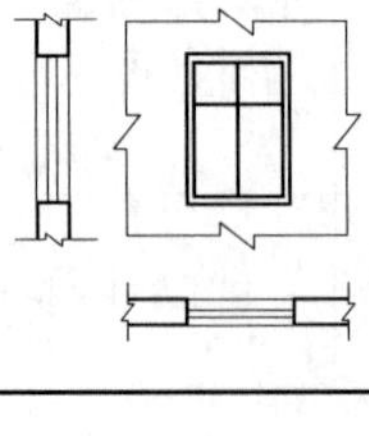	

续表

序号	名称	图　　例	备　　注
18	拆除的墙	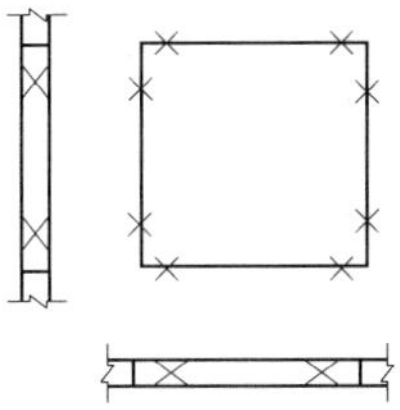	
19	改建时在原有墙或楼板上新开的洞	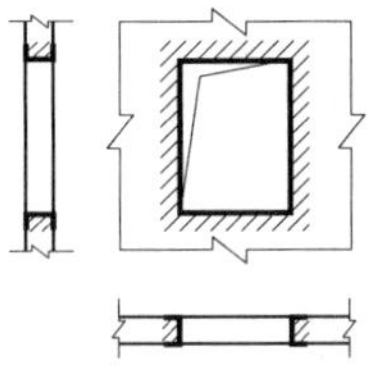	
20	在原有墙或楼板洞旁扩大的洞	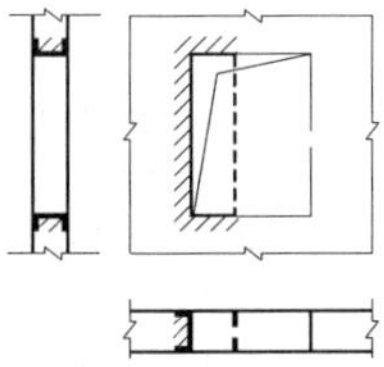	图示为洞口向左边扩大
21	在原有墙或楼板上全部填塞的洞	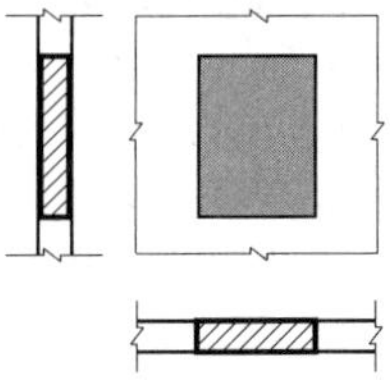	
22	在原有墙或楼板上局部填塞的洞	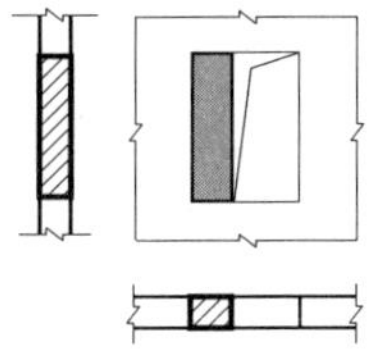	左侧为局部填塞的洞，图中立面图填充灰度或涂色
23	空门洞	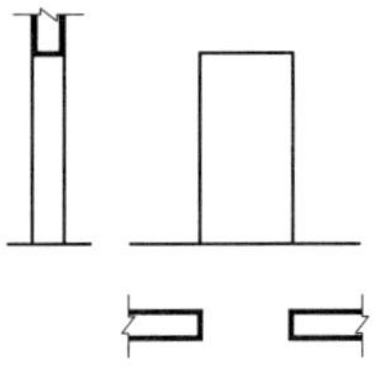	h 为门洞高度

续表

<table>
<tr><th>序号</th><th>名称</th><th>图　例</th><th>备　注</th></tr>
<tr><td rowspan="3">24</td><td>单扇平开或单向弹簧门</td><td>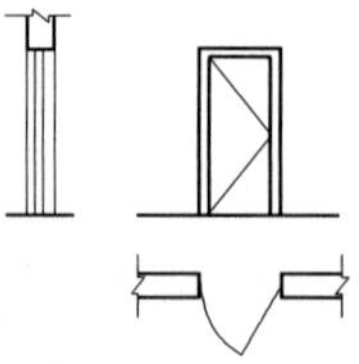</td><td rowspan="6">1. 门的名称代号用 M 表示。
2. 平面图中，下为外，上为内，门开启线为 90°、60°或 45°。
3. 立面图中，开启线实线为外开，虚线为内开；开启线交角的一侧为安装合页的一侧；开启线在建筑立面图中可不表示，在立面大样图中可根据需要绘出。
4. 剖面图中，左为外，右为内。
5. 附加纱窗应以文字说明，在平、立、剖面图中均不表示。
6. 立面形式应按实际情况绘制</td></tr>
<tr><td>单扇平开或双向弹簧门</td><td>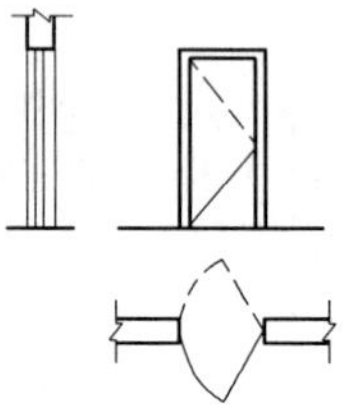</td></tr>
<tr><td>双层单扇平开门</td><td>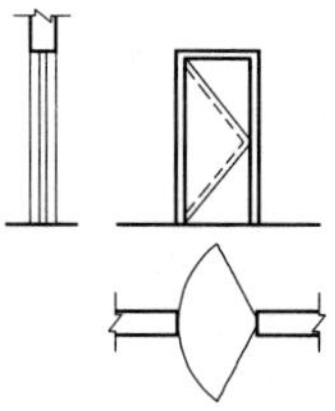</td></tr>
<tr><td rowspan="3">25</td><td>单面开启双扇门（包括平开或单向弹簧）</td><td>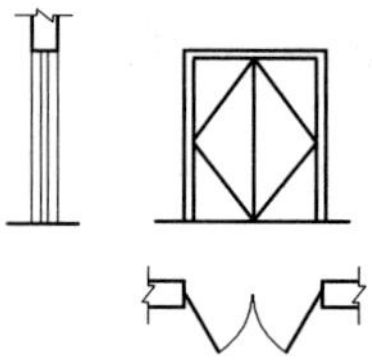</td></tr>
<tr><td>双面开启双扇门（包括平开或双面弹簧）</td><td>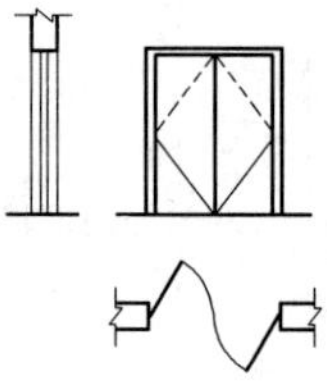</td></tr>
<tr><td>双层双扇平开门</td><td>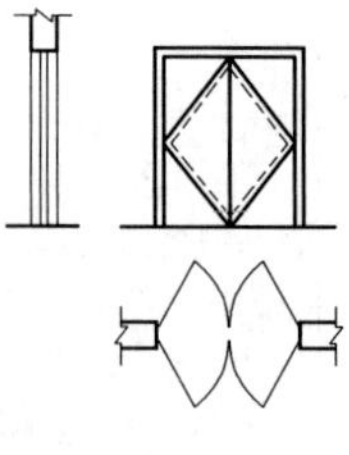</td></tr>
</table>

续表

序号	名称	图例	备注
26	折叠门	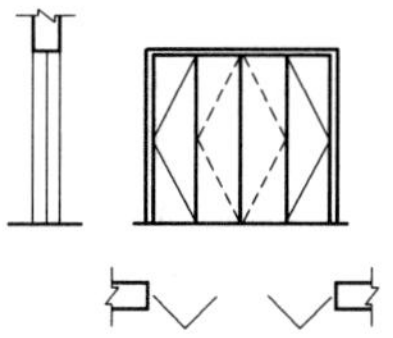	1. 门的名称代号用 M 表示。 2. 平面图中，下为外，上为内。 3. 立面图中，开启线实线为外开，虚线为内开；开启线交角的一侧为安装合页一侧。 4. 剖面图中，左为外，右为内。 5. 立面形式应按实际情况绘制
	推拉折叠门	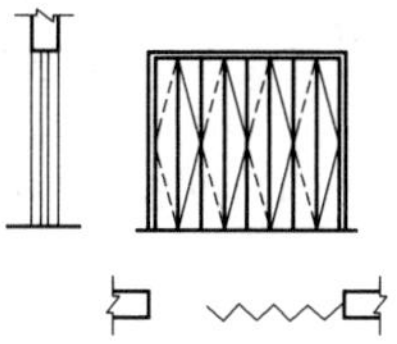	
27	墙外单扇推拉门	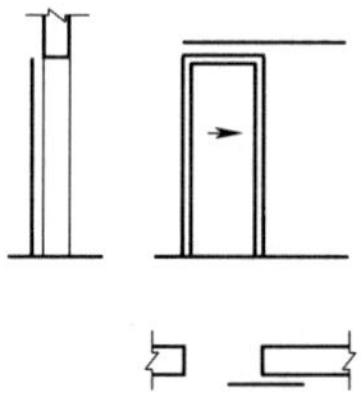	1. 门的名称代号用 M 表示。 2. 平面图中，下为外，上为内。 3. 剖面图中，左为外，右为内。 4. 立面形式应按实际情况绘制
	墙外双扇推拉门	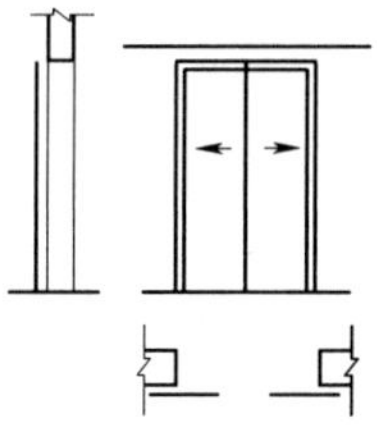	
	墙中单扇推拉门	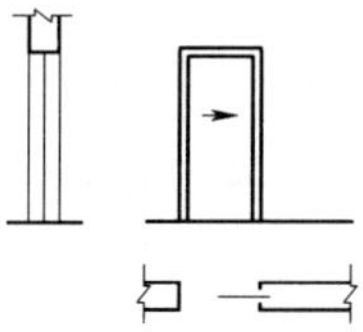	1. 门的名称代号用 M 表示。 2. 立面形式应按实际情况绘制
	墙中双扇推拉门	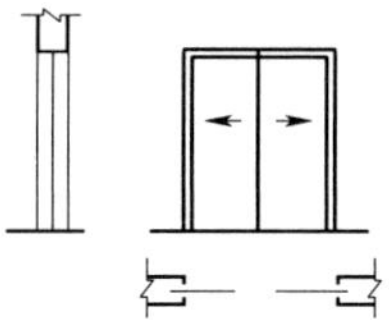	

续表

序号	名称	图例	备注
28	推杠门	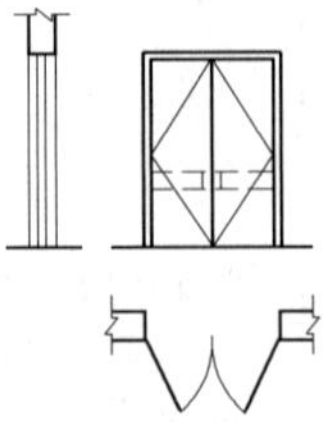	1. 门的名称代号用M表示。 2. 平面图中，下为外，上为内，门开启线为90°、60°或45°。 3. 立面图中，开启线实线为外开，虚线为内开；开启线交角的一侧为安装合页一侧；开启线在建筑立面图中可不表示，在室内设计立面大样图中可根据需要绘出。 4. 剖面图中，左为外，右为内。 5. 立面形式应按实际情况绘制
29	门连窗	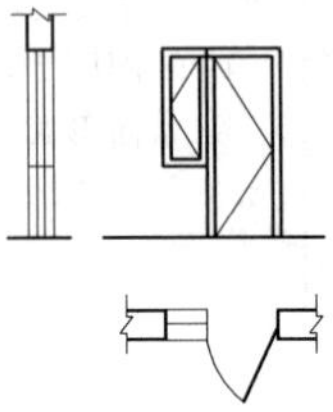	
30	旋转门	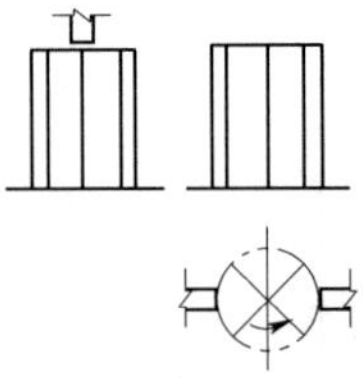	1. 门的名称代号用M表示。 2. 立面形式应按实际情况绘制
	两翼智能旋转门	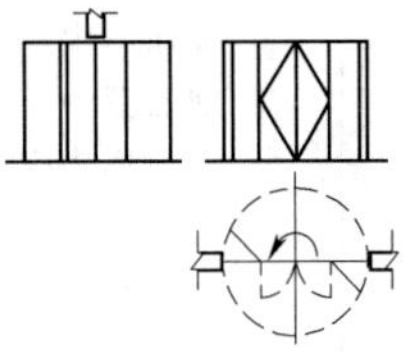	
31	自动门	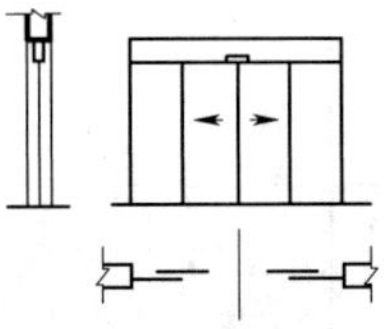	1. 门的名称代号用M表示。 2. 立面形式应按实际情况绘制
32	折叠上翻门	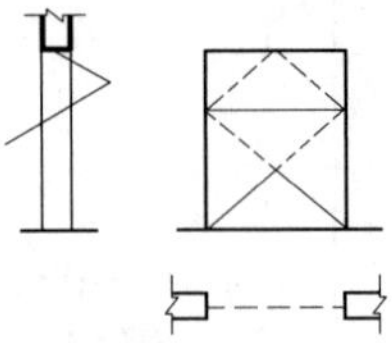	1. 门的名称代号用M表示。 2. 平面图中，下为外，上为内。 3. 剖面图中，左为外，右为内。 4. 立面形式应按实际情况绘制
33	提升门	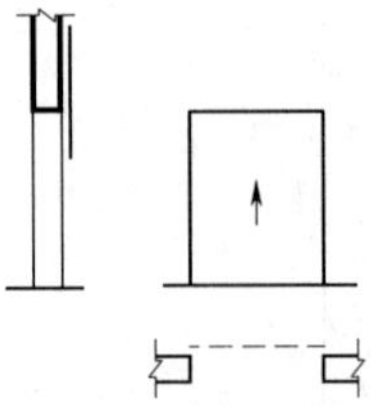	1. 门的名称代号用M表示。 2. 立面形式应按实际情况绘制

续表

序号	名称	图例	备注
34	分节提升门	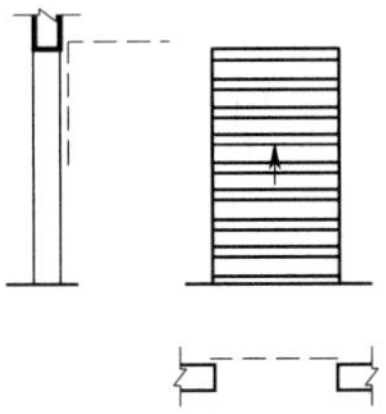	1. 门的名称代号用 M 表示。 2. 立面形式应按实际情况绘制
35	人防单扇防护密闭门	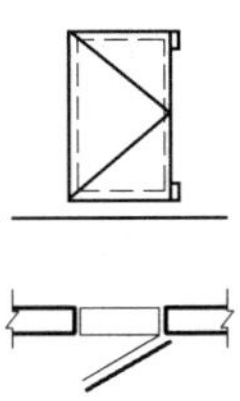	1. 门的名称代号按人防要求表示。 2. 立面形式应按实际情况绘制
	人防单扇密闭门	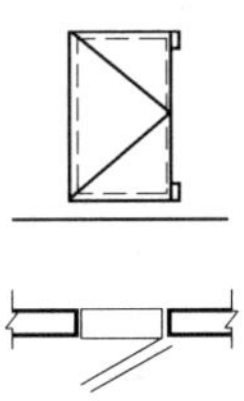	
36	人防双扇防护密闭门	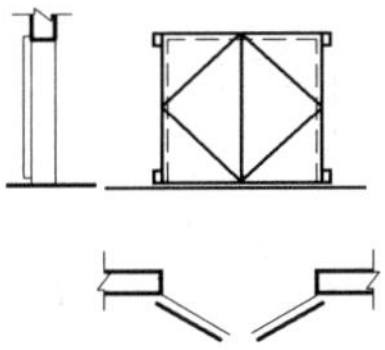	1. 门的名称代号按人防要求表示。 2. 立面形式应按实际情况绘制
	人防双扇密闭门	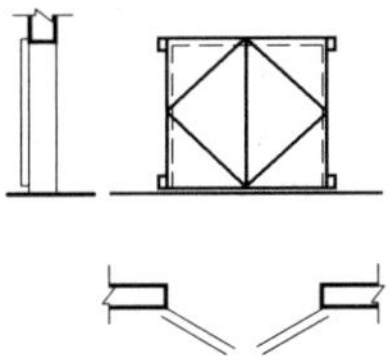	
37	横向卷帘门	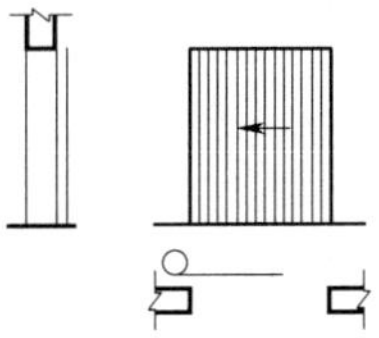	
	竖向卷帘门	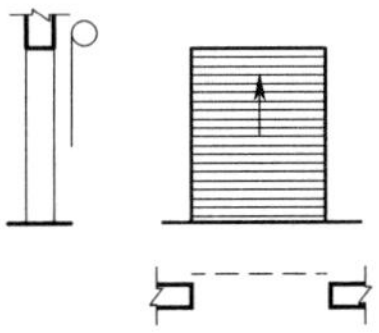	

续表

序号	名称	图　　例	备　　注
37	单层双侧卷帘门	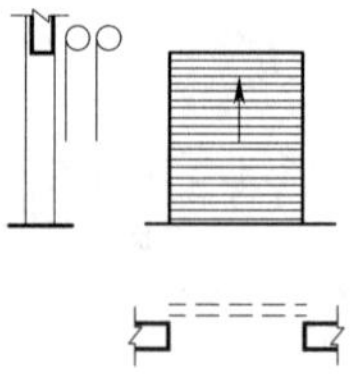	
	双层双侧卷帘门	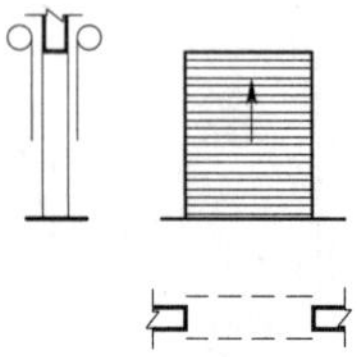	
38	固定窗	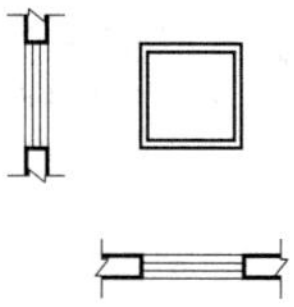	1. 窗的名称代号用 C 表示。 2. 平面图中，下为外，上为内。 3. 立面图中，开启线实线为外开，虚线为内开；开启线交角的一侧为安装合页一侧；开启线在建筑立面图中可不表示，在门窗立面大样图中可根据需要绘出。 4. 剖面图中，左为外，右为内，虚线仅表示开启方向，项目设计不表示。 5. 附加纱窗应以文字说明，在平、立、剖面图中均不表示。 6. 立面形式应按实际情况绘制
39	上悬窗	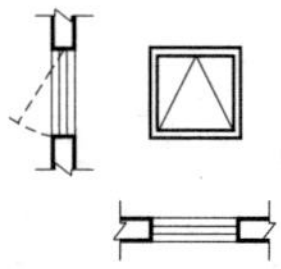	
	中悬窗	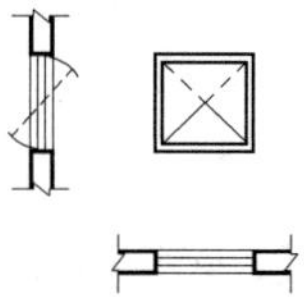	
	下悬窗	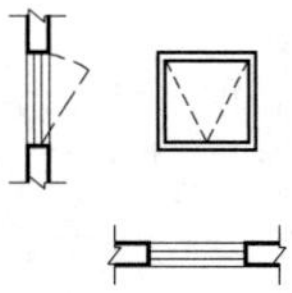	
40	立转窗	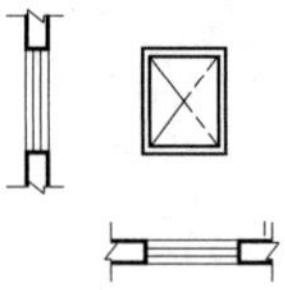	
41	内开平开内倾窗	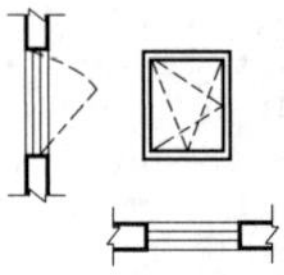	

续表

<table>
<tr><th>序号</th><th>名称</th><th>图　　例</th><th>备　　注</th></tr>
<tr><td rowspan="3">42</td><td>单层外开平开窗</td><td>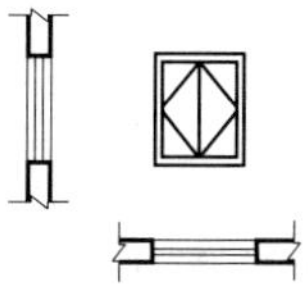</td><td rowspan="3">1. 窗的名称代号用 C 表示。
2. 平面图中，下为外，上为内。
3. 立面图中，开启线实线为外开，虚线为内开；开启线交角的一侧为安装合页一侧；开启线在建筑立面图中可不表示，在门窗立面大样图中可根据需要绘出。
4. 剖面图中，左为外，右为内，虚线仅表示开启方向，项目设计不表示。
5. 附加纱窗应以文字说明，在平、立、剖面图中均不表示。
6. 立面形式应按实际情况绘制</td></tr>
<tr><td>单层内开平开窗</td><td>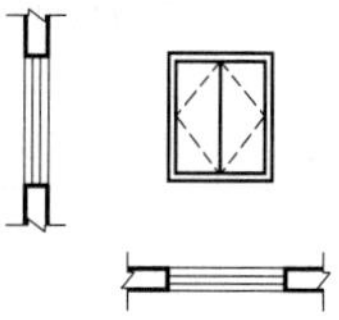</td></tr>
<tr><td>双层内外开平开窗</td><td>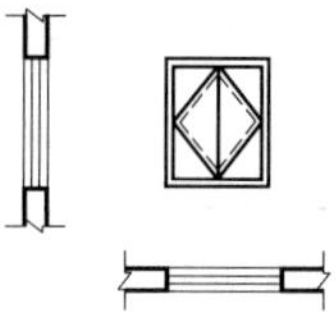</td></tr>
<tr><td rowspan="2">43</td><td>单层推拉窗</td><td>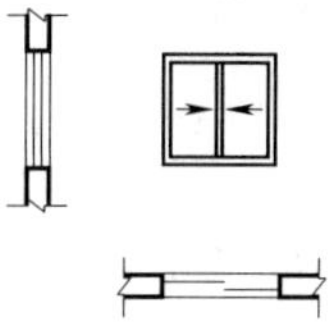</td><td rowspan="4">1. 窗的名称代号用 C 表示。
2. 立面形式应按实际情况绘制</td></tr>
<tr><td>双层推拉窗</td><td>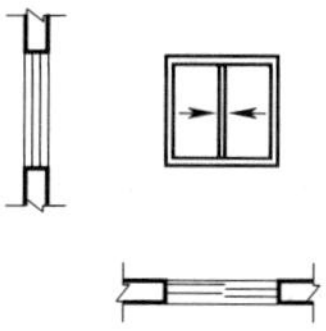</td></tr>
<tr><td>44</td><td>上推窗</td><td>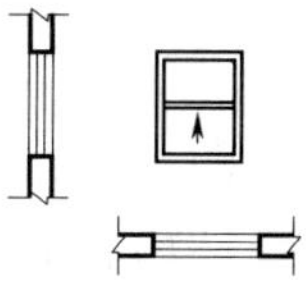</td></tr>
<tr><td>45</td><td>百叶窗</td><td>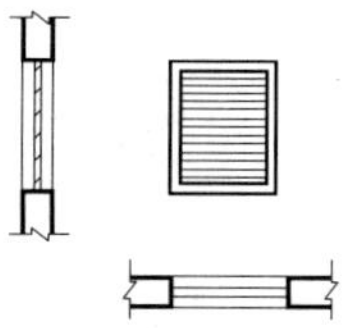</td></tr>
</table>

续表

序号	名称	图例	备注
46	高窗	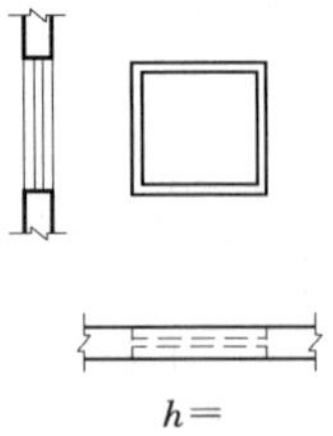	1. 窗的名称代号用 C 表示。 2. 立面图中，开启线实线为外开，虚线为内开；开启线交角的一侧为安装合页一侧；开启线在建筑立面图中可不表示，在门窗立面大样图中可根据需要绘出。 3. 剖面图中，左为外，右为内。 4. 立面形式应按实际情况绘制。 5. h 表示高窗底距本层地面标高。 6. 高窗开启方式参考其他窗型
47	平推窗	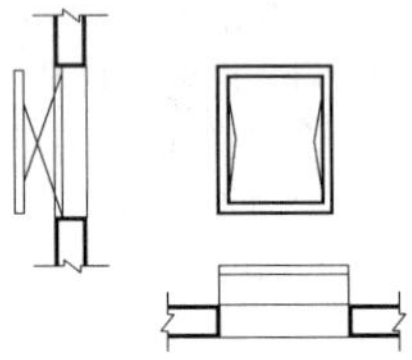	1. 窗的名称代号用 C 表示。 2. 立面形式应按实际情况绘制

任务 3.3 建筑总平面图

【内容简介】

本任务主要介绍建筑施工图的种类及建筑总平面图的内容和识读方法，能够准确识读建筑总平面图。

3.3.1 建筑施工图

1. 建筑施工图的设计

建筑工程图纸的设计，是由建设方通过招标选择设计单位进行设计。根据建设项目的不同情况，设计过程一般划分为两个阶段，即初步设计和施工图设计。重大项目和技术复杂项目，可根据其特点和需要按三阶段设计，即初步设计、技术设计、施工图设计。

2. 建筑施工图的种类

由于专业分工不同，建筑施工图可分为建筑施工图、结构施工图、设备施工图。各专业图纸又具体分为基本图和详图。基本图是反映全局性内容的图纸；详图是反映某些构件或详细构造和尺寸等的图纸。

(1) 建筑施工图。建筑施工图主要反映房屋的整体布局、内部房间的布置、建筑造型、装饰装修做法及施工要求等。

(2) 结构施工图。建筑施工图主要反映承重结构构件定位、各构件做法、连接方法等。

(3) 设备施工图。设备施工图包含给排水施工图、暖通以及空调施工图和电气设备施工图等，主要反映给排水设备及管道安装、电器设备安装等。

3. 建筑施工图的编排顺序

建筑施工图纸应按专业顺序编排，应为图纸目录、总图、建筑施工图、结构施工图、给水排水施工图、暖通空调施工图、电气施工图等。各专业的图纸，应按图纸内容的主次关系、逻辑关系进行分类排序。

4. 建筑施工图的相关规定

（1）图线。建筑专业制图采用的各种图线，应符合表 3.3－1 的规定。

表 3.3－1　建筑专业制图采用的各种图线

名称		线型	线宽	用　途
实线	粗		b	1. 平、剖面图中被剖切的主要建筑构造（包括构配件）的轮廓线。 2. 建筑立面图或室内立面图的外轮廓线。 3. 建筑构造详图中被剖切的主要部分的轮廓线。 4. 建筑构配件详图中的外轮廓线。 5. 平、立、剖面的剖切符号
	中粗		0.7b	1. 平、剖面图中被剖切的次要建筑构造（包括构配件）的轮廓线。 2. 建筑平、立、剖面图中建筑构配件的轮廓线。 3. 建筑构造详图及建筑构配件详图中的一般轮廓线
	中		0.5b	小于 0.7b 的图形线、尺寸线、尺寸界限、索引符号、标高符号、详图材料做法引出线、粉刷线、保温层线、地面、墙面的高差分界线等
	细		0.25b	图例填充线、家具线、纹样线等
虚线	中粗		0.7b	1. 建筑构造详图及建筑构配件不可见的轮廓线。 2. 平面图中的梁式起重机（吊车）轮廓线。 3. 拟建、扩建建筑物轮廓线
	中		0.5b	投影线、小于 0.5b 的不可见轮廓线
	细		0.25b	图例填充线、家具线等
单点画线	粗		b	起重机（吊车）轨道线
单点长画线	细		0.25b	中心线、对称线、定位轴线
折断线	细		0.25b	部分省略表示时的断开界线
波浪线	细		0.25b	部分省略表示时的断开界线，曲线形构间断开界限，构造层次的断开界限

（2）比例。建筑专业制图选用的各种比例，宜符合表 3.3－2 的规定。

表 3.3-2 建筑专业制图选用的各种比例

图　名	比　例
建筑物或构筑物的平面图、立面图、剖面图	1∶50、1∶100、1∶150、1∶200、1∶300
建筑物或构筑物的局部放大图	1∶10、1∶20、1∶25、1∶30、1∶50
配件及构造详图	1∶1、1∶2、1∶5、1∶10、1∶15、1∶20、1∶25、1∶30、1∶50

3.3.2 首页图

首页图一般为建筑施工图的第一张图纸，是整套施工图的概括和补充，包括图纸目录、设计总说明、门窗统计表、室内装饰材料表等，如图 3.3-1 和图 3.3-2 所示。

1. 图纸目录

图纸目录主要反映一套图纸中包含的图纸张数、图纸名称、图幅大小等信息。

2. 设计总说明

设计总说明一般包括工程设计依据、工程概况、图纸中未能详细说明的建筑材料及构配件的规格等内容。

3. 门窗统计表

门窗统计表主要反映门、窗类型，洞口尺寸、数量及材料等。

4. 室内装饰材料表

室内装饰材料表主要反映室内各房间的楼、地面及墙面等位置的装饰做法及所用材料等。

3.3.3 建筑总平面图

1. 建筑总平面图的内容

建筑总平面图是反映整个建筑基地的总体布局，包括新建房屋的位置、朝向以及周围环境（原有建筑、交通道路、绿化、地形等）基本情况的图样。具体内容如下：

（1）新建房屋的平面位置。新建房屋的平面位置，可以利用新建房屋与原有建筑或道路中心线的距离确定，也可利用坐标确定。

（2）建筑主体及相关内容。包括建筑首层轮廓线或屋顶轮廓线、地下室轮廓线、建筑物出入口（包括地下室机动车、非机动车出入口）、建筑功能及层数、建筑物±0.000 相当于绝对标高的高度等。

（3）道路及周边环境。道路中心线、道路宽度、转弯半径及文字；用地红线、建筑退红线等的文字及尺寸标准；用地红线坐标；如有用地分期，标出各期用地名称；绿化的边界、铺地的边界等。

（4）建筑之间的关系及建筑与周边环境的关系。建筑的总长度；建筑与建筑之间的间距；建筑与红线、退红线之间的关系。

（5）其他。图纸说明；图例、比例尺；指北针或风玫瑰图。

2. 建筑总平面图常用图例

建筑总平面图常用图例，见表 3.3-3。

会签栏			给排水		
建筑			电气		
结构			暖通		

序号	图号	图纸名称	规格	备注
1	JS－100	图纸目录	A4	
2	JS－01	楼建筑总说明	A2	
3	JS－02	底层平面图	A2	
4	JS－03	二层平面图	A2	
5	JS－04	三层平面图	A2	
6	JS－05	顶层平面图、楼间顶平面图	A2	
7	JS－06	正立面图	A2	
8	JS－07	背立面图面图	A2	
9	JS－08	侧立面图、1－1 剖面图	A2	
10	JS－09	楼梯平面、卫生间大样	A2	

					建设单位		
					项目名称	办公楼	
分类	姓名		项目负责人			业务号	
审定			专业负责人			阶段	建施
审核			设计			图号	00
校对			制图			日期	

图 3.3－1 图纸目录

建筑设计总说明

一、概况

1. 本项工程为办公楼，地上三层，总高度 13.35m。
2. 主体结构合理使用年限 50 年。
3. 建筑防火分类：多层民用建筑；耐火等级：二级。
4. 结构体系：框架结构，抗震设防烈度 6 度。

二、设计依据

1. 本建筑审批通过的方案。
2. 主要应用的规范、标准及规程。

（1）《民用建筑设计通则》（JGJ 37—87）。

（2）《办公建筑设计规范》（JGJ 67—89）。

（3）国家现行的有关规范、规定及标准 。

三、墙体

1. 墙体：采用烧结多孔砖砌筑，墙厚详见建筑平面图。
2. 墙体砌筑必须密实饱满以保证墙体与梁板紧密接触。

四、室外装修

1. 外墙面：采用外墙涂料喷涂，装饰位置、颜色详详立面图标注。
2. 散水：散水宽 600，做法详 98ZJ901—4—2。

五、门窗

1. 门窗型号、数量，洞口尺寸详见门窗表。
2. 门窗：窗门樘于墙厚居中，门立樘与开启方向平。

六、室内装修

1. 材料装饰见下表。
2. 低于 800 的窗台内侧均设不锈钢防护栏杆，高 1050。

七、本工程所注尺寸以毫米（mm）为单位，标高以米（m）为单位。
施工图设计采用标准图集《中南地区通用建筑标准设计》（98ZJ）。

表一：室内装饰材料表

项目	用料做法或选用	备注
地面	98ZJ001—地 18	米黄色抛光砖800×800，用于房间、过道、梯间
楼面	98ZJ001—楼 10 98ZJ001—楼 27	米黄色抛光砖800×800，用于房间、过道及梯间 防滑地砖 300×300，用于卫生间
内墙面	混合砂浆打底，98ZJ001—内墙 4	用于室内、走廊及梯间
顶棚	混合砂浆打底，98ZJ001—顶 3	用于室内、走廊及梯间，包括梁，楼梯板底

表二：门窗表

类型	编号	门窗洞口尺寸（宽×高）	门窗数量					备注
			一层	二层	三层	屋顶	合计	
门	M1	尺寸见详图	1				1	玻璃门地弹门
门	M2	900×2100	7	4	11		22	实木门
窗	C1	1800×2000	8	11	11		30	铝合金推拉窗
窗	C2	1200×1800	2	2	2		6	铝合金推拉窗

证书号：			建设单位		项目编号	
			项目名称	办公楼		
设计		校对		建筑设计总说明	图别	建施
制图		审核			图号	01
专业负责		审定			日期	2008.04

图 3.3－2　建筑设计总说明

表 3.3-3　　建筑总平面图常用图例

序号	名称	图　例	备　注
1	新建建筑物	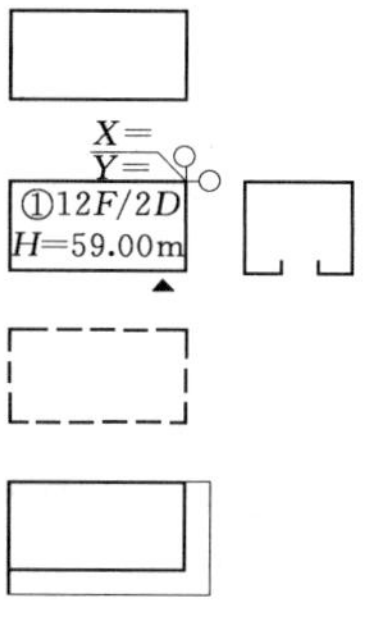	1. 需要时，可用▲表示出入口，可在图形内右上角用点数或数字表示层数。 2. 新建建筑物以粗实线表示与室外地坪相接处±0.000外墙定位轮廓线。 3. 建筑物一般以±0.000高度处的外墙定位轴线交叉点坐标定位。轴线用细实线表示，并标明轴线号。 4. 根据不同设计阶段标注建筑编号，地上、地下层数，建筑高度，建筑出入口位置（两种表示方法均可，但同一图纸采用一种表示方法）。 5. 地下建筑物以粗虚线表示其轮廓；建筑上部（±0.000以上）外挑建筑用细实线表示；建筑物上部连廊用细虚线表示并标注位置
2	原有建筑物		用细实线表示
3	计划扩建的预留地或建筑物		用中粗虚线表示
4	拆除的建筑物	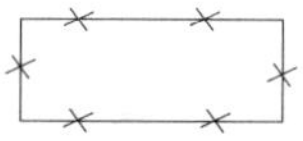	用细实线表示
5	铺砌场地	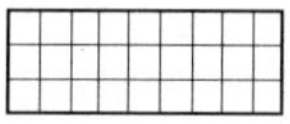	
6	敞棚或敞廊	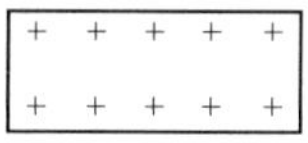	
7	围墙及大门		
8	台阶及无障碍坡道	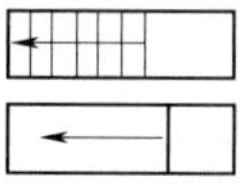	1. 上图表示台阶（级数仅为示意）。 2. 下图表示无障碍坡道
9	坐标	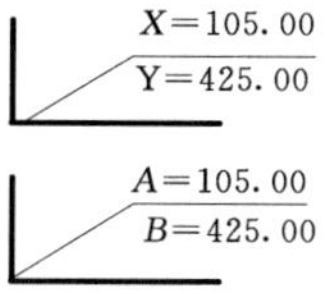	1. 上图表示地形测量坐标系。 2. 下图表示自设坐标系。 坐标数字平行于建筑标注
10	室内地坪标高	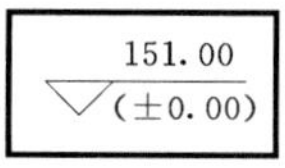	数字平行于建筑物书写
11	室外地坪标高		室外标高也可采用等高线

续表

序号	名称	图　例	备　注
12	新建的道路	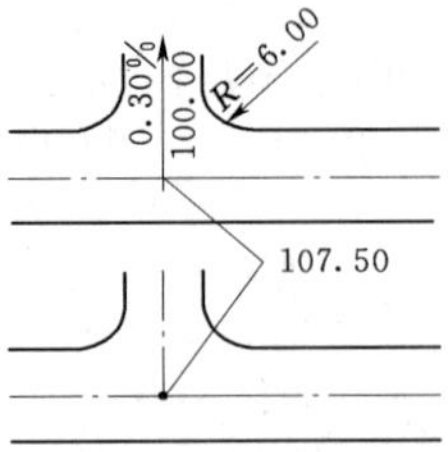	“R=6.00”表示道路转弯半径；“107.50”为道路中心线交叉点设计标高，两种表示方法均可，同一图纸采用一种方式表示；“100.00”为变坡点之间距离，“0.30%”表示道路坡度，→表示坡向
13	原有道路	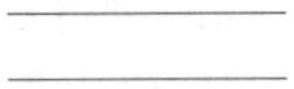	
14	计划扩建的道路		
15	消火栓井		
16	常绿阔叶灌木		
17	落叶阔叶灌木	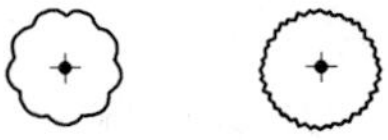	
18	常绿阔叶乔木	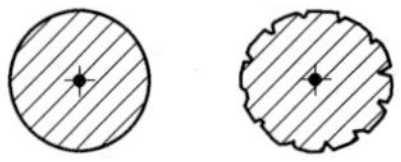	
19	落叶阔叶乔木	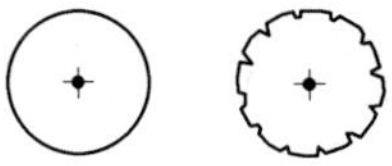	
20	草坪	1. 2. 3. 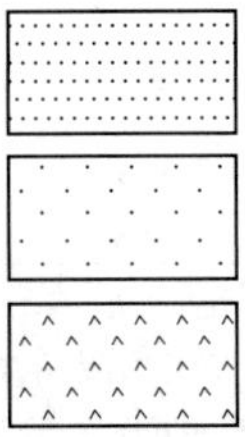	1. 草坪。 2. 自然草坪。 3. 人工草坪

3. 建筑总平面图的识读

(1) 建筑总平面图看图要点。

1) 看图名、比例及相关文字说明。

2) 了解新建建筑、原有建筑的位置、形状、层数。

3) 了解工程的用地范围、地形地貌和周围环境情况。

4) 了解新建房屋的平面位置和定位依据。

5) 了解新建房屋的朝向和主要风向。

6) 看新建房屋的标高。

7) 了解道路交通及管线布置情况。

8）了解绿化、美化的要求和布置情况。

（2）建筑总平面图识读示例。某工程建筑总平面图如附图 1 某商务办公中心总平面图所示，其主要内容如下：

1）图名、比例及文字说明：图名为“总平面图”，比例为 1∶500。

2）该建筑地面以下设有地下车库，其中设有 3 个地下车库出入口。该建筑地面以上部分有商业与办公区域，其中商业入口位于西侧；本建筑在西北和东南角分设 A 座和 B 座写字楼，两座写字楼之间的距离为 17.7m，其中 A 座写字楼为 19 层，长 45.5m，宽 29.6m，出入口位于北侧；B 座写字楼为 35 层，长 51.0m，宽 38.5m，出入口位于南侧。该新建建筑北侧原有海关营房，东北侧及东侧为规划绿地，东南侧规划建设 35 层的业务用房和云计算中心机房及配套用房，南侧为邮政用地。

3）该建筑 A 座写字楼北侧转角与海关营房距离为 22.1m，B 座写字楼东南侧转角与业务用房距离为 29.6m。

4）根据风玫瑰图可知建筑朝向及该地区常年主导风向为东风，其次为东南风。

5）该新建建筑的标高为 97.300。

6）该建筑周边道路有歌韵路、歌海路、体强路。

7）该建筑周边设有草坪和树木，并在南侧、西侧和北侧设有生态停车位和无障碍停车位。

知识拓展：坐 标 标 注 原 则

通过对坐标标注原则的认识，有助于总平面图的绘制和识读。

在总平面图上进行坐标标注时，应满足如下原则：

（1）总图应按上北下南方向绘制。根据场地形状或布局，可向左或右偏转，但不宜超过 45°；总图中应绘制指北针或风玫瑰图，如拓展图 1 所示。

（2）坐标网格应以细实线表示。测量坐标网应画成交叉十字线，坐标代号宜用“X、Y”表示；建筑坐标网应画成网格通线，自设坐标代号宜用“A、B”表示，如拓展图 1 所示。坐标值为负数时，应注“—”号，为正数时，“+”号可省略。

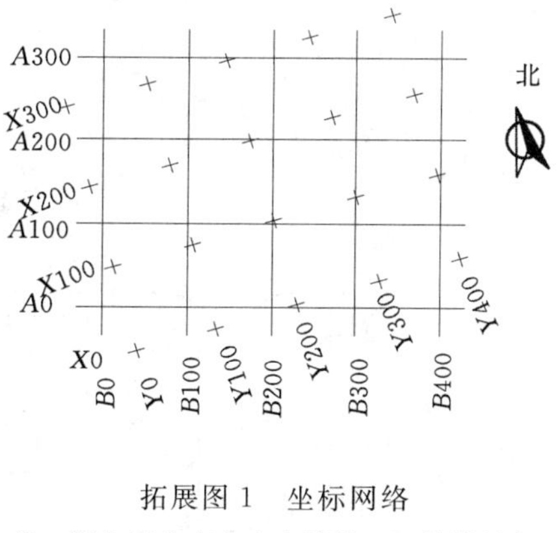

拓展图 1　坐标网络

注：图中 X 为南北方向轴线，X 的增量在 X 轴线上；Y 为东北方向轴线，Y 的增量在 Y 轴线上。A 轴相当于测量坐标网中的 X 轴，B 相当于测量坐标网中的 Y 轴。

（3）总平面图上有测量和建筑两种坐标系统时，应在附注中注明两种坐标系统的换算公式。

（4）表示建筑物、构筑物位置的坐标应根据设计不同阶段要求标注，当建筑物、构筑物与坐标轴线平行，可注其对角坐标。与坐标轴线成角度或建筑平面复杂时，宜标注三个以上坐标，坐标宜标注在图纸上。根据工程具体情况，建筑物、构筑物也可用相对尺寸定位。

（5）在一张图上，主要建筑物、构筑物用坐标定位时，根据工程具体情况也可用相对尺寸定位。

（6）建筑物、构筑物、铁路、道路、管线等应标注下列部位的坐标或定位尺寸。

1）建筑物、构筑物的外墙轴线交点。

2）圆形建筑物、构筑物的中心。

3）皮带走廊的中线或其交点。

4）铁路道岔的理论中心，铁路、道路的中线或转折点。

5）管线（包括管沟、管架或管桥）的中线交叉点或转折点。

6）挡土墙起始点、转折点墙顶外侧边缘（结构面）。

习题与考核

一、实操题

应用所学知识，完成习题图1的识读。

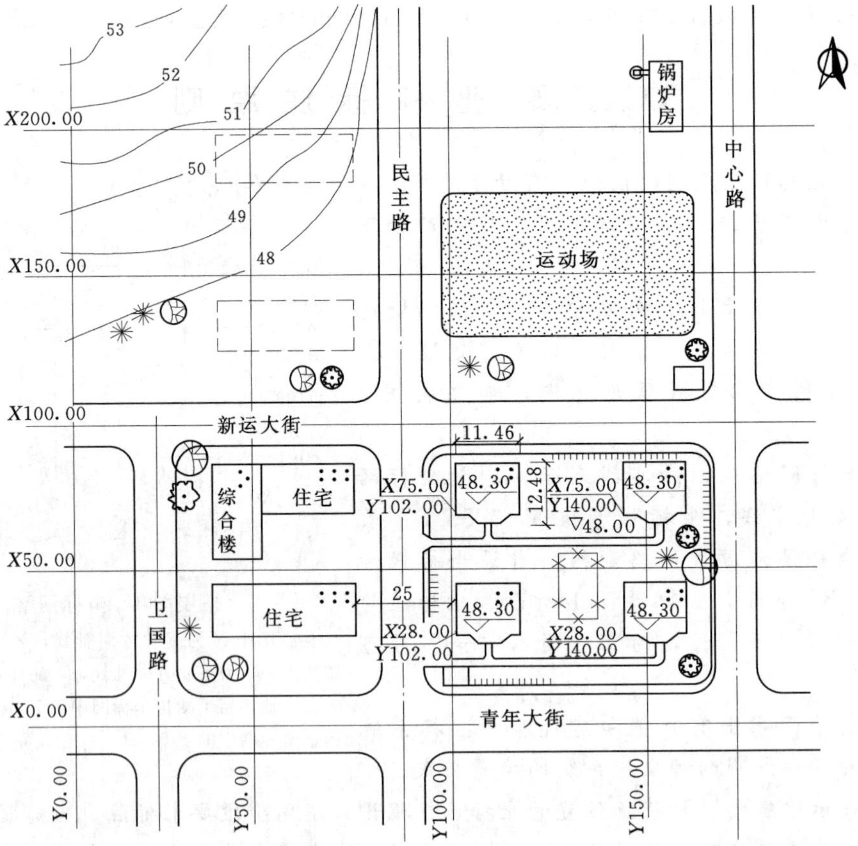

习题图1　清华园住宅小区总平面图

二、理论题

1.《房屋建筑制图统一标准》中，标准图纸图幅有几种？其各自的规格如何？

2. 图纸中有哪些线型种类？其各自的用途是什么？

3. 建筑施工图的种类包括哪些？

4. 如何识读建筑总平面图？

项目 4

建筑平面图识读

【学习目标】

知识目标： 了解墙体的作用和分类；了解屋顶的作用和分类；了解门窗的作用和分类；掌握砖墙的构造；掌握平屋顶构造；掌握门窗的构造；掌握建筑平面图的识读。

技能目标： 能够准确识读建筑平面图。

【情景导入】

一栋建筑物的图纸有很多张，每张图纸的内容也很多，图纸上的线条、图例代表什么呢？我们应该从哪一张图纸开始读呢？如何读懂图纸上的内容？带着这样的问题我们来学习项目 4 的内容。

任务 4.1 墙 体 构 造

【内容简介】

本任务主要介绍墙体的作用和分类，使学生掌握砖墙构造。

4.1.1 墙体的作用、设计要求和分类

1. 墙体的作用

墙体是房屋建筑的重要组成部分，民用建筑中的墙体一般具有承重、围护、分隔或装饰作用。

(1) 承重作用。即承受楼板、屋面或梁传来的荷载及墙体自重、风荷载、地震荷载等。

(2) 围护作用。即抵御自然界中风、雨、雪等的侵袭，防止太阳辐射、噪声的干扰，起到保温、隔热、隔声、防风、防水等作用。

(3) 分隔作用。即把房屋内部划分为若干房间，以满足人的使用需求。

(4) 装饰作用。即墙体装饰是建筑装饰的重要部分，满足人对装饰效果的需求。

2. 墙体的设计要求

一般来说，根据墙体的位置、功能的不同，墙体设计应满足以下要求：

(1) 满足强度和稳定性的要求。墙体的强度是指墙体承受荷载的能力，它与所采用的材料，墙体的截面尺寸、构造以及施工方式有关。

墙体的稳定性与墙的长度、高度、厚度有关。高而薄、长而薄的墙稳定性差；矮而厚、短而厚的墙稳定性好。可通过控制墙体的高厚比，增设壁柱、构造柱、圈梁等措施以增强其稳定性。

(2) 满足热工要求。热工要求主要是指墙体的保温、隔热方面的要求。

对有保温要求的墙体，须提高其构件的热阻，通常采取增加墙体的厚度、选择导热系数小的墙体材料、采取隔蒸汽等措施。

墙体的隔热措施通常有：外墙采用浅色而平滑的外饰面、在外墙内部设通风间层、在窗口外侧设置遮阳设施、在外墙外表面种植攀缘植物等措施以达到降低室内温度的目的。

（3）满足隔声要求。为保证建筑物内有较好的工作和休息环境，墙体应满足一定的隔声要求。通常采用密实、容重大或空心、多孔的墙体材料来提高墙体的隔声性能。

（4）满足防火、防水防潮的要求。墙体材料的燃烧性能和耐火极限应符合防火规范的要求；卫生间、厨房、实验室等用水房间的墙体以及地下室的墙体应满足防水、防潮的要求。

（5）满足建筑工业化的要求。可采用预制装配式墙体材料和构造方案，为生产工厂化、施工机械化创造条件。

3. 墙体的分类

按照墙体在建筑物中的位置、受力情况、材料选用、构造及施工方法的不同，可将墙体分为不同的类型。

（1）按墙体所在位置分类。墙体依其在房屋中所处位置的不同，可分为外墙和内墙。外墙位于房屋的四周，能抵抗大气侵袭，保证内部空间舒适。内墙位于房屋内部，主要起分隔内部空间作用。按墙体方向的不同可分为纵墙和横墙。沿建筑物长轴方向布置的墙称为纵墙；沿建筑物短轴方向布置的墙称为横墙，房屋有内横墙和外横墙，外横墙通常称为山墙；屋面以上的外墙称为女儿墙。墙的名称如图 4.1－1 所示。

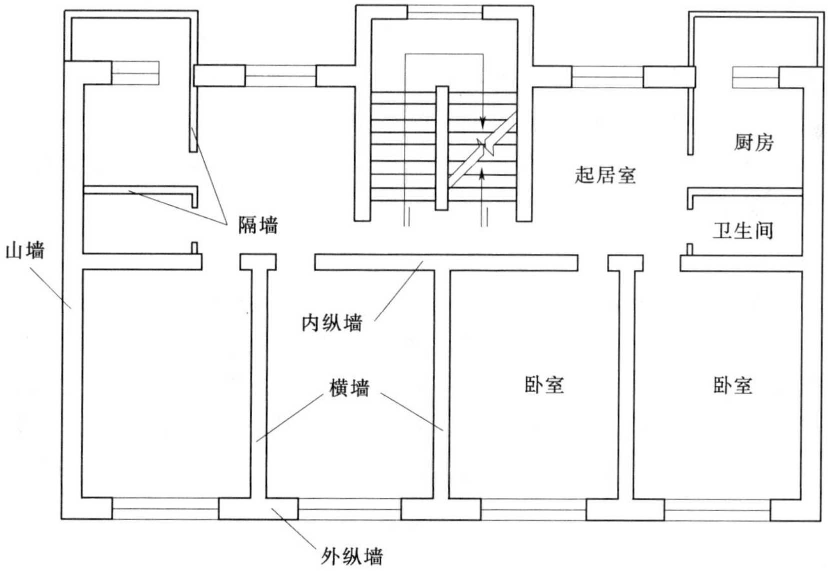

图 4.1－1　墙的名称

（2）按墙体受力情况分类。墙体按结构受力情况可分为承重墙和非承重墙两种。

1）承重墙。直接承受楼板、屋顶、梁等传来的荷载的墙称为承重墙。

2）非承重墙。不承受外来荷载的墙称为非承重墙。非承重墙又可分为以下几种：

a. 自承重墙。自承重墙仅承受自身重量，并把自重传给基础。

b. 隔墙。隔墙起分隔空间的作用，不承受外来荷载，把自重传给梁或楼板。

c. 填充墙。在框架结构中，填充在柱子之间的墙。内填充墙是隔墙的一种。

d. 幕墙。幕墙为悬挂在建筑物外部的轻质墙，常见的有金属幕墙、玻璃幕墙。

（3）按墙体所用材料分类。按墙体所用材料的不同，可分为砖墙、石墙、混凝土墙以及利用各种材料制作的砌块墙等。其中，砖墙是我国传统的墙体材料，应用广泛。

（4）按墙体的构造方式分类。按墙体构造方式可分为实体墙、空体墙和组合墙三种。实体墙由单一材料组成，如普通砖墙、实心砌块墙等；空体墙是由一材料砌成内部空腔，例如空斗砖墙，也可用具有孔洞的材料建造墙，如空心砌块墙、空心板材墙等；组合墙由两种以上材料组合而成，例如混凝土、加气混凝土复合板材墙，其中混凝土起承重作用，加气混凝土起保温隔热作用。墙体构造形式如图4.1-2所示。

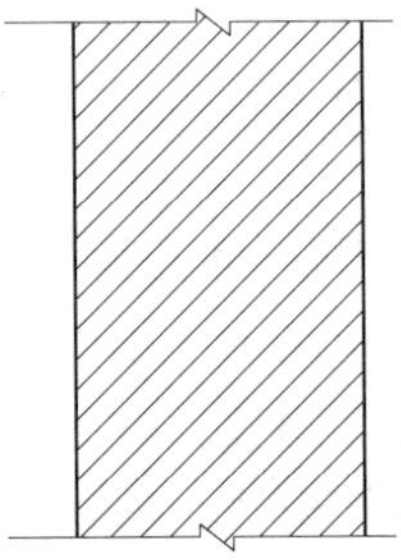

（a）实体墙

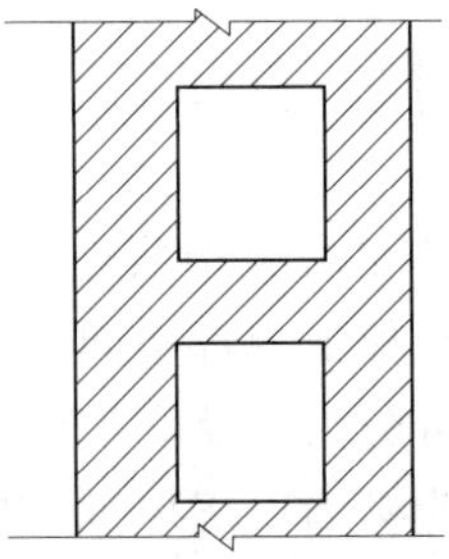

（b）空体墙

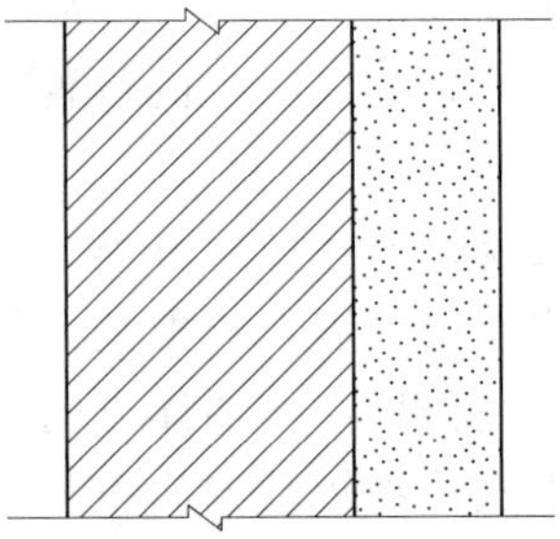

（c）组合墙

图4.1-2 墙体构造形式

（5）按施工方法分类。按施工方法可分为块材墙、板筑墙及板材墙等。块材墙是用砂浆等胶结材料将砖石块材等组砌而成；板筑墙是在现场立模板，现浇而成的墙体，例如现浇混凝土墙等；板材墙是预先制成墙板，施工时安装而成的墙，例如预制混凝土大板墙、各种轻质条板内隔墙等。

4.1.2 砖墙构造

砖墙是用砂浆和砖砌筑而成的墙体。由于黏土砖利用黄土为主原料，而绝大部分黄土取之于农田，生产烧结黏土砖占用了农田，浪费资源，国家发展与改革委员会、住房和城乡建设部在全国所有城市城区禁止使用实心黏土砖（简称“禁实”），大力发展以多孔砖、砌块、轻质墙板为主的新型墙体材料。砖墙种类较多、取材容易、生产制造及施工操作简单，在我国有着悠久的使用历史，保温隔热、隔声及防火、防水性能，所以在今后一段时间内砖墙仍有着较广泛的应用。

1. 砖墙的材料

砖墙是用砖和砂浆砌筑而成的砌体，其主要材料为砖和砂浆。

（1）砖。按其材料不同分为黏土砖、水泥砖、灰砂砖以及各种工业废料制成的砖；按其生产形状不同分为实心砖、多孔砖和空心砖等；按其生产工艺不同分为烧结砖、非烧结砖。

1）烧结砖。凡以黏土、页岩、煤矸石或粉煤灰为原料，经成型和高温焙烧而制得的用于砌筑承重和非承重墙体的砖统称为烧结砖。烧结砖按其成分可分为烧结黏土砖、烧结页岩砖和烧结煤矸石砖等；按其有无孔洞可分为烧结普通砖、烧结多孔砖、烧结空心砖。

a. 烧结普通砖。孔洞率不大于 15%的砖，称为烧结普通砖。烧结普通砖的外形为规格尺寸为 240mm × 115mm × 53mm。烧结普通砖根据抗压强度分为 MU30、MU25、MU20、MU15、MU10 五个强度等级。烧结普通砖强度较高，耐久性较好，有一定的保温隔热、隔声、透气性能，自重大，施工效率低，对耕地造成破坏，主要用作承重墙及拱、烟囱、基础等。烧结普通砖如图 4.1-3 所示。

图 4.1-3 烧结普通砖

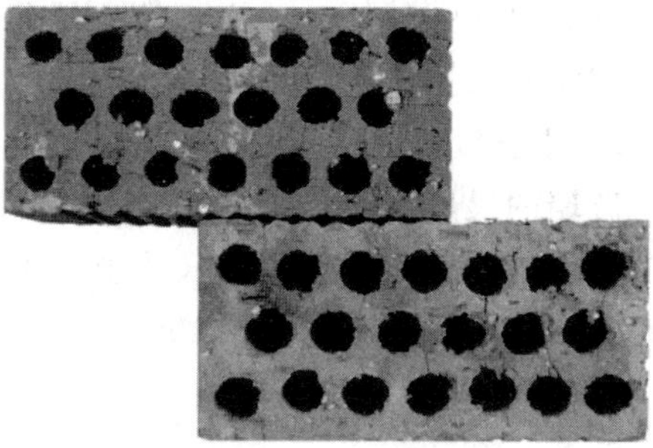

图 4.1-4 烧结多孔砖

b. 烧结多孔砖。孔洞率大于等于 15%、小于等于 35%的砖，称为多孔砖。烧结多孔砖的外形为长方体，常用的规格有 240mm×115mm×90mm、190mm×190mm×90mm。根据抗压强度、变异系数分为 MU30、MU25、MU20、MU15 和 MU10 五个强度等级。烧结多孔砖强度较高，耐久性较好，有较好的保温隔热、隔声、透气性能，自重较轻，施工效率较高，主要用作承重墙及非承重隔墙。烧结多孔砖如图 4.1-4 所示。

c. 烧结空心砖。孔洞率大于等于 35%，孔的尺寸大、数量少的砖，称为空心砖。烧结空心砖的外形尺寸一般为 290mm×190mm×90mm、240mm×180(140)mm×115mm，根据抗压强度可分为 MU5.0、MU3.0 和 MU2.0 三个强度等级。烧结空心砖强度低，保温隔热、隔声性能好，自重轻，体积较大，施工效率高，主要用作隔墙、填充墙等。烧结空心砖如图 4.1-5 所示。

图 4.1-5 烧结空心砖

2) 非烧结砖。

a. 蒸压灰砂砖（简称灰砂砖）。蒸压灰砂砖是以粉煤灰、灰砂为主要原料，添加石灰、石膏以及骨料，经胚料制备、压制成型、高效蒸汽养护等工艺制成。灰砂砖的外形规格尺寸为 240mm×115mm×53mm，可分为 MU25、MU20、MU15 和 MU10 四个强度等级。灰砂砖主要用作承重墙及非承重墙。

b. 粉煤灰砖。粉煤灰砖以粉煤灰、石灰为主要原料，掺加适量石膏和骨料经胚料制备，压制成型，高压或常压蒸汽养护而成的实心砖。粉煤灰砖的外形规格尺寸为240mm×115mm×53mm，可分为MU20、MU15、MU10和MU7.5四个强度等级，主要用作承重墙及非承重墙。

(2) 砂浆。砂浆是砌筑墙体的胶结材料，将砖块胶结成为整体，并将砖块之间的缝隙填平、密实，便于上下层砖块之间荷载的均匀传递，以保证砖墙的强度。

砌筑砂浆主要有水泥砂浆、石灰砂浆和混合砂浆（水泥和石灰混合）三种。水泥砂浆属于水硬性材料，强度高，适合砌筑处于潮湿环境下的砌体，如基础部位；石灰砂浆属于气硬性材料，强度不高，多用于砌筑次要的建筑地面以上的砌体；混合砂浆的强度较高，和易性和保水性较好，适于砌筑一般建筑地面以上的砌体。

砌筑砂浆按抗压强度划分为M20、M15、M10、M7.5、M5和M2.5六个强度等级。

2. *砖墙的尺度*

砖墙的尺度主要包括砖墙的厚度、墙段长度和墙体的高度等。

砖墙的厚度习惯上以砖长为基数来称呼，如半砖墙、一砖墙、一砖半墙。工程上以标志尺寸来称呼，如12墙、24墙、37墙等。普通黏土砖与墙体厚度关系如图4.1-6所示（灰缝为10mm）。

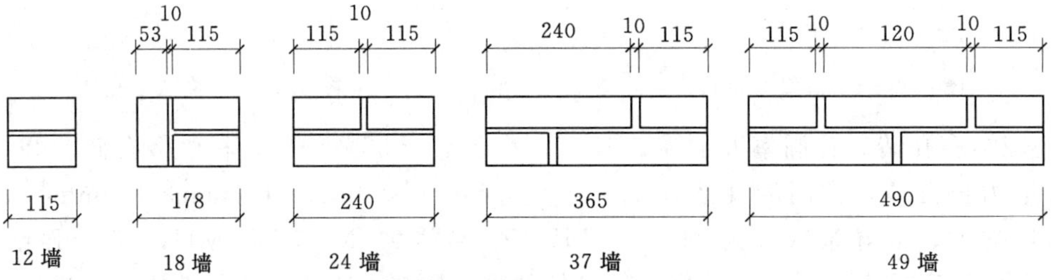

图4.1-6 墙厚与标准砖规格的关系

砖墙的厚度尺寸见表4.1-1。

表4.1-1 **砖墙的厚度尺寸** 单位：mm

墙厚名称	1/4砖墙	半砖墙	3/4砖墙	一砖墙	一砖半墙	两砖墙
工程称呼		12墙	18墙	24墙	37墙	49墙
标志尺寸	60	120	180	240	370	490
构造尺寸	53	115	178	240	365	490

3. *砖墙的组砌方式*

砖墙的组砌主要是指砖块在墙体中的排列方式。用实心砖砌筑的墙体有实心砖墙和空斗墙。为了保证墙体的强度和稳定性，其组砌原则是：砖缝必须横平竖直，错缝搭接，砖缝砂浆饱满，厚薄均匀。常见的实心砖墙组砌方式有一顺一丁式、多顺一丁式、顺丁相间（梅花丁）式、两平一侧式、全顺式、全丁式等。实心砖墙的组砌方式如图4.1-7所示。

空斗墙是用普通砖侧砌或平砌与侧砌相结合砌成的墙体。全部采用侧砌方式的称为无眠空斗墙，采用平砌和侧砌相结合方式的称为有眠空斗墙。无眠空斗墙的稳定性差。空斗墙不适宜在抗震设防地区使用。

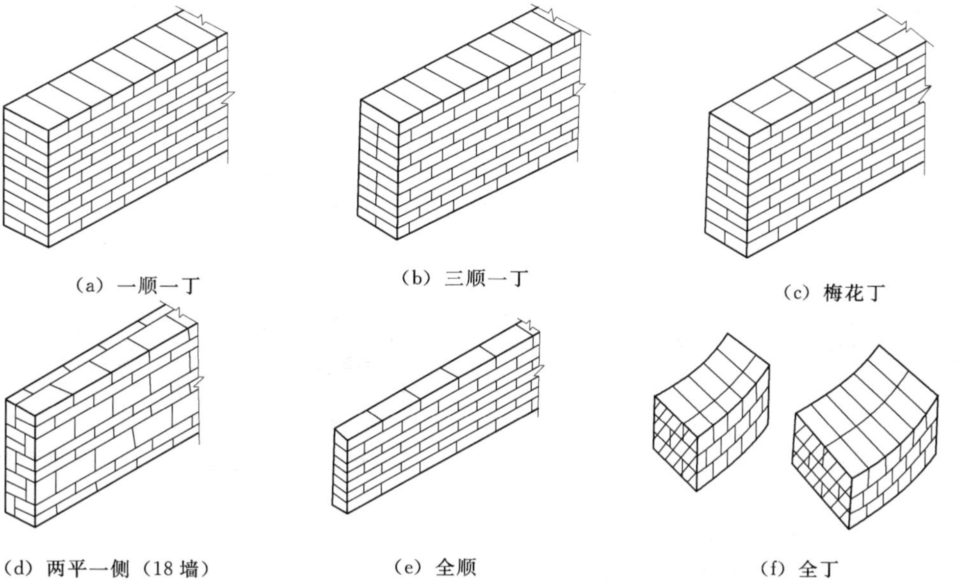

图 4.1－7　实心砖墙组砌方式

任务 4.2　屋　顶　构　造

【内容简介】

本任务主要介绍屋顶的作用和分类，使学生掌握平屋顶的构造。

4.2.1　屋顶的作用和分类

1. 屋顶的作用

屋顶位于建筑的最上部，既属于承重结构也属于围护结构。屋顶主要起承重、围护（排水、防水和保温隔热）及装饰的作用，所以屋顶设计应能满足功能、结构、建筑艺术三方面的要求。

（1）功能要求。屋顶是建筑物的围护结构，应能抵御自然界各种环境因素对建筑物的不利影响。屋顶应能抵御气温的影响。我国地域辽阔，南北气候相差悬殊，通过采取适当的保温隔热措施，使屋顶具有良好的热工性能，以便给建筑提供舒适的室内环境，也是屋顶设计的一项重要内容。

（2）结构要求。屋顶要承受风、雨、水等的荷载及其自身的重量，上人屋顶还要承受人和设备等的荷载，所以屋顶也是房屋的承重结构，应有足够的强度和刚度，以保证房屋的结构安全，并防止因过大的结构变形引起防水层开裂、漏水。

（3）建筑艺术要求。屋顶是建筑外部形体的重要组成部分，屋顶的形式对建筑的造型极具影响，中国传统建筑的重要特征之一就是其变化多样的屋顶外形和装修精美的屋顶细部，现代建筑也应注重屋顶形式及其细部的设计，以满足人们对建筑艺术方面的需求。

2. 屋顶的分类

屋顶的类型很多，其类型主要是由屋顶的结构和布置形式、建筑使用要求、屋面使用材料等因素决定的。屋顶按其排水坡度、建筑形象一般可分为平屋顶、坡屋顶、其他形式的屋顶。

(1) 平屋顶。平屋顶通常是指屋面坡度小于等于10%的屋顶，常用的坡度为2%～3%。平屋顶的坡度平缓，可做成露台、屋顶花园等供人使用。平屋顶一般构造是用现浇或预制的钢筋混凝土屋面板作为基层，在基层上再做防水保温隔热层。这种屋顶在民用建筑中应用广泛，其主要优点是体积小、构造简单、节约材料、造价经济。

屋顶与外墙相交处的构造，称为檐口，图4.2-1是平屋顶常见的几种形式。

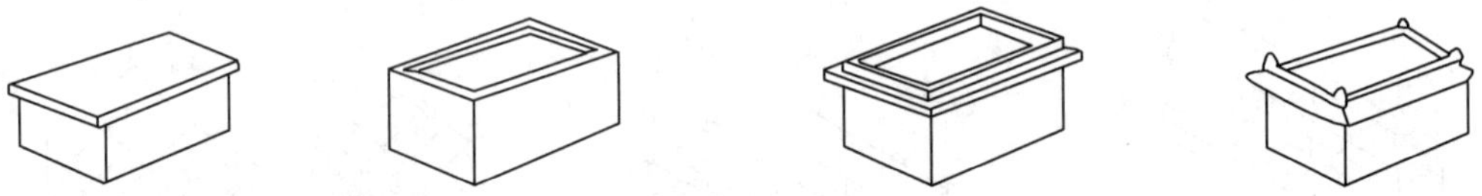

(a) 挑檐平屋顶　(b) 女儿墙平屋顶　(c) 挑檐女儿墙平屋顶　(d) 盝顶平屋面

图4.2-1　平屋顶的形式

(2) 坡屋顶。坡屋顶是指屋面坡度在10%以上的屋顶。坡屋顶在我国有着悠久的历史，广泛运用于民居等建筑，即使是现代的建筑，在考虑到景观环境或建筑风格的要求时也常采用坡屋顶。根据屋顶坡面数量不同，可分为单坡顶、双坡顶、四坡顶；根据山墙处檐口形式不同，双坡屋顶又分为硬山双坡顶和悬山双坡顶；根据屋顶坡面形式不同，可分为卷棚顶、庑殿顶、歇山顶、圆攒顶等。

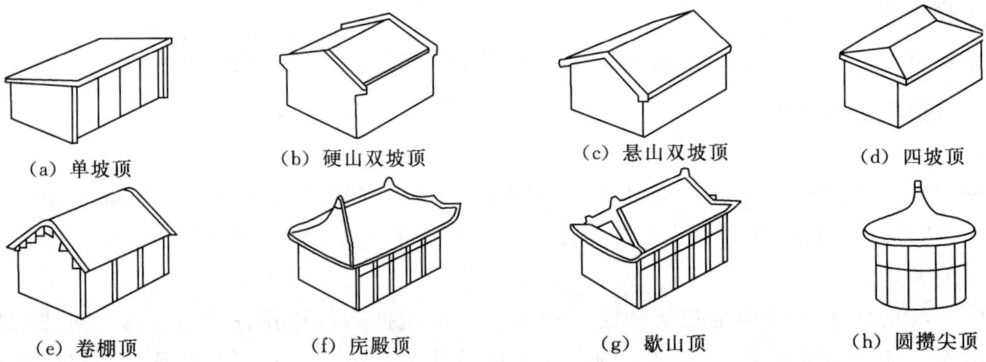

(a) 单坡顶　(b) 硬山双坡顶　(c) 悬山双坡顶　(d) 四坡顶

(e) 卷棚顶　(f) 庑殿顶　(g) 歇山顶　(h) 圆攒尖顶

图4.2-2　坡屋顶的形式

(3) 其他形式的屋顶。随着建筑科学技术的发展，出现了许多空间结构，也相应出现了许多新的屋顶形式，如薄壳结构、悬索结构、张拉结构和网架结构等，这些空间结构具有受力合理、节约材料的优点，但是施工都比较复杂且造价高，适用于较大体积的公共建筑。其他形式的屋顶如图4.2-3所示。

4.2.2 平屋顶的构造

坡度小于1∶10的屋顶称为平屋顶。平屋顶构造简单，适用于各种平面形式的建筑，尤其是平面形式不规则的建筑。平屋顶一般支承在钢筋混凝土楼板上，由于梁板布置比较灵活，构造也较简单，经济耐久，外形美观，平屋顶已在不同气候地区和各种类型的建筑

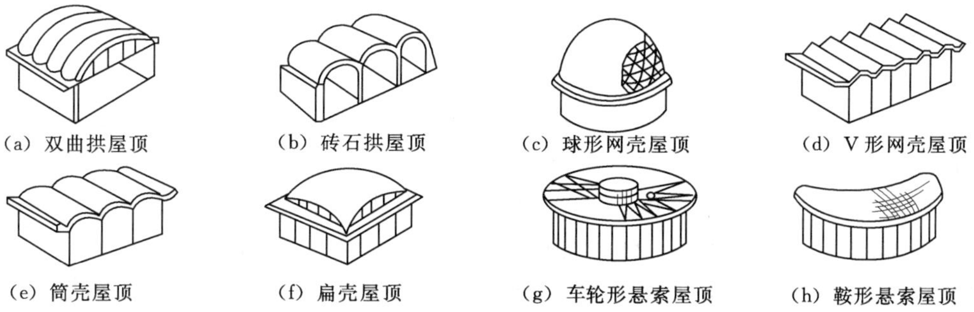

(a) 双曲拱屋顶　(b) 砖石拱屋顶　(c) 球形网壳屋顶　(d) V 形网壳屋顶

(e) 筒壳屋顶　(f) 扁壳屋顶　(g) 车轮形悬索屋顶　(h) 鞍形悬索屋顶

图 4.2-3　其他形式的屋顶

上广泛使用。

平屋顶主要由屋面层、结构层和顶棚等部分组成。结构层的作用是承受屋面传来的荷载及屋顶的自重，并将这些荷载传递给屋顶的支承结构，如墙、柱；屋面层一般起防水、保温或隔热、找坡等作用；顶棚处于结构层的下面，起到装饰作用，一般为抹灰顶棚，当装修要求较高时可做吊顶处理。作为顶层围护结构，平屋顶既要满足承载力、防水、保温隔热要求外，又要满足排水要求。平屋顶的组成如图 4.2-4 所示。

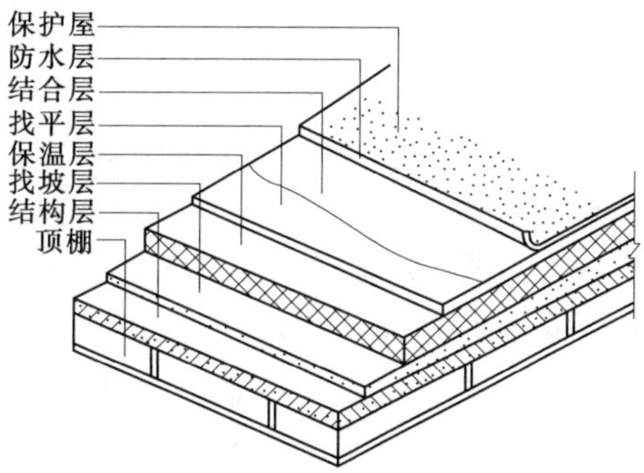

图 4.2-4　平屋顶的组成

1. 平屋顶的排水

为了迅速排除屋面雨水，需选择合适的屋顶排水坡度、排水方式。

(1) 排水坡度的表示方法与形成。

1) 屋顶排水坡度的表示方法。常用的坡度表示方法有角度法、斜率法和百分比法。角度法以倾斜面与水平面所成夹角的大小来表示，如 $\alpha=30°$等；斜率法以屋顶倾斜面的垂直投影长度与水平投影长度之比来表示，即 $H:L$，如 1∶3、1∶20 等；百分比法以屋顶倾斜面的垂直投影长度与水平投影长度之比的百分比值来表示，如 $i=1\%$、$i=3\%$等。坡屋顶多采用斜率法，平屋顶多采用百分比法，角度法应用较少。屋面坡度表示方法如图 4.2-5 所示。

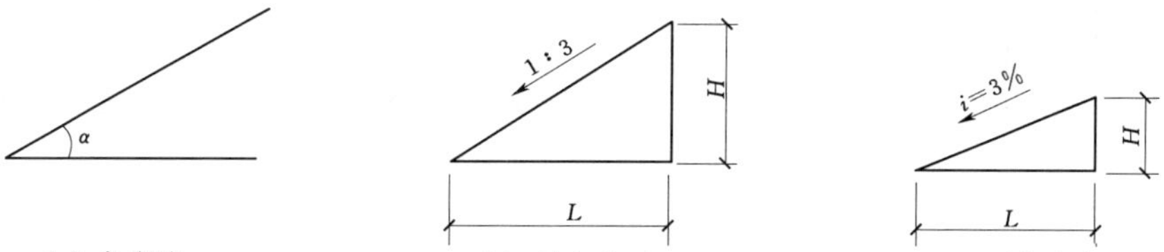

(a) 角度法　(b) 斜率法　(c) 百分比法

图 4.2-5　屋面坡度表示方法

2) 排水坡度的形成。屋面坡度主要根据防水材料的防水性能和国家规范规定等因素确定。一般情况下，平屋顶的屋面坡度为 2%～5%，天沟的排水坡度大于 1%。排水坡度可通过材料找坡和结构找坡两种方法形成。

材料找坡：又称为垫层坡度、建筑找坡，是将屋面板水平搁置（即对于平屋顶的建筑物），在上面用轻质材料，例如铺设炉渣或轻质混凝土以及发泡的高分子块材等，按照所设计的排水方向垒出一定的缓坡来，以将屋面雨水有组织地疏导到建筑物和城市的雨水排放系统中去。材料找坡室内顶棚平整，施工方便，但找坡材料增加了屋面自重，所以常利用屋面保温隔热层兼做找坡层。材料找坡适用于跨度不大的平屋顶。

结构找坡：结构找坡又叫搁置坡度，是将屋面板搁置在顶部倾斜的梁上或墙上形成屋面排水坡度。结构找坡不需要再在屋顶上设置找坡层，从而减轻了屋顶荷载，施工方便，造价低，但室内天棚是倾斜的，因此多用于屋面进深较大的工业建筑等。

（2）平屋顶排水方式。屋顶排水方式分为无组织排水和有组织排水两大类。

1）无组织排水。无组织排水是指屋面雨水直接从檐口滴落至地面，又称自由落水。无组织排水具有构造简单、造价低廉的优点，但也存在一些不足之处，如雨水直接从檐口流落至地面，外墙脚常被飞溅的雨水侵蚀，降低了外墙的坚固耐久性；从檐口滴落的雨水可能影响人行道的交通等。当建筑物较高，降雨量又较大时，这些缺点就更加突出。

2）有组织排水。有组织排水是指屋面雨水经由排水系统，进行有组织的排除。具体来说，就是将屋面的雨水有组织地排到天沟中，通过水落口排至雨水斗，再经雨水管排到室外。有组织排水的缺点是构造复杂、造价较高。优点是排水系统齐全，雨水不会冲刷墙面，因而广泛被应用于各类建筑中。

根据雨水管出口位置的不同，有组织排水可分为内排水、外排水两种。外排水是指雨水管装在建筑外墙以外的一种排水方案。外排水构造简单，雨水管不进入室内，有利于室内美观和减少渗漏，故南方地区应优先采用。高层建筑、严寒地区、屋面宽度较大的建筑宜采用内排水方案。有组织排水如图 4.2-6 所示。

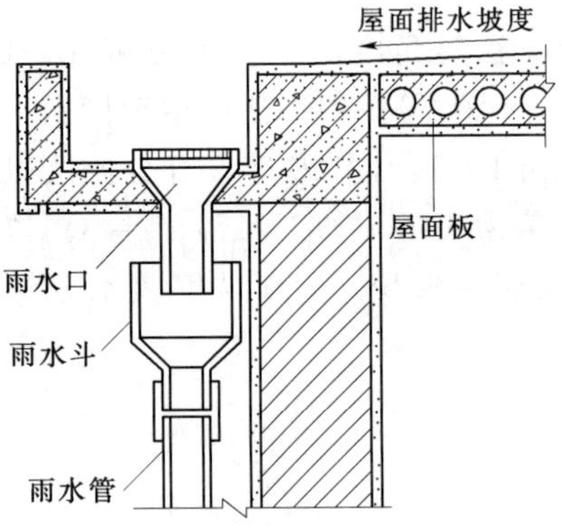

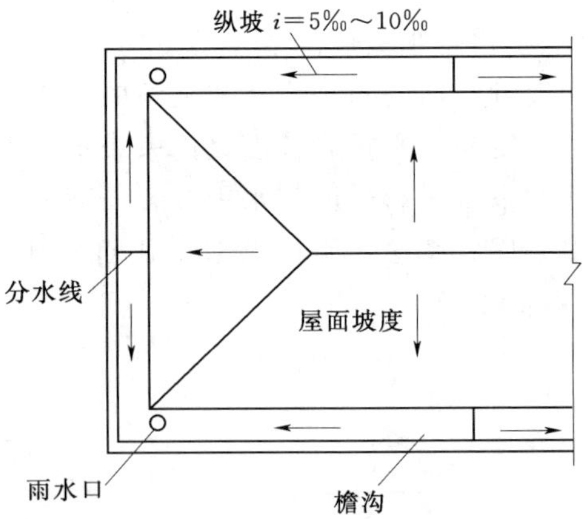

图 4.2-6　有组织排水

2. 平屋顶的防水

平屋顶的防水根据所用防水材料的不同，可分为卷材防水、刚性防水以及涂膜防水等几种。根据《屋面工程技术规范》（GB 50345—2012）的规定，屋面防水等级和设防要求应符合表 4.2-1 的规定。

表 4.2-1　屋面防水等级和设防要求

防水等级	建筑类别	设防要求
Ⅰ	重要建筑和高层建筑	两道防水设防
Ⅱ	一般建筑	一道防水设防

注　本表摘自《屋面工程技术规范》(GB 50345—2012)。

(1) 卷材防水屋面。卷材防水屋面是利用防水卷材与黏结剂结合，形成连续致密的构造层来防水。常见的防水卷材有：沥青类卷材、高聚物改性沥青类卷材、高分子类卷材。卷材防水具有一定的延伸性和适应变形的能力，又被称作柔性防水。

卷材防水屋面较能适应温度、振动、不均匀沉陷等因素的变化作用，整体性好，技术要求较高。卷材防水屋面适用防水等级为Ⅰ级和Ⅱ级的屋面防水。卷材防水的做法应符合表 4.2-2 的规定，而每道卷材防水层最小厚度应符合表 4.2-3 的规定。

表 4.2-2　防水做法的规定

防水等级	防水做法
Ⅰ	卷材防水层和卷材防水层、卷材防水层和涂膜防水层、复合防水层
Ⅱ	卷材防水层、涂膜防水层、复合防水层

注　本表摘自《屋面工程技术规范》(GB 50345—2012)。

表 4.2-3　每道卷材防水层最小厚度规定　　单位：mm

防水等级	合成高分子防水卷材	高聚物改性沥青防水卷材		
		聚酯胎、玻纤胎、聚乙烯胎	自粘聚酯胎	自粘无胎
Ⅰ	1.2	3.0	2.0	1.5
Ⅱ	1.5	4.0	3.0	2.0

注　本表摘自《屋面工程技术规范》(GB 50345—2012)。

一般的，卷材防水屋面主要由保护层、保温层、防水层、找平层、找坡层、结构层构成。卷材防水屋面的构造组成如图 4.2-7 所示。

1) 找平层、找坡层。卷材防水层要求铺贴在坚固而平整的基层上，以防止卷材凹陷或断裂，必须在结构层、找坡层或保温隔热层上设置找平层。找平层要求平整、密实、干净、干燥，厚度和技术要求应符合表 4.2-4 的规定。

表 4.2-4　卷材、涂膜防水找平层厚度和技术要求

找平层分类	适用的基层	厚度/mm	技术要求
水泥砂浆	整体现浇混凝土板	15～20	1∶2.5 水泥砂浆
	整体材料保温层	20～25	
细石混凝土	装配式混凝土板	30～35	C20 混凝土宜加钢筋网片
	板状材料保温板		C20 混凝土

注　本表摘自《屋面工程技术规范》(GB 50345—2012)。

当屋顶为材料找坡时，应选用轻质材料形成排水坡度。找坡层最薄处的厚度不宜小

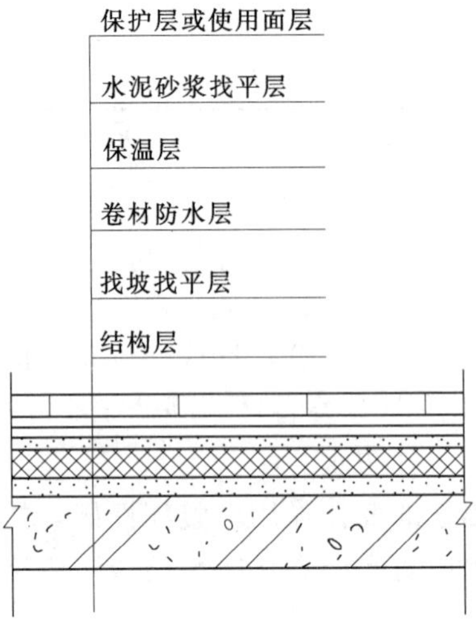

图 4.2-7　卷材防水屋面构造组成

于 30mm。

2）防水层。通常用三毡四油沥青卷材做防水层。沥青卷材防水层（以沥青油毡防水层为例）：油毡防水层由多层油毡和沥青玛蹄脂交替黏合形成。做法为：先在找平层上涂刷冷底子油一道，然后将调制好的沥青胶均匀涂刷在找平层上，边刷边铺油毡；铺好后再刷沥青胶再铺油毡。如此交替进行至防水层所需层数为止，最后一层油毡面上也需刷一层沥青胶。沥青卷材造价低、防水性能好，但是易老化、使用寿命短、低温脆裂、高温流淌且需热施工，污染环境，目前逐渐被新型卷材取代。新型卷材有高聚物改性沥青类的 SBS、APP 改性沥青防水卷材和合成高分子类的三元乙丙橡胶卷材、聚氯乙烯（PVC）卷材等，它们都具有良好的延伸性、耐久性和防水性且宜冷施工，但是价格较高。

3）保护层。设置保护层的目的是保护防水层，使卷材不致因光照和气候等的作用迅速老化，防止沥青类卷材的沥青过热流淌或受到暴雨的冲刷。保护层的构造做法视屋面的利用情况而定。不上人时，沥青油毡防水屋画一般在防水层撒粒径 3～5mm 的小石子作为保护层，称为绿豆砂保护层；高分子卷材如三元乙丙橡胶防水屋面等通常是在卷材层上涂刷水溶型或溶剂型的浅色保护着色剂，如氯丁银粉胶等。

上人屋面的保护层又是楼面面层，故要求保护层平整耐磨。做法通常有：用沥青砂浆铺贴缸砖、大阶砖、混凝土板等块材；在防水层上现浇 30～40mm 厚的细石混凝土。块材或整体保护层均应设分仓缝，位置是屋顶坡面的转折处，屋面与突出屋面的女儿墙、烟囱等的交接处。保护层分仓缝应尽量与找平层分仓缝错开。

4）卷材防水屋面细部构造。仅做好大面积屋面部位的卷材防水各构造层，还不能完全确保屋顶不渗不漏。如果屋顶开设有孔洞，有管道出屋顶，屋顶边缘封闭不牢等，都有可能破坏卷材屋面的整体性，造成防水的薄弱环节，因而还应该通过正确地处理细部构造来完善屋顶的防水。屋顶细部是指屋面上的泛水、挑檐口、屋面检修孔和出入口、变形缝等部位。

a. 泛水构造。屋顶上沿所有垂直面所设的防水构造，突出于屋面之上的女儿墙、烟囱、楼梯间、变形缝、检修孔、立管等的壁面与屋顶的交接处是最容易漏水的地方，必须将屋面防水层延伸到这些垂直面上，形成立铺的防水层，称为泛水。泛水的构造及做法如下：

(a) 将屋面的卷材继续铺至垂直墙面上，形成卷材泛水，其上再加铺一层附加卷材。屋面防水层向上卷不少于 250mm 或至女儿墙压顶。

(b) 在屋面与垂直女儿墙面的交接缝处，砂浆找平层应抹成圆弧形或 45°斜面，上刷卷材胶粘剂，使卷材胶粘密实，避免卷材架空或折断，并加铺一层卷材。

(c) 做好泛水上口的卷材收头固定，防止卷材在垂直墙面上下滑。一般做法：在垂直墙中凿出通长的凹槽，将卷材收头压入凹槽内，用防水压条钉压后再用密封材料嵌填封严，外抹水泥砂浆保护，凹槽上部的墙体也应做防水处理，如图 4.2－8 所示。

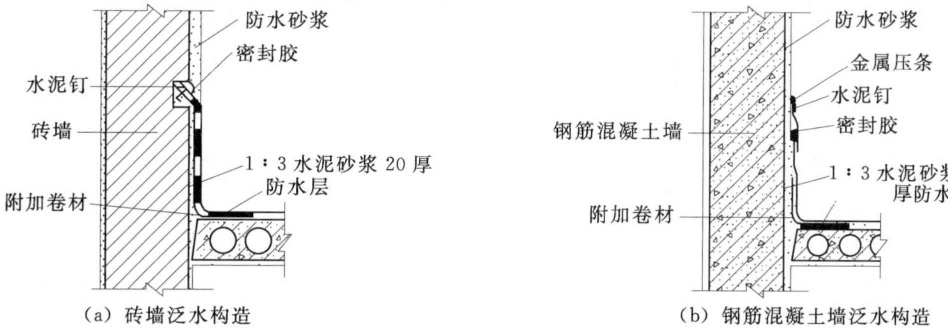

图 4.2－8 卷材防水屋面泛水构造

b. 挑檐口构造。挑檐口分为无组织排水和有组织排水两种做法。

(a) 无组织排水挑檐口。无组织排水挑檐口不宜直接采用屋面板外挑，因其温度变形大，易使檐口抹灰砂浆开裂，引起爬水和尿墙现象。比较理想的是采用与圈梁整浇的混凝土挑板。挑檐口构造的要点是檐口 800mm 范围内卷材应采取满贴法，为防止卷材收头处粘贴不牢，出现“张口”漏水。

在混凝土挑口上用细石混凝土或水泥砂浆先做一凹槽，然后将卷材贴在槽内，将卷材收头用水泥钉钉牢，上面用防水油膏嵌填，如图 4.2－9 所示。

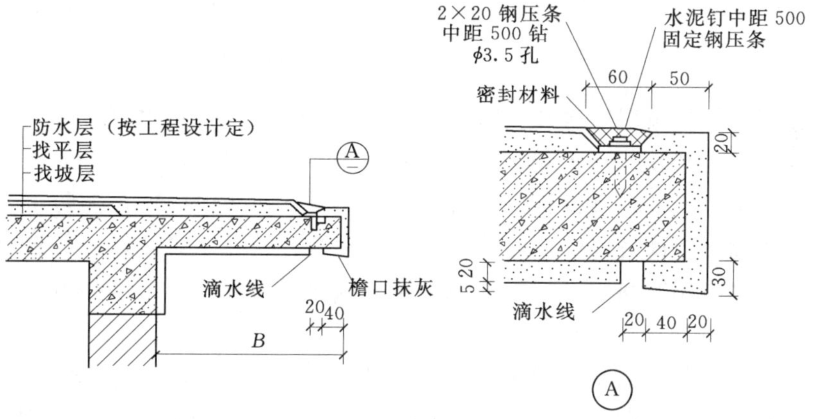

图 4.2－9 无组织排水挑檐口构造

(b) 有组织排水挑檐口。有组织排水挑檐口常常将檐沟布置在出挑部位，现浇钢筋混凝土檐沟板可与圈梁连成整体，预制檐沟板则须搁置在钢筋混凝土屋架挑牛腿上，如图 4.2－10 和图 4.2－11 所示。

c. 水落口。水落口是屋面雨水排至落水管的连通构件。要求排水通畅，防止渗漏和堵塞。水落口通常是定型产品，分为直管式和弯管式两类。直管式适用于中间天沟、挑檐沟和女儿墙内排水天沟。弯管式只适用于女儿墙外排水天沟。

(a) 直管式水落口。直管式水落口一般用铸铁或钢板制造，有各种型号，根据降雨量

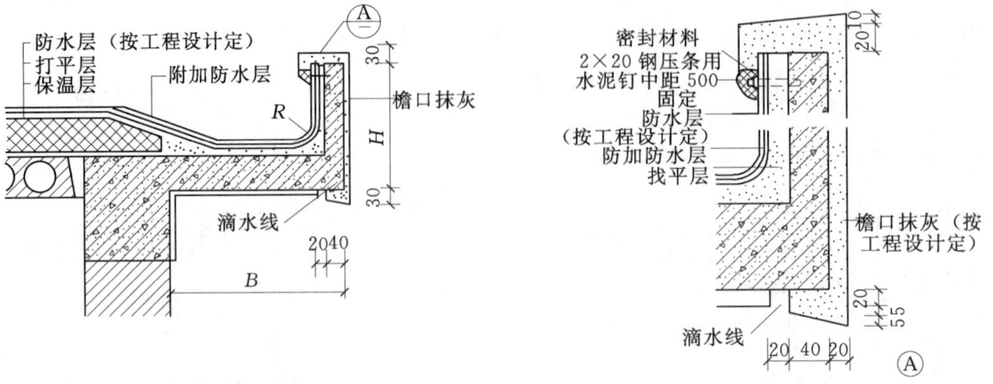

图 4.2－10　有组织排水挑檐沟檐口构造

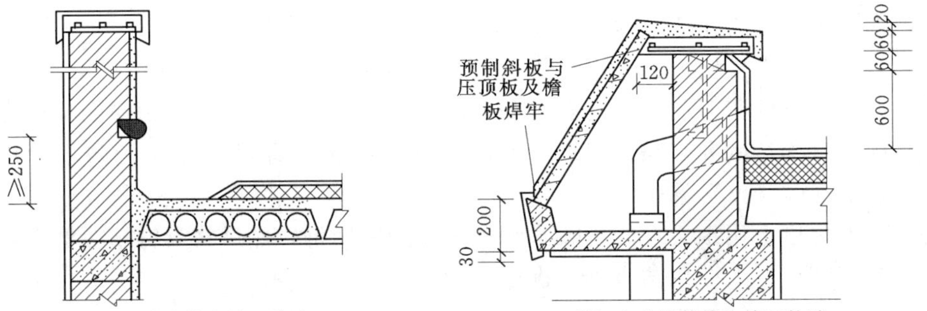

(a) 女儿墙内檐沟檐口构造　　(b) 女儿墙外檐沟檐口构造

图 4.2－11　女儿墙挑檐沟檐口构造

和汇水面积进行选择。单层厂房和大跨度的民用建筑常用直管式水落口。

直管式水落口由套管、环形筒、顶盖底座和顶盖几部分组成，如图 4.2－12（a）所示。安装时，将套管安装在挑檐板上，各层卷材同时贴在套筒内壁。为防止漏水，此处多贴一层卷材，表面涂上沥青胶，再将环形筒嵌入套管将卷材压紧，嵌入深度至少 100mm，环形筒与底座的缝隙用密封膏嵌缝。顶盖底座有放射状格片，用来增加水流速度和阻挡杂物落入管孔中。

(b) 弯管式水落口。弯管式水落口呈 90°弯曲状。弯管式水落口多用铸铁或钢板制成，由弯曲套管和铁篦子两部分组成，如图 4.2－12（b）所示。弯曲套管镶入女儿墙预留孔洞内，屋面防水层卷材和泛水卷材铺贴到套筒内壁四周，铺入深度不小于 100mm。套管口用铸铁篦子遮盖，以防杂物堵塞水口。

d. 屋面变形缝构造。屋面变形缝分为横向变形缝和高低跨变形缝。横向变形缝（又称平面变形缝）为两边屋面在同一标高，先用伸缩片（如卷材片）盖住屋面板缝处，然后在变形缝两旁砌筑附加墙，其高度不得低于泛水的高度（250mm），附加墙缝内填沥青麻丝，附加墙上预埋木条用来固定卷材顶端。附加墙顶部应做好盖缝处理，先盖一层附加卷材，然后用镀锌薄钢板或预制混凝土盖板盖住，如图 4.2－11 所示。使用混凝土盖板比较简单，耐久性好，潮湿地区使用较为有利。

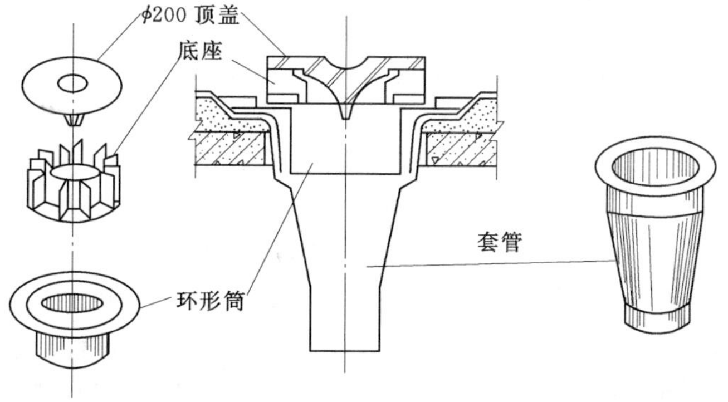

(a) 直管式水落口

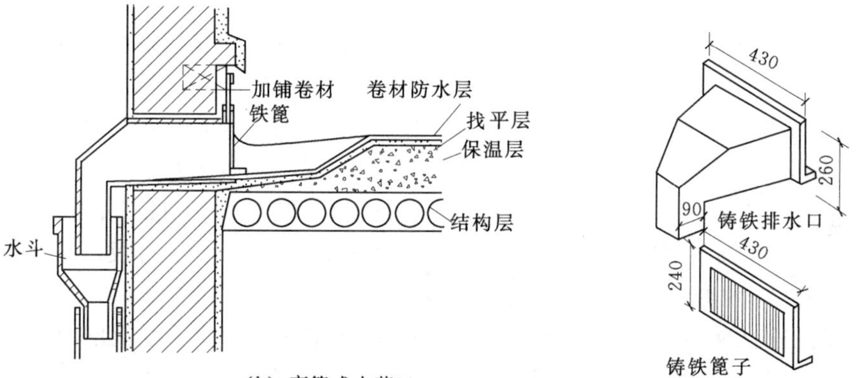

(b) 弯管式水落口

图 4.2-12　水落口构造

高低跨处变形缝构造，与横向变形缝做法大同小异，不过只需在低跨屋面上砌附加墙，镀锌薄钢板盖缝片的上端固定在高跨墙上，该处构造做法与泛水相同，如图 4.2-13 所示。

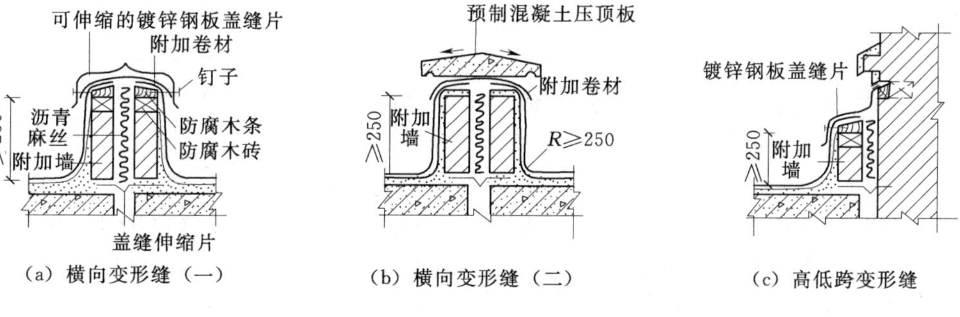

(a) 横向变形缝（一）　(b) 横向变形缝（二）　(c) 高低跨变形缝

图 4.2-13　屋面变形缝构造构造

(2) 刚性防水屋面。刚性防水屋面是指用细石混凝土做防水层的屋面，因混凝土用于脆性材料，抗拉强度较低，因此称为刚性防水屋面。刚性防水屋面的主要优点是构造简单，施工方便，造价较低；缺点是易开裂，对气温变化和屋面基层变形的适应性较差，所以刚性防水一般用于无保温层的屋面。

刚性防水屋面的构造一般有：防水层、隔离层、找平层、结构层等，刚性防水屋面应尽量采用结构找坡，如图4.2－14所示。

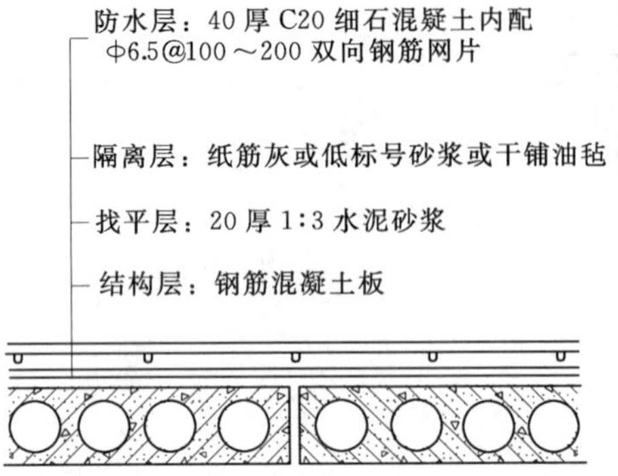

图4.2－14　刚性防水屋面构造

1）防水层。防水层采用不低于C20的细石混凝土整体现浇而成，其厚度不小于40mm，并应配置直径为4～6.5mm、间距为100～200mm的双向钢筋网片。为提高防水层的抗裂和抗渗性能，可在细石混凝土中掺入适量的外加剂，如膨胀剂、减水剂、防水剂等。

2）隔离层。隔离层位于防水层与结构层之间，其作用是减少结构变形对防水层的不利影响。结构层在荷载作用下产生挠曲变形，在温度变化作用下产生胀缩变形。由于结构层较防水层厚，刚度相应也较大，当结构产生上述变形时容易将刚度较小的防水层拉裂。因此，宜在结构层与防水层间设一隔离层使二者脱开。隔离层可采用铺纸筋灰、低标号砂浆，或薄砂层上干铺一层油毡等做法。

3）找平层。当屋面板为整体现浇的钢筋混凝土结构时则可不设找平层。

4）结构层。屋面结构层一般采用预制或现浇的钢筋混凝土屋面板，结构层应有足够的刚度，以免结构变形过大而引起防水层开裂。

5）混凝土刚性防水屋面的细部构造。与卷材防水屋面一样，刚性防水屋面也需处理好泛水、天沟、檐口、水落口等细部构造，另外还要做好防水层的分仓缝处理。

a. 分仓缝构造。所谓分仓缝，实质上就是刚性防水屋面的变形缝，如图4.2－15所示。设置分仓缝有两点作用：

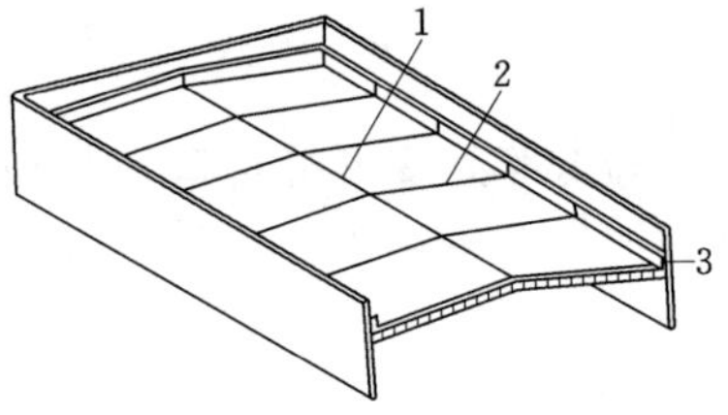

图4.2－15　分仓缝位置示意
1—纵向分格缝；2—横向分格缝；3—泛水分格缝

（a）当外界温度发生变化时，大面积的整体现浇混凝土防水层会产生热胀冷缩，从而出现裂缝。如设置一定数量的分仓缝，会有效地防止裂缝的产生。

（b）在荷载作用下，屋面板有可能产生挠曲变形，引起混凝土防水层破裂，如果在这些部位预留好分仓缝，便可避免防水层的开裂。

设置分仓缝时，应注意以下几点：①防水层内的钢筋网片在分仓缝处应断开；②屋面板缝由浸过沥青的木丝板填塞，缝口用油膏嵌填；③缝口外表用二毡三油沥青防水卷材盖缝条盖住，盖缝条宽200～300mm，屋脊和流水方向的分隔缝可将防水层作成翻边泛水，用盖瓦覆盖，如图4.2－16所示。

b. 泛水构造。刚性防水屋面的泛水构造与卷材防水屋面基本相同。泛水应具有足够的高度，一般不小于250mm。泛水与屋面防水层应一次浇成，不留施工缝，转角处做成圆弧形，泛水上也应有挡雨措施。刚性屋面泛水与凸出屋面的结构物（女儿墙、烟囱等）之间必须设分格缝，以免因两者变形不一致而使泛水开裂，分格缝内填塞沥青麻丝，如图4.2－17所示。

c. 檐口构造。刚性防水屋面常用的檐口形式有自由落水檐口、挑檐沟外排水檐口、

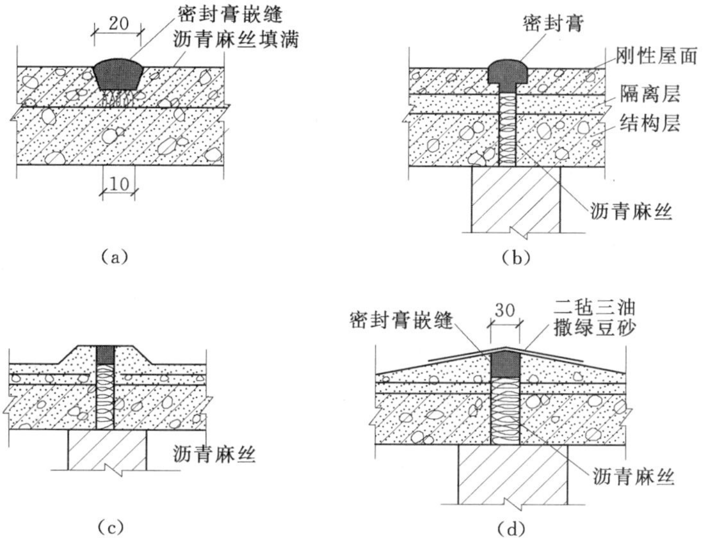

图 4.2－16　刚性防水屋面分仓缝做法

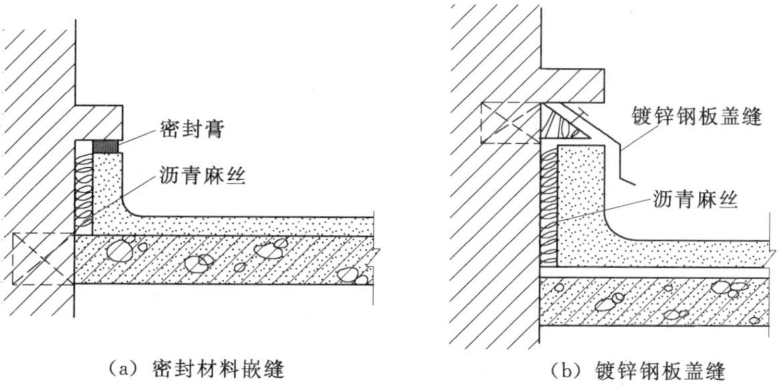

图 4.2－17　刚性防水屋面泛水构造

女儿墙外排水檐。当挑檐较短时，可将混凝土防水层直接向外悬挑形成自由落水挑檐口。当挑檐口采用有组织排水方式时，常采用现浇或预制的钢筋混凝土槽形檐板排水，檐沟板与圈梁连接构成整体，形成挑檐沟外排水檐口。在跨度不大的平屋顶中，当采用女儿墙外排水方案时，檐口处常作成三角形断面天沟，天沟内需设纵向排水坡。

d. 水落口构造。一般刚性防水屋面水落口的规格和类型与前述卷材防水屋面所用水落口相同。一种是用于檐沟排水的直管式水落口；另一种是用于女儿墙外排水的弯管式水落口，如图 4.2－18 所示。

3. 平屋顶的保温隔热

屋顶像外墙一样属于房屋的外围护结构，不但要有遮风避雨的功能，还应有保温与隔热的功能。

(1) 平屋顶的保温构造。在寒冷地区或装有空调设备的建筑中，屋顶应设计成保温屋顶。保温屋顶按稳定传热原理来考虑热工问题，在墙体中，防止室内热损失的主要措施是提高墙体的热阻。这一原则同样适用于屋顶的保温，为了提高屋顶的热阻，需要在屋顶中

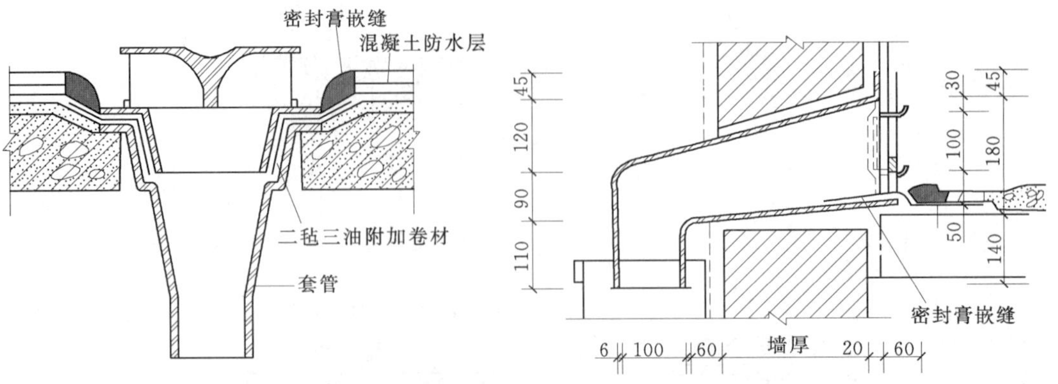

（a）直管式水落口构造　　（b）弯管式水口构造

图 4.2-18　刚性防水屋面水落口构造做法

增加保温层。

1）保温材料的类型。平屋顶常用的保温材料有以下三种类型：

a. 松散保温材料。常用的有膨胀蛭石、膨胀珍珠岩、膨胀矿渣、矿棉、粉煤灰、玻璃棉等。

b. 整体保温层材料。用水泥或沥青等与松散保温材料拌和而成，如膨胀珍珠岩、水泥膨胀珍珠岩、水泥蛭石、水泥炉渣等。

c. 板状保温材料。如加气混凝土板、泡沫混凝土板、矿棉板、岩棉板、泡沫塑料板等。

2）保温构造。在平屋顶的构造层中，保温材料的位置有正置式和倒置式两种。

a. 正置式保温是传统屋面构造做法，其构造一般在保温层结构层的上面、在防水层的下面，如图 4.2-19（a）所示。因为传统屋面隔热保温层的选材一般为珍珠岩、加气混凝土、聚苯乙烯板（EPS）等材料。这些材料普遍存在吸水率大的通病，如果吸水，保

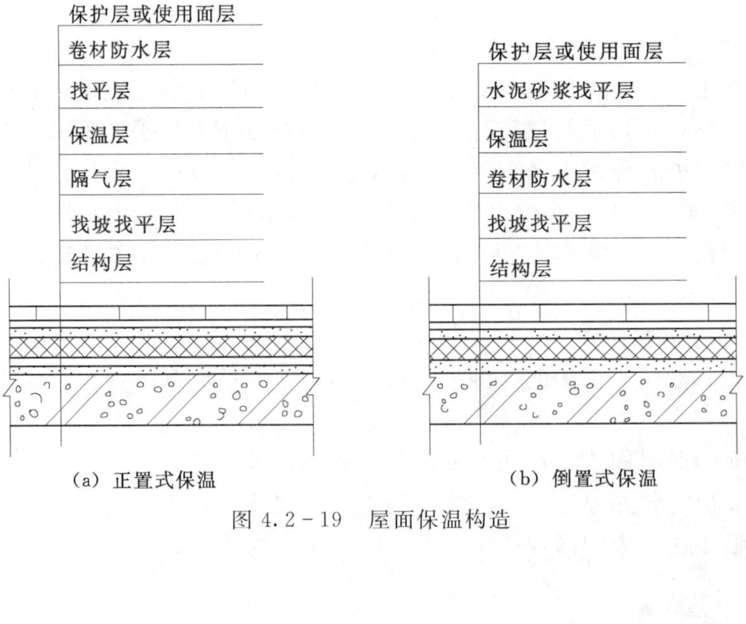

（a）正置式保温　　（b）倒置式保温

图 4.2-19　屋面保温构造

温隔热性能大大降低，无法满足隔热的要求，所以一定要靠防水层做在其上面，防止水分的渗入，保证隔热层的干燥，方能隔热保温。

b. 倒置式保温是将憎水性保温材料设置在防水层上的屋面，如图4.2-19（b）所示。这种屋面对采用的保温材料有特殊的要求，应当使用具有吸湿性低，而气候性强的憎水材料作为保温层，并在保温层上加设钢筋混凝土、卵石、砖等较重的覆盖层。

（2）平屋顶的隔热构造。在夏季太阳辐射和室外气温的综合作用下，从屋顶传入室内的热量要比从墙体传入室内的热量多得多。我国南方地区的建筑屋面隔热尤为重要，应采取适当的构造措施解决屋顶的降温和隔热问题。

屋顶隔热降温的基本原理是：减少直接作用于屋顶表面的太阳辐射热量。屋面通常有以下几种隔热方式：通风隔热、蓄水隔热、植被隔热、反射降温隔热等。

1）通风隔热。通风隔热就是在屋顶设置架空通风间层，使其上层表面遮挡阳光辐射，同时利用风压和热压作用把间层中的热空气不断带走，使通过屋面板传入室内的热量大为减少，从而达到隔热降温的目的。通风间层的设置通常有两种方式：一种是在屋面上做架空通风隔热间层，如图4.2-20所示；另一种是利用吊顶棚内的空间做通风间层。

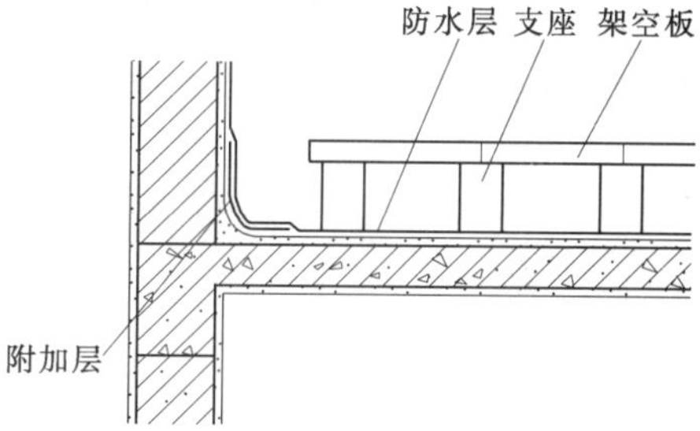

图4.2-20 架空通风隔热屋面

2）蓄水隔热。蓄水隔热屋面利用平屋顶所

图4.2-21 种植隔热屋面

蓄积的水层来达到屋顶隔热的目的，其原理为：在太阳辐射和室外气温的综合作用下，水能吸收大量的热而由液体蒸发为气体，从而将热量散发到空气中，减少了屋顶吸收的热能，起到隔热的作用。水面还能反射阳光，减少阳光辐射对屋面的热作用。水层在冬季还有一定的保温作用。此外，水层长期将防水层淹没，使混凝土防水层处于水的养护下，减少由于变化引起的开裂和防止混凝土的碳化，使诸如沥青和嵌缝胶泥之类的防水材料在水层的保护下推迟老化过程，延长使用年限。

3）种植隔热。种植隔热的原理是：在屋顶上种植植物，借助栽培介质隔热及植物吸收阳光进行光合作用和遮挡阳光的双重功效来达到降温隔热的目的，如图4.2－21所示。

4）反射降温隔热。利用表面材料的颜色和光滑度对热辐射的反射作用，将一部分热量反射回去，从而达到降温的目的。如屋面采用浅色的砾石、混凝土或涂刷白色涂料等，对隔热降温有显著效果。

任务4.3 门窗构造

【内容简介】

本任务主要介绍门窗的作用和分类，使学生掌握门窗构造。

4.3.1 门的作用和分类

1. 门的作用

门是房屋建筑的围护构件，对保证建筑物安全、坚固、舒适起着很大的作用，门的作用是供交通出入、分隔联系建筑空间，有时也起通风和采光作用。

2. 门的分类

门的种类繁多，按门的使用材料可分为：木门、铝合金门、塑钢门、彩板门、玻璃钢门、钢门等。

按门在建筑物中所处的位置可分为：内门和外门。

按门扇的开启方式可分为：平开门、弹簧门、推拉门、折叠门、旋转门、卷帘门等，如图4.3－1所示。

（1）平开门。平开门是相对于别的开启方式来分的，平开门是最常见的一种开启方式，在门扇一侧用铰链与门框相连。平开门有单开门和双开门之分。单开门指只有一扇门板，一侧作为门轴，另一侧可以开关；而双开门有两扇门板，各自有自己的门轴，向两个方向开启。平开门又分为单向开启和双向开启。单向开启是只能朝一个方向开（只能向里推或外拉），双向开启是门扇可以向两个方向开启。

（2）弹簧门。弹簧门是指将平开门门扇与门框的连接铰链加设弹簧变为弹簧门，它在开启后可自动关闭。弹簧门可以分为单面弹簧、双面弹簧、地弹簧等，多用于公共场所通道、紧急出口通道。

（3）推拉门。推拉门是指可以左右推拉的门，门扇安装在设于门上部或者下部的轨道上，分为上悬式和下悬式两种。

(4) 折叠门。折叠门是指由两扇以上门扇用铰链相连，开启时门扇互相折叠在一起的门。适用于各种大小洞口，尤其是宽度很大的洞口，门占用空间少但是五金复杂、安装要求高。

(5) 旋转门。旋转门成十字形，安装于圆形的门框上，人进出时推门缓缓行进。旋转门增强了抗风性，减少了空调能源消耗，是隔离气流和节能的最佳选择。

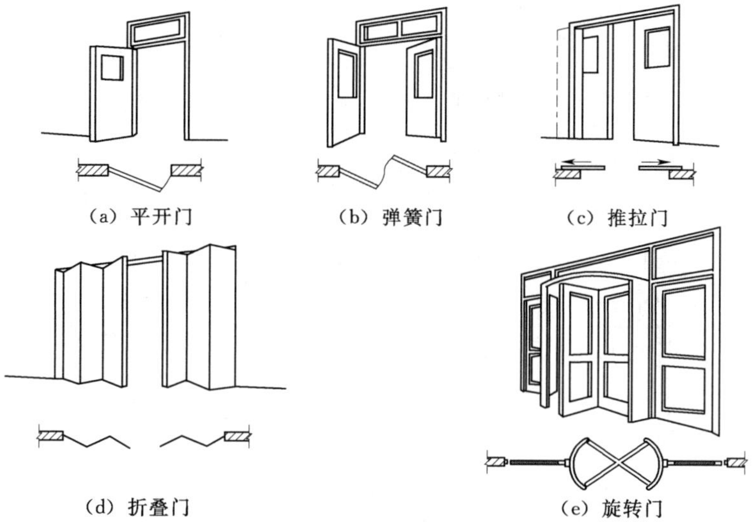

(a) 平开门 (b) 弹簧门 (c) 推拉门 (d) 折叠门 (e) 旋转门

图 4.3-1 门的分类

4.3.2 门的构造

1. 门的尺度

门的尺度是指门洞净空尺寸大小，包括门洞宽度、门洞高度，单位一般用毫米表示。门的尺度与交通、运输、疏散要求有关，并应符合《建筑模数协调统一标准》的规定。一般情况下，门的宽度为 800～1000mm (单扇)、1200～1800mm (双扇)。门的高度一般不宜小于 2100mm，有亮子时可适当增高 300～600mm。对于大型公共建筑，门的尺度可根据需要另行确定。

2. 门的组成

门主要由门框、门扇、五金零件和附件组成，如图 4.3-2 所示。门框由上框、中横框和边框等组成，多扇门还有中竖框，外门有时还要加下框。门扇由上冒头、下冒头和边梃组成。为了通风采光，可在门上部设亮子，有固定、平开及上、中、下悬等形式。附件有贴脸、门蹬、筒子板等。门上五金零件常见的有铰链、门锁、插销、拉手、风钩等。

3. 平开木门的构造

木门主要由门框、门扇、腰头窗、贴脸板 (门头线)、筒子板 (垛头板) 和配套五金件等部分组成。

(1) 门框。门框与墙体的连接，根据门的开启方式及墙体厚度不同分为外平、居中、内平、内外平四种，如图 4.3-3 所示。

(2) 门扇。木门门扇的种类很多，常见的有镶板门、夹板门、拼板门、玻璃门和弹簧

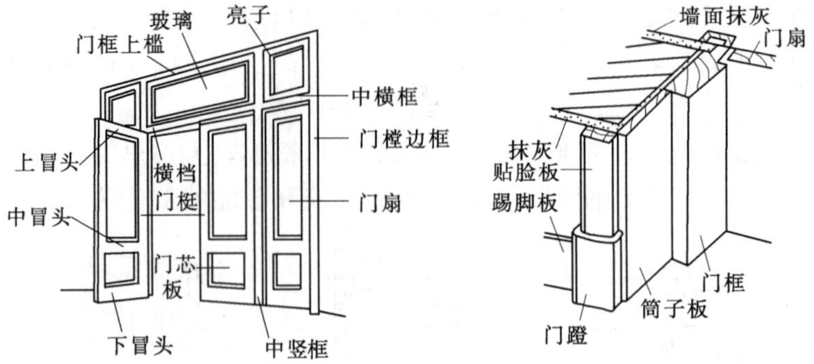

图 4.3-2　门的组成

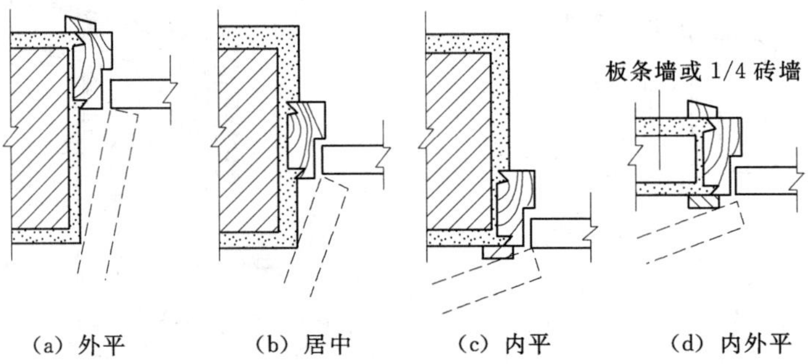

图 4.3-3　门框在洞口中的位置

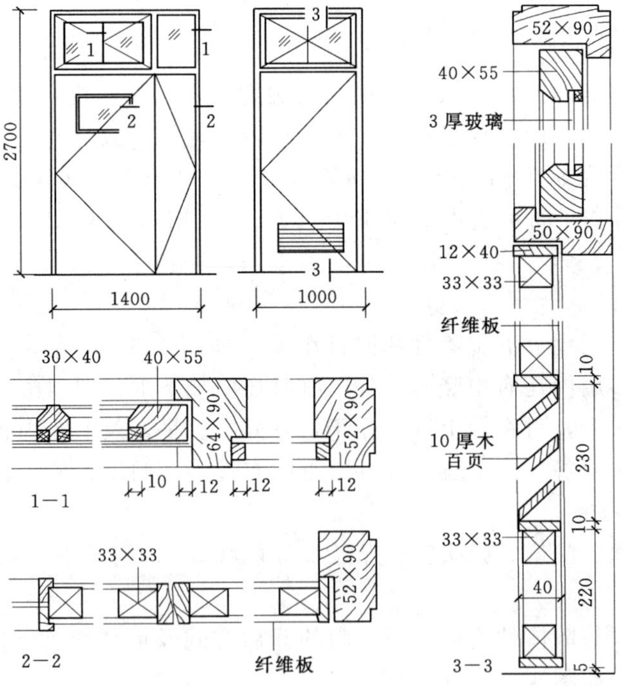

图 4.3-4　夹板门的构造（单位：mm）

门等。

1）夹板门。夹板门门扇由骨架和面板组成，骨架通常采用（32～35)mm×(34～36)mm 的木料制作，如图 4.3－4 所示。

2）镶板门。镶板门门扇由骨架和门芯板组成。骨架一般由上冒头、下冒头及边梃组成，有时中间还有中冒头或竖向中梃。门芯板可采用木板、胶合板、硬质纤维板及塑料板、玻璃等，如图 4.3－5 所示。

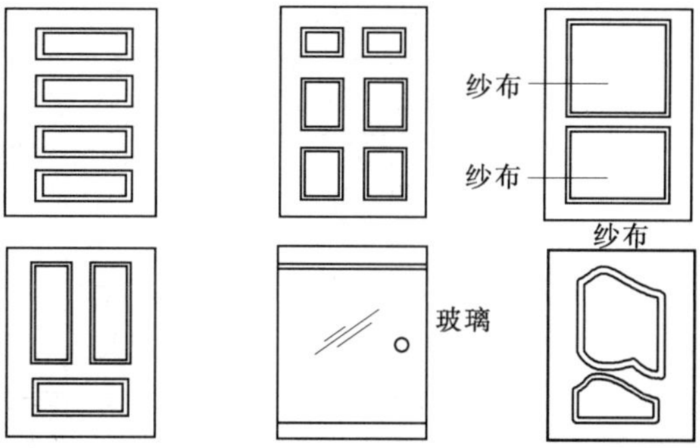

图 4.3－5　镶板门

3）拼板门。构造与镶板门相同，由骨架和拼板组成，只是拼板门的拼板用 35～45mm 厚的木板拼接而成，如图 4.3－6 所示。

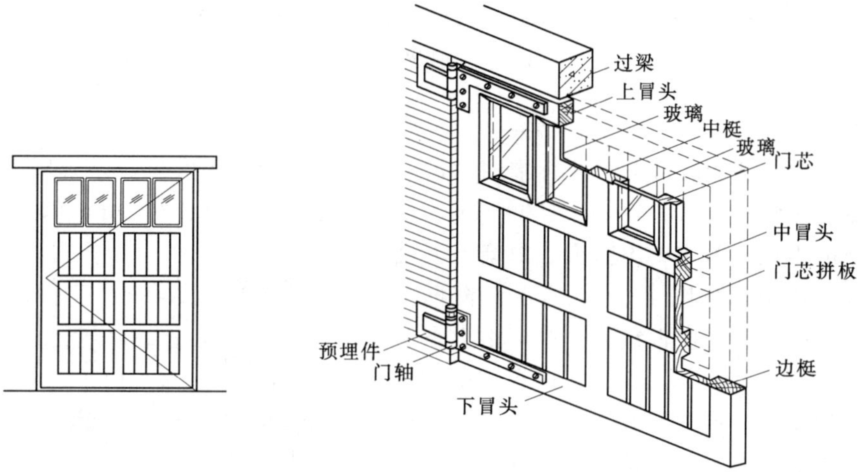

图 4.3－6　拼板门构造

4）玻璃门。门扇构造与镶板门基本相同，只是门芯板用玻璃代替，用在要求采光与透明的出入口处。

4.3.3　窗的作用和分类、窗的构造

1. 窗的作用和分类

（1）窗的作用。窗是房屋建筑的围护构件，保证建筑物安全、坚固、舒适。其主要作用是采光和通风，同时有眺望观景、分隔室内外空间和围护作用，兼有美观作用。

（2）窗的分类。

1）按窗的使用材料分：铝合金窗、塑钢窗、彩板窗、木窗、钢窗等。

2）按窗的层数分：单层窗和双层窗。

3）按窗扇的开启方式分：固定窗、平开窗、悬窗、立转窗、推拉窗、百叶窗等，如图 4.3－7 所示。

2. 窗的构造

（1）窗的尺度。窗既要满足采光、通风与日照的需要，又要符合建筑立面设计及建筑

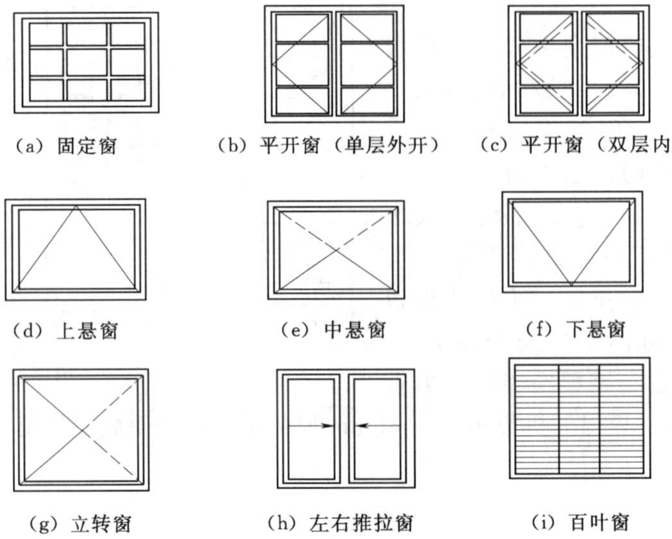

图 4.3－7　窗的类型

模数协调的要求。我国大部分地区标准窗的尺寸均采用 3M 的扩大模数，常用的高、宽尺寸有 600mm、900mm、1200mm、1500mm、1800mm、2100mm、2400mm 等。

（2）窗的组成。窗主要由窗框、窗扇、五金零件和附件等组成，如图 4.3－8 所示。窗框主要由边框及中横框、中竖框组成。窗扇由上下冒头、左右边梃和窗芯组成。五金零件有铰链、风钩、插销、拉手等。窗框与墙连接，有时要附设窗台板、贴脸、筒子板、窗帘盒等附件。

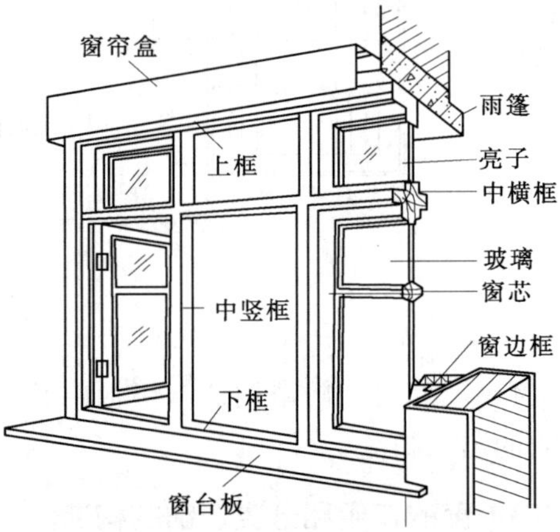

图 4.3－8　窗的组成

（3）窗的构造。

1）铝合金窗多采用水平推拉式的开启方式，窗扇在窗框的轨道上滑动开启。窗扇与窗框之间用尼龙密封条进行密封，以避免金属材料之间相互摩擦。玻璃卡在铝合金窗框料的凹槽内，并用橡胶压条固定，如图 4.3－9 所示。

铝合金窗一般采用塞口的方法安装，固定时，窗框与墙体之间采用预埋铁件、燕尾铁脚、膨胀螺栓、射钉固定等方式连接，如图 4.3－10 所示。

2）塑钢窗的构造。塑钢窗是以 PVC 为主要原料制成空腹多腔异型材，中间设置薄壁加强型钢，经加热焊接而成窗框料，具有导热系数低、耐弱酸碱、无需油漆并具有良好的气密性、水密性、隔声性等优点。塑钢窗的开启方式及安装构造与铝合金窗基本相同。

3）特殊窗。

a. 固定式通风高侧窗。在我国南方地区，结合气候特点，创造出多种形式的通风高侧窗。它们的特点是：能采光，能防雨，能常年进行通风，不需设开关器，构造较简单，

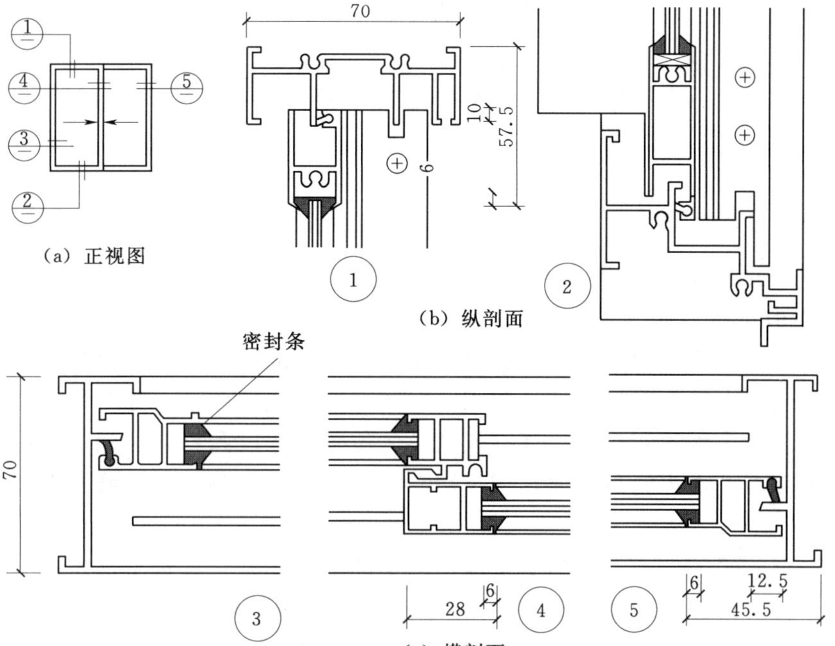

(a) 正视图　(b) 纵剖面　(c) 横剖面

图 4.3-9　铝合金窗的构造

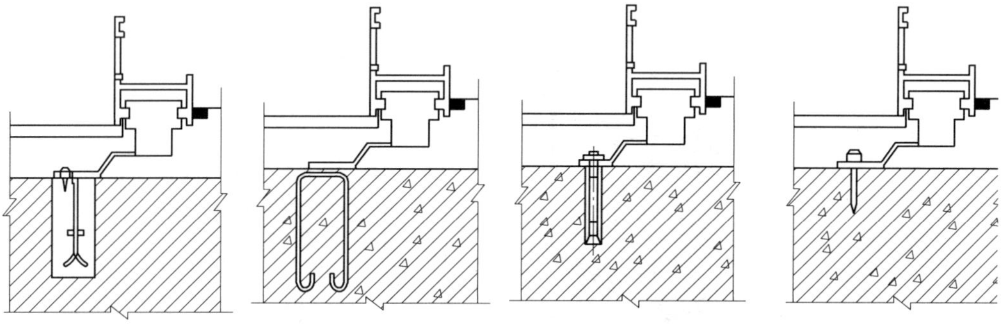

(a) 预埋铁件　(b) 燕尾铁脚　(c) 金属膨胀螺栓　(d) 射钉

图 4.3-10　铝合金窗框与墙体的固定方式

管理和维修方便，多在工业建筑中采用。

b. 防火窗。防火窗必须采用钢窗或塑钢窗，镶嵌铅丝玻璃以免破裂后掉下，防止火焰窜入室内或窗外。

c. 保温窗、隔声窗。保温窗常采用双层窗及双层玻璃的单层窗两种。双层窗可内外开或内开、外开。双层玻璃单层窗又分为：①双层中空玻璃窗，双层玻璃之间的距离为5～5mm，窗扇的上下冒头应设透气孔；②双层密闭玻璃窗，两层玻璃之间为封闭式空气间层，其厚度一般为4～12mm，充以干燥空气或惰性气体，玻璃四周密封。这样可增大热阻、减少空气渗透，避免空气间层内产生凝结水。

若采用双层窗隔声，应采用不同厚度的玻璃，以减少吻合效应的影响。厚玻璃应位于声源一侧，玻璃间的距离一般为80～100mm。

任务4.4　建筑平面图识读技法

【内容简介】

本任务主要介绍建筑平面图的形成和内容，使学生掌握建筑平面图的识读。

4.4.1　建筑平面图的形成和内容

1. 建筑平面图的形成

建筑平面图，简称平面图，是新建建筑物或构筑物的墙、门窗、楼梯、地面及内部功能布局等建筑情况，以水平投影方法和相应的图例所组成的图纸。建筑平面图主要反映房屋的平面形状、大小和房间布置，墙（或柱）的位置、厚度和材料，门窗的位置、开启方向等。建筑平面图可作为施工放线，砌筑墙、柱，门窗安装和室内装修及编制预算的重要依据。

假想用一个水平的剖切平面沿房屋窗台以上的部位剖开，移去上部后向下投影所得的水平投影图，称为建筑平面图，如图4.4-1所示。对多层楼房，原则上每一楼层均要绘制一个平面图，并在平面图下方注写图名（如底层平面图、二层平面图等）；若房屋某几层平面布置相同，可将其作为标准层，并在图样下方注写适用的楼层图名（如三、四、五层平面图）。若房屋对称，可利用其对称性，在对称符号的两侧各画半个不同楼层平面图。

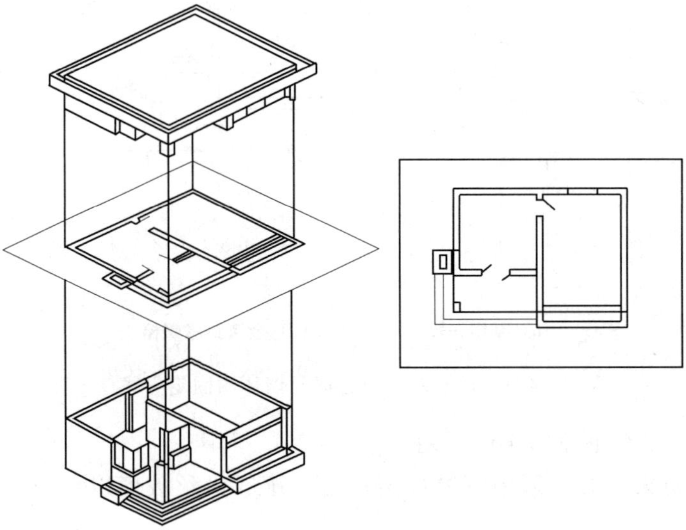

图4.4-1　建筑平面图形成

建筑平面图实质上是房屋各层的水平剖面图。

平面图虽然是房屋的水平剖面图，但按习惯不必标注其剖切位置，也不称为剖面图。

2. 建筑平面图的内容

(1) 比例与图例。建筑平面图的比例应根据建筑物的大小和复杂程度选定，常用比例为1∶50、1∶100、1∶200。由于绘制建筑平面图的比例较小，所以平面图内的建筑材料、建筑构造与配件要用图例表示。

(2) 定位轴线。定位轴线是在作平面设计时用来确定建筑物各主要承重构件在水平方向上位置的尺寸基准线，也是施工时用来定位放线的尺寸依据。凡是承重的墙、柱，都必须标注定位轴线，并按顺序予以编号。

(3) 尺寸与标高。各房间的长、宽方向的尺寸，墙厚及轴线的关系、柱子截面、房屋内部门窗洞口、门垛等细部尺寸。标高则注明了平面上各主要位置的相对标高值，从中可以看出房屋各处的高度变化。

(4) 门窗。门窗按图例画出，并注明门窗编号。门常用“M”表示，窗用“C”表示，同一类型的门窗用同一编号。

(5) 楼梯。包括楼梯的出口、楼梯的位置、梯段的形状、楼梯的走向和级数等。

(6) 指北针。一般在底层平面图的下侧要画出指北针符号，以表明房屋的朝向。

(7) 其他构配件的布置和必要的尺寸。

此外，底层平面图中还应标明剖面图的剖切位置线和剖视方向及编号。一般在底层平面图中应标注剖面图的剖切位置线和投影方向，并注出编号；凡套用标准图集或另有详图表示的构配件、节点，均需画出详图索引符号，以便对照阅读；屋顶平面图应表示出排水系统的布置和处理，以及屋面以上的构筑物或其他设施的水平投影等。

4.4.2 建筑平面图识读

1. 建筑平面图识读要点

(1) 建筑平面图的识读方法。

1) 看图名，从图名了解该图是属于哪一层平面图，以及画图时采用的比例。

2) 看底层平面图上的指北针，了解房屋的朝向。

3) 看各定位轴线的编号及间距，从中了解各承重墙或柱的位置及房间大小。

4) 看房屋外形和内部墙的分隔情况，了解房屋平面形状和房间、楼梯等的分布、位置、用途、数量及相互间的联系。

5) 看平面图各部分的尺寸。图中的尺寸分为外部尺寸和内部尺寸。从各尺寸的标注了解各房间的开间、进深、门窗及室内设备的大小位置。

6) 看地面标高、楼面标高等。

7) 看门窗的分布及其编号，了解门窗的位置、类型及其数量。

8) 在底层平面图上看室外台阶、花池、散水、明沟的位置及尺寸。

9) 在底层平面图上看剖切符号，了解剖切位置及编号。

10) 看平面图上的索引符号。

各层平面图的主要区别是从内部看，首先看各层楼梯间的图例，在不同平面中，只有底层和中间各层有上又有下，而顶层只有下无上，且由于剖切的位置的不同，各层的标高也不相同。从外部看，底层平面图还包含了门厅室外、台阶、雨水管、散水、指北针等，而楼层的平面图只表示下一层的雨篷、遮阳板等。

(2) 建筑平面图读图注意事项。

1) 看清图名和绘图比例，了解该平面图属于哪一层。

2) 阅读平面图时，应由低向高逐层阅读平面图。首先从定位轴线开始，根据所注尺寸看房间的开间和进深，再看墙的厚度或柱子的尺寸，看清楚定位轴线是处于墙体的中央位置还是偏心位置，看清楚门窗的位置和尺寸。尤其应注意各层平面图变化之处。

3）在平面图中，被剖切到的砖墙断面上，按规定应绘制砖墙材料图例，若绘图比例小于等于1∶50，则不绘制砖墙材料图例。

4）平面图中的剖切位置与详图索引标志也是不可忽视的问题，它涉及朝向与所表达的详尽内容。

5）房屋的朝向可通过底层平面图中的指北针来了解。

2. 建筑平面图识读示例

见附图Ⅱ为某综合实训楼的建筑施工图。

（1）一层平面图。

1）读图名、比例。在平面图下方读图名和比例，从图建施-04（简称图04）可知为某实训综合楼一层平面图，比例为1∶100。

2）读指北针。图中所示建筑物正面朝西南，背面朝东北。

3）读定位轴线及编号。图中有18根横向定位轴，6根纵向定位轴，除C轴外所有轴线位于墙中间。

4）读房屋的内部平面布置和外部设施。图04平面形状为一矩形，以门厅中间为东西对称轴。建筑物的东西两边均设有楼梯；南面有一个大门，背面有两个小门和两个卷帘门；厕所设置在西边；东边对应位置为电梯间及配电房；房屋的西边是一间实训成果展览区；东边是两间建材库房；房屋四周设有散水。

5）读门、窗及其他构配件的图例和编号。大门朝南由三个2500mm宽的M1组成，北面后门有两个M2和两个JLM1，M2宽度为1000mm，JLM1宽度为4500mm。门窗型号、数量、洞口尺寸及材质一般都列有门窗表，见建施-10图。

6）读尺寸和标高。平面图中，外墙一般要标注三道尺寸，最外一道为建筑物的总长和总宽，中间一道是轴线间尺寸即表示房屋的开间和进深，最里面一道为细部尺寸。如图04总长96080mm，总宽18600mm；房间开间6000mm、3600mm、8000mm等，进深8700mm等；M2的定形尺寸为1000mm，距墙边的定位尺寸为250mm等。此外，可读出各处的地面标高，如室内标高均为±0.000，室外标高－0.47等。

7）读剖切符号。图中剖切位置在12～13轴之间，编号为1-1，剖切后向右边投影。图中还划出了索引符号，分别表示台阶、散水的做法见标准图集。

（2）中间层（标准层）平面图。图建施-05所示的标准层平面图，为某实训综合楼三～五层共用的楼层平面图。楼层平面图的图示内容和方法与一层平面图有些内容相同，不同之处如下：

1）在楼层平面图中，不必再画出一层平面图已显示的指北针、剖切符号以及室外地面的散水等构造。

2）应按投影关系画出下一层平面图中未表达的室外构配件和设施，如下一层出入口上方的雨篷等。表达标准层房屋的内部平面布置和外部设施。该平面图表示三～五层每层有五个实训室加一个教室，每个房间外面都留有空调板、墙上有空调预留洞，实训室洁具的位置已确定。

3）标准层中门、窗编号、尺寸以及标高等与一层平面图不同。如图中室内地面标高分别为9.3、13.2、17.1，门窗可对照门窗表识读。

4）在楼层平面图中，楼梯间上行的梯段被水平剖切面剖断，剖切时用45°倾斜折断线分界，画出上行梯段的部分踏步，下行的梯段完整存在，且有部分踏步与上行的部分踏步投影重合。

（3）屋顶平面图。图建施-06所示屋顶平面图，是将高于屋顶的楼梯间水平剖切后，用1∶100的比例绘出的屋顶俯视图。在屋顶平面图中，一般标明突出屋顶的楼梯间、电梯机房、水箱、管道、烟囱等位置和屋面排水方向（用箭头表示）及坡度、女儿墙、落水口的位置等。图中屋面从中间向南北放坡，雨水往前后两个方向流向天沟，再由天沟流到C轴和F轴上的落水口，经排水管排走。

知识拓展：隔　　墙

通过对隔墙的认识，了解更多类型的墙体，有助于学生后续的计量与计价课程的学习。

1. 隔墙的类型和要求

在建筑中用于分隔室内空间的非承重内墙统称为隔墙。由于隔墙布置灵活，可以适应建筑使用功能的变化，在现代建筑中应用广泛。

隔墙为非承重墙，其自身重量由楼板或墙下小梁承受，因此设计时要求隔墙符合下列要求，以满足建筑的使用功能。

（1）自重轻，有利于减轻楼板的荷载。

（2）厚度薄，增加建筑的有效空间。

（3）便于安装和拆卸，能随使用要求的改变而变化。

（4）有一定的隔声能力，使各使用房间互不干扰。

（5）满足不同使用部位的要求，如卫生间的隔墙要求防水、防潮，厨房的隔墙要求防潮、防火等。

常见的隔墙可分为块材隔墙、骨架隔墙和板材隔墙。

2. 隔墙的构造

（1）块材隔墙。块材隔墙是指用普通砖、空心砖、加气混凝土砌块等块材砌筑的墙。常用的有普通砖隔墙和砌块隔墙。砖墙已在前面讲述过，这里只讲砌块隔墙。

砌块隔墙厚由砌块尺寸决定，一般为90～120mm。由于砌块的密度和强度较低，如需用在砌块隔墙上安装暖气散热片或电源开关、插座时，应预先在墙体内部设置埋件。砌块墙吸水性强，故在砌筑时应先在墙下部实砌3～5皮黏土砖再砌砌块。砌块不够整块时宜用普通黏土砖填补。砌块隔墙的其他加固构造方法同普通砖隔墙，如拓展图1所示。

（2）骨架隔墙。骨架隔墙又名立筋隔墙，它是以木材、钢材或其他材料构成骨架，把面层钉结、涂抹或粘贴在骨架上形成的隔墙，所以隔墙由骨架和面层两部分组成。

1）骨架。骨架有木骨架、轻钢骨架、石膏骨架、石棉水泥骨架和铝合金骨架等。木骨架自重轻、构造简单、便于拆装，但防水、防潮、防火、隔声性能较差。木骨架隔墙构

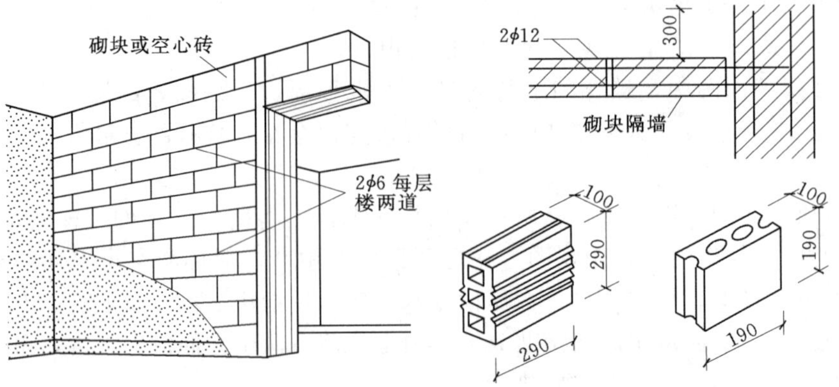

拓展图 1　砌块隔墙

造如拓展图 2 所示。轻钢骨架常采用 0.8～1.0mm 厚的槽钢或工字钢，它具有强度高、刚度大、重量轻、整体性好、易于加工和大批量生产，且防火、防潮性能好等优点。轻钢骨架隔墙构造如拓展图 3 所示。石膏骨架、石棉水泥骨架和铝合金骨架，是利用工业废料和地方材料及轻金属制成的，具有良好的使用性能，同时可以节约木材和钢材，应推广采用。

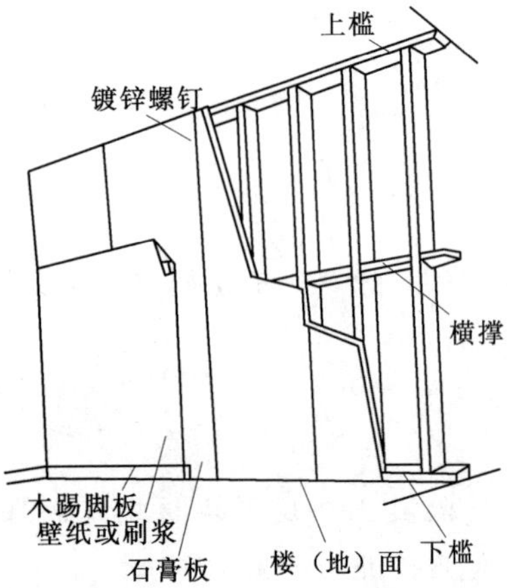

拓展图 2　木骨架隔墙

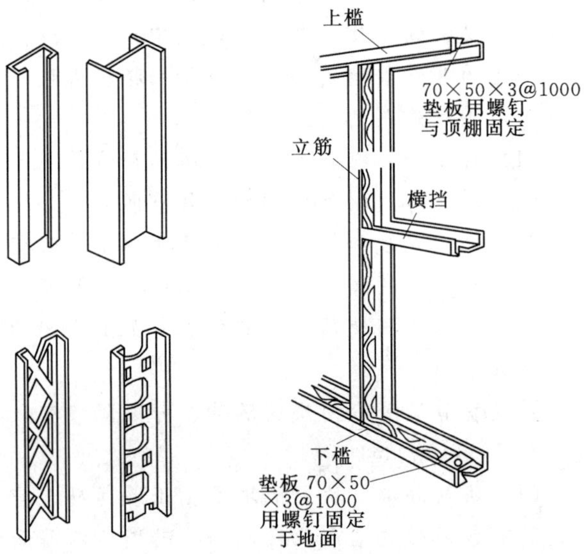

拓展图 3　金属骨架隔墙

2）面层。骨架隔墙的面层有人造板面层和抹灰面层。根据不同的面板和骨架材料可分别采用钉子、自攻螺钉、膨胀铆钉或金属夹子等，将面板固定于立筋骨架上。隔墙的名称是依据不同的面层材料而定的，如板条抹灰隔墙和人造板面层骨架隔墙等，如拓展图 4 所示。

（3）板材隔墙。板材隔墙是指单块轻质板材的高度相当于房间净高的隔墙，它不依赖骨架，可直接装配面层，如拓展图 5 所示。

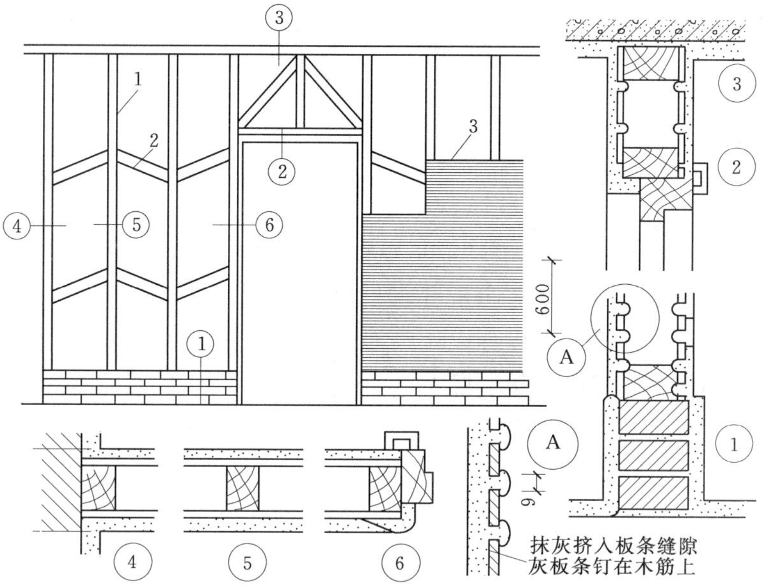

拓展图 4　板条抹灰隔墙

1—横筋；2—斜撑；3—板条

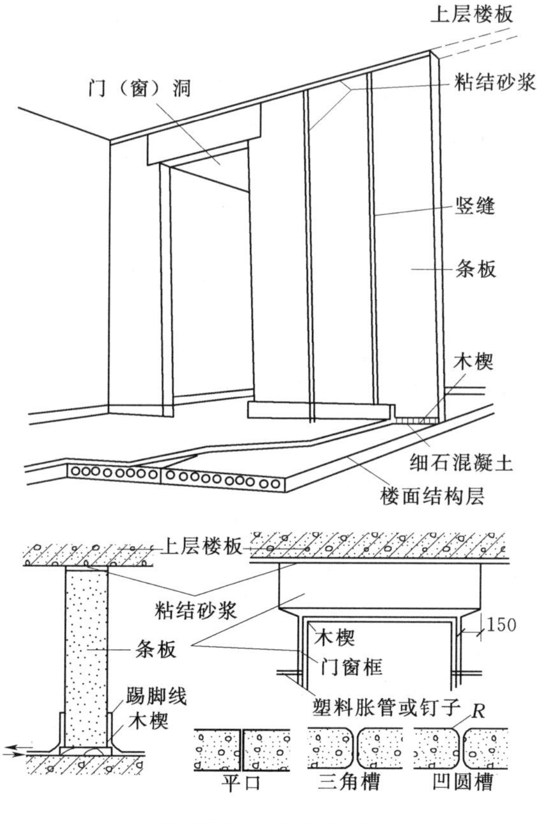

拓展图 5　板材隔墙

习题与考核

一、实操题

结合课本后的附图，应用所学知识，进行各层平面图的识读。

二、理论题

1. 墙体的作用有哪些？如何进行分类？砖墙的细部构造有哪些？
2. 屋顶有哪些类型？平屋顶的防水有哪些类型？
3. 门、窗的作用是什么？可以分成哪些类型？
4. 建筑平面图的内容一般包括哪些？

项目 5

建筑立面图识读

【学习目标】

知识目标：了解建筑装修的作用；熟悉墙面、楼地面、顶棚装修的构造；掌握建筑立面图的作用、识读内容和方法。

技能目标：能够准确识读建筑立面图。

【情景导入】

同学们，请大家观察下我们的教室的墙面、地面和天花板，看看它们的装饰是什么样的？还有请大家回顾一下你们家里、宿舍及经常光顾的商场等这些场合的装修又是怎样的？你们注意到它们的差别了吗？还有一些著名的建筑物最先给你们印象的是什么，比如说鸟巢、水立方、悉尼歌剧院等。这些问题大家思考过吗？这就是本项目我们要讨论的内容，学完之后，看看大家能否找答案。

任务 5.1 建筑装修构造

【内容简介】

本任务主要介绍常见墙面、楼地面、顶棚装修类型，使学生掌握相应构造。

5.1.1 墙面装修构造

墙面装饰又分为外墙和内墙装饰两种。外墙面装饰的基本功能主要有保护墙体不受外界的侵蚀和影响，提高墙体防潮、抗腐蚀、抗老化的能力，提高墙体的耐久性和坚固性，装饰外观及改善外墙体的物理性能等。内墙面装饰的基本功能有保护墙体，保证室内使用条件及美化装饰等。墙面装饰按照装饰材料和施工方式分为抹灰类、贴面类、涂料类、裱糊类及铺钉类几种。

1. 抹灰类墙面装饰

抹灰类饰面装饰又称水泥灰浆类饰面、砂浆类饰面，通常选用各种加色的或不加色的水泥砂浆、石灰砂浆、混合砂浆、石膏砂浆、石灰膏以及水泥石渣浆等，做成各种装饰抹灰层。它的优点是装饰抹灰取材广泛，施工方便，与墙体附着力强，缺点是手工操作居多，湿作业量大，劳动强度高，易开裂、易变色，且耐久性较差。

（1）墙面抹灰的组成。抹灰类饰面的基本构造，一般分为底层抹灰、中层抹灰和面层抹灰三层。底层抹灰主要是对墙体基层的表面处理，起到与基层黏结和初步找平的作用。抹灰施工时应先清理基层，除去浮尘，保证底层与基层黏结牢固。墙体基层材料的不同，处理的方法也不相同，底层抹灰厚度一般为 5～10mm。中层抹灰主要起结合和进一步找平的作用，还可以弥补底层抹灰的干缩裂缝。一般来说，中层抹灰所用材料与底层抹灰基本相同，厚度5～8mm，根据墙体平整度与饰面质量要求，可一次抹成，也可分多次抹成。面层抹灰又称“罩面”，主要是满足装饰和其他使用功能要求，要求表面平整、均匀、无裂缝，如图5.1-1所示。

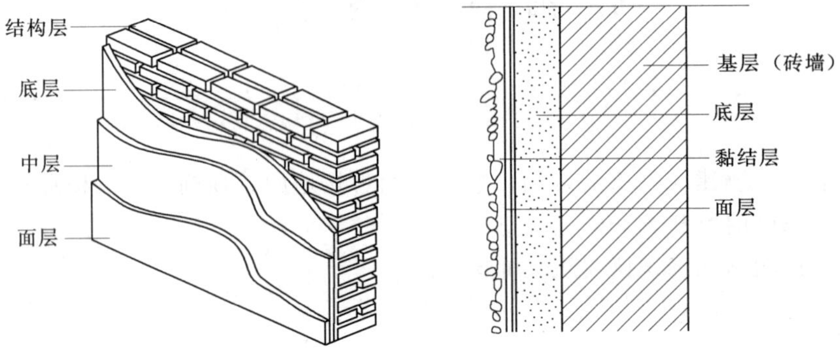

图5.1-1　抹灰层的组成

（2）一般抹灰的等级划分。根据房屋使用标准和设计要求，一般抹灰可分为普通、中级和高级三个等级。普通抹灰是由底层和面层构成，一般内墙厚度18mm，外墙厚度20mm，适用于简易住宅、大型临时设施、仓库及高标准建筑物的附属工程等。中级抹灰由底层、中间层和面层构成，一般内墙厚度20mm，外墙厚度20mm，适用于一般住宅和公共建筑、工业建筑以及高标准建筑物的附属工程等。高级抹灰是由底层、多层中间层和面层构成，一般内墙厚度25mm，外墙厚度20mm，适用于大型公共建筑、纪念性建筑以及有特殊功能要求的高级建筑物。

（3）墙面抹灰的种类及构造做法。墙面抹灰的种类很多。根据面层材料的不同，常见的抹灰装饰构造见表5.1-1。

表5.1-1　　一般抹灰饰面做法

抹灰名称	底层		面层		应用范围
	材料	厚度/mm	材料	厚度/mm	
混合砂浆抹灰	1∶1∶6混合砂浆	12	1∶1∶6混合砂浆	8	一般砖、石墙面均可选用
水泥砂浆抹灰	1∶3水泥砂浆	14	1∶2.5水泥砂浆	6	室外饰面及室内需防潮的房间及浴厕裙、建筑阳角
纸筋麻刀灰	1∶3石灰砂浆	13	纸筋灰或麻刀灰	2	一般民用建筑砖、内墙面均可用
石膏灰罩面	1∶2～1∶3麻刀灰砂浆	13	石膏灰罩面	2～3	高级装饰的室内顶棚和墙面
珍珠岩浆罩面	1∶2～1∶3麻刀灰砂浆	13	水泥∶珍珠岩=1∶8	2	保温、隔热要求较高的内墙面罩面

2. 贴面类墙面装饰

贴面类装饰可用于室内和室外。贴面类墙面装饰是将贴面材料直接粘贴于基层或通过构造连接固定于基层上的装修做法。它的优点是耐久性强、施工方便、装饰效果好，缺点是造价高，一般用在高级装修中。常用的贴面材料可分为三类：一是陶瓷制品，如瓷砖、面砖、陶瓷棉砖、玻璃马赛克等；二是天然石材，如大理石、花岗岩等；三是预制块材，如水磨石饰面板、人造石材等。

（1）面砖、瓷砖饰面装修。面砖类型很多，按其特征有上釉的和不上釉的，釉面砖又分为有光釉和无光釉的两种表面。砖的表面有平滑的和带一定纹理质感的，面砖背部质地粗糙且带有凹槽，以增强面砖和砂浆之间的黏结力。

面砖饰面的构造做法如图 5.1-2 和图 5.1-3 所示。

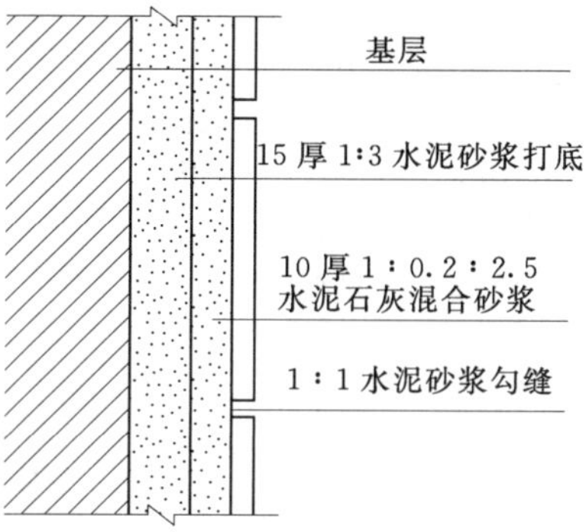

图 5.1-2　面砖的饰面构造示意图

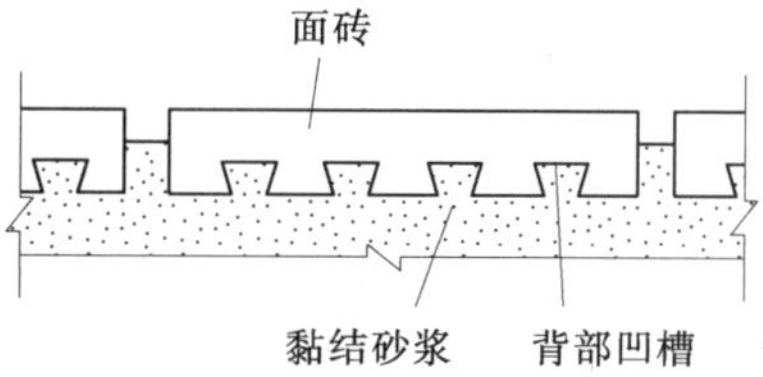

图 5.1-3　面砖的黏结状况图

1）先在基层上抹 15mm 厚 1:3 的水泥砂浆作底灰，分两层抹平即可。

2）粘贴砂浆用 1:2.5 水泥砂浆或 1:0.2:2.5 水泥石灰混合砂浆，其厚度不小于 10mm。

3）然后在其上贴面砖，并用 1:1 白色水泥砂浆填缝，并清理面砖表面。

（2）锦砖饰面装修。锦砖有陶瓷锦砖和玻璃锦砖之分。陶瓷锦砖又称“马赛克”，如图 5.1-4 所示，是以优质瓷土烧制而成的小块瓷砖。陶瓷锦砖分挂釉和不挂釉两种。陶瓷锦砖规格较小，常用的有 18.5mm×18.5mm、39mm×39mm、39mm×18.5mm、25mm 六角形等，厚度为 5mm。陶瓷锦砖是不透明的饰面材料，具有质地坚实，经久耐用，花色繁多，耐酸、耐碱、耐火、耐磨，不渗水，易清洁等优点。主要用于地面和墙面的装饰。

图 5.1-4　陶瓷锦砖

图 5.1-5　玻璃锦砖

玻璃锦砖又称玻璃马赛克，如图5.1-5所示，是由各种颜色玻璃掺入其他原料经高温熔融后压延制成的小块，并按不同图案贴于皮纸上。它主要用于外墙面，色泽较为丰富，排列的图案可以多种多样。

陶瓷锦砖和玻璃锦砖的粘贴方法基本相同。用15mm厚的1∶3水泥砂浆打底，抹3～4mm水泥砂浆黏结层，待水泥砂浆凝固前，适时粘贴锦砖。不同的是玻璃锦砖在粘贴前在其麻面上抹上一层2mm厚的白水泥浆，把玻璃锦砖镶贴在黏结层上，最后用同种水泥浆擦缝，为避免脱落，一般不宜在冬季施工，如图5.1-6所示。

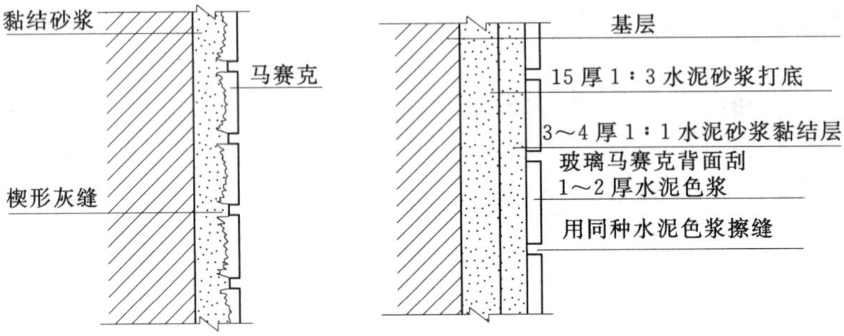

(a) 黏结状况　　(b) 构造示意

图5.1-6　马赛克饰面构造

(3) 天然石材、人造石板贴面。

1) 常见的天然石板有花岗岩板、大理石板两类。天然石材饰面板不仅具有各种颜色、花纹、斑点等天然材料的自然美感，装饰效果强，而且质地密实坚硬，故耐久性、耐磨性等均较好。但由于加工复杂、价格昂贵，故多用于高级墙面装修中。花岗岩一般用于外墙面，大理石一般用于内墙面，如图5.1-7和图5.1-8所示。

图5.1-7　花岗岩外墙

图5.1-8　大理石电视墙

常见的天然石板有正方形和长方形两种。常见的尺寸为600mm×600mm、600mm×800mm、800mm×1000mm，厚度为20～25mm。大理石和花岗岩饰面板材的构造方法一般有：钢筋网固定挂贴法（栓挂法）、干挂法、聚酯砂浆固定法、树脂胶黏结法等几种。钢筋网固定挂贴法的基本构造层次分为：基层、浇注层、饰面层，在饰面层和基层之间用挂件连接固定。这种“双保险”构造法，能够保证当饰面板（块）材尺寸大、质量大、铺贴高度高时饰面材料与基层连接牢固。

钢筋网固定挂贴法：预先在墙面或柱面上固定钢筋网；把石板用钢丝、不锈钢钢丝或镀锌铅丝穿在石板的孔眼上并绑扎在钢筋网上；绑扎牢固后再在石板与墙或柱之间浇筑 30mm 的 1∶3 水泥砂浆；最后将表面挤出的水泥砂浆擦净，并用与石材同颜色的水泥浆勾缝，然后清洗表面，如图 5.1－9 所示。

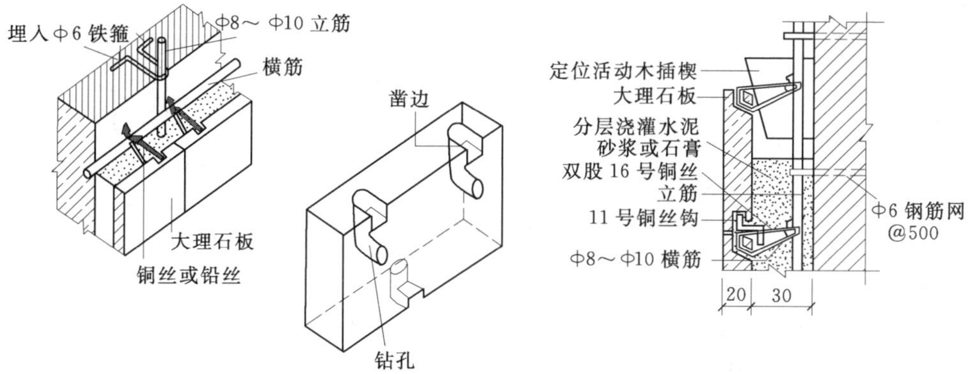

图 5.1－9　钢筋网固定挂贴法施工示意图

干挂法：直接用不锈钢型材或金属连接件将石板材支托并锚固在墙体基面上，而不采用灌浆湿作业的方法为干挂法。其原理是在主体结构上设主要受力点，通过金属挂件将石材固定在建筑物上，形成石材装饰幕墙，如图 5.1－10 和图 5.1－11 所示。

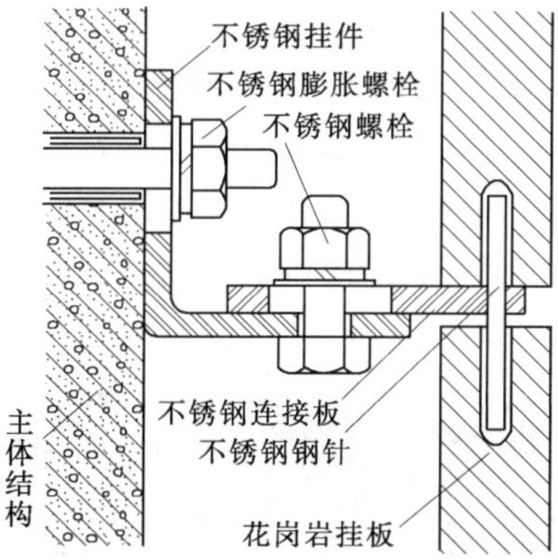

图 5.1－10　干挂法施工示意图

图 5.1－11　干挂法施工效果图

粘贴法：当板材较薄、尺寸不大时才可以用粘贴法，有聚酯砂浆固定法、树脂黏结法两种。其施工工艺是：首先在基层上用 10mm 厚 1∶3 水泥砂浆打底；然后用 6mm 厚1∶2.5 水泥砂浆找平；再用 2～3mm 厚的黏结剂粘贴饰面材料。

2）人造石板常见的有预制水磨石板、人造大理石板、预制水刷石板等。根据材料的厚度不同，又分为厚型和薄型两种，厚度为 30～40mm 以下的称为板材，厚度为 40～130mm 称为块材。一般由白水泥、彩色石子、颜料等配合而成，具有天然石材的花纹和质感、重量轻、价格较低等优点。

人造石板的构造与天然石材相同，但不必再预制板上钻孔，而用预制板背面在生产时露出的钢筋，将板用铅丝绑牢在墙面所设的钢筋网上即可，如图5.1-12所示。当预制板为8～12mm厚的薄型板材，且尺寸在300mm×300mm以内时，可采用粘贴法。

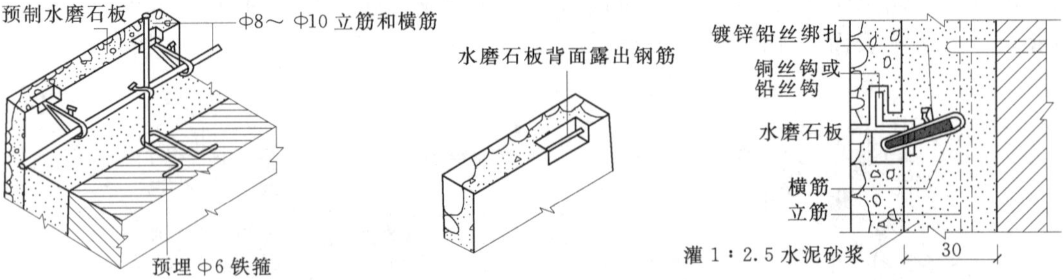

图5.1-12 预制水磨石板装修构造

3. 涂料类墙面装饰

涂料类饰面是指将建筑涂料刷在基层表面，以达到保护、装饰建筑物的目的。涂料类饰面具有功效高、工期短、材料用量少、自重轻、造价低、维修方便、更新快等特点，但是涂料类耐久性略差。

涂料类可分为有机涂料和无机涂料。有机涂料根据稀释剂的不同分为水溶性涂料、溶剂型涂料、乳胶涂料；无机涂料包括石灰浆、白灰浆、水泥浆及各种无机高分子涂料等。

(1) 无机涂料。无机涂料包括石灰浆、白灰浆、水泥浆及各种无机高分子涂料等。

石灰浆采用石灰膏加水拌和而成。根据需要掺入颜料，为了增强灰浆与基层的黏结力和耐久性，还可以在石灰浆中加入食盐、107胶或聚醋酸乙烯乳液等。石灰浆的耐久性、耐候性、耐水性以及耐污染性均差，主要用于室内墙面。一般喷或刷两遍即成。

大白浆由大白粉加胶黏剂组成，大白粉又名白垩土、白土粉、老粉，是由滑石、青石等精研成粉状，其主要成分为碳酸钙粉末，碳酸钙本身没有强度和黏结性，在配制浆料时必须掺入胶黏剂。大白浆也可掺入颜料而成色浆，大白浆覆盖力强，涂层细腻洁白、价格低、施工和维修方便，多用于室内墙面。一般喷或刷两遍即成，如图5.1-13和图5.1-14所示。

图5.1-13 室内喷刷大白浆

图5.1-14 室外喷刷大白浆

（2）有机涂料。

水溶性涂料：常见的水溶性涂料有聚乙烯醇类涂料，是一种以合成树脂为成模物质，以水为稀释剂。一般用在内墙与室内地面。这种涂料价格低，无毒无怪味，具有透气性，在较潮湿的基层上也可操作，施工也较方便，如图 5.1－15 所示。

图 5.1－15　某建筑室内

图 5.1－16　某展览馆外墙

溶剂型涂料：常见的溶剂型涂料有苯乙烯内墙涂料、聚乙烯醇缩丁醛内外墙涂料、过氧乙烯内墙涂料、812 建筑涂料等。这种涂料用作墙面装饰具有较好的耐水性和耐候性，但是有机溶剂在施工时挥发出有害气体，污染环境，同时在潮湿的基层上施工会引起脱皮现象，一般用于适用于外墙装饰，如图 5.1－16 所示。

乳胶涂料：常见的乳胶涂料有乙-丙乳胶涂料、苯-丙乳胶涂料、氯-偏乳胶涂料等。这类涂料无毒、无味、不宜燃烧、耐水性及耐候性较好，具有一定的透气性，可在潮湿的基层上施工。适用于室内外墙面，可以洗刷，如图 5.1－17 和图 5.1－18 所示。

图 5.1－17　广州歌剧院内部

图 5.1－18　某小区外墙

4. 裱糊类墙面装饰

裱糊类墙面装饰用于建筑内墙，是将卷材类软质饰面装饰材料用胶粘贴到平整基层上的装修做法。裱糊类墙体饰面装饰性强，造价较经济，施工方法简便、效率高，饰面材料更换方便，在曲面和墙面转折处粘贴可以获得连续的饰面效果。裱糊类主要有墙纸和墙布两种。

墙纸又称壁纸。墙纸的种类很多，根据其构成材料和生产方式不同分为PVC塑料墙纸、纺织物面墙纸、金属面墙纸、天然木纹面墙纸等，如图5.1－19所示。

墙布是以纤维织物直接制成的墙面装饰材料，有玻璃纤维墙布及织棉等，如图5.1－20所示。

图5.1－19 墙纸

图5.1－20 墙布

裱糊类墙面装饰常用的施工工艺分为打底、下料及裱糊三个步骤：

第一打底：施工方法及要求和粉刷类面层中的打底和找平工序类似，基底平整后用腻子嵌平，按要求弹线。

第二下料：壁纸或墙布按要求下料，并注意对花的需要。

第三裱糊：自上而下令其自然悬垂并用干净湿毛巾或刮板推赶气泡，如图5.1－21所示。

5. 铺钉类墙面装饰

铺钉类墙面装饰是利用天然木板或各种人造板材，用镶、钉、粘等固定方式对墙面进行装饰。不需要对墙面抹灰，属于干作业范围，可节省人工，提高功效。一般适用在装饰要求高的或有特殊要求的建筑中。铺钉类墙面装饰一般由骨架和面板两部分组成。

(1) 骨架。骨架有木骨架和金属骨架之分。木骨架可借埋在墙上的木砖固定在墙身上，金属骨架可借埋入墙内的膨胀螺栓固定。目前多用更为简单的射钉枪固定方法，用钢钉直接将木或金属龙骨钉在砖或混凝土墙上。木骨架有墙筋和横档组成，断面尺寸采用50mm×50mm、40mm×40mm，间接一般为450～600mm。金属骨架的强筋多采用冷轧钢板制成的槽形断面。为了防止骨架与面板受潮而损坏，可先在墙体上刷热沥青一道再干铺油毡一层，也可在墙面上抹10mm厚混合砂浆并刷热沥青两道。

(2) 面板。装饰面板多为人造板，如纸面石膏板、硬木条、胶合板、纤维板、铝合金板等。

石膏板与木骨架的连接一般用圆钉或木螺丝固定；与金属骨架的连接可先钻孔后用自

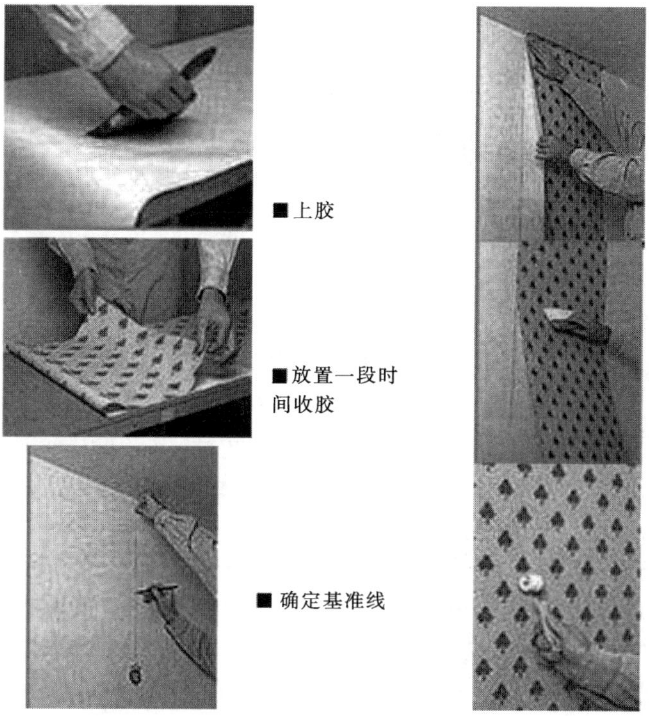

图 5.1-21　裱糊基本工艺

攻螺丝或镀锌螺丝固定，也可采用黏结剂黏结，如图 5.1-22 所示。金属板材与金属骨架的连接主要靠螺栓和铆钉固接，如图 5.1-23 所示。硬木条或硬木板装饰指将装饰性木条或凹凸型板竖立直铺钉于墙筋或横档上，如图 5.1-24 所示。背面可衬胶合板，使墙面产生凹凸感。胶合板、纤维板多用圆钉与墙筋或横档固定。为了保证面板有微量伸缩的可能，在钉面板时，板与板之间可留出 5～8mm 的缝隙。缝隙可以是方形、三角形，对要求较高的装修可用木压条或金属压条嵌固，如图 5.1-25 所示。

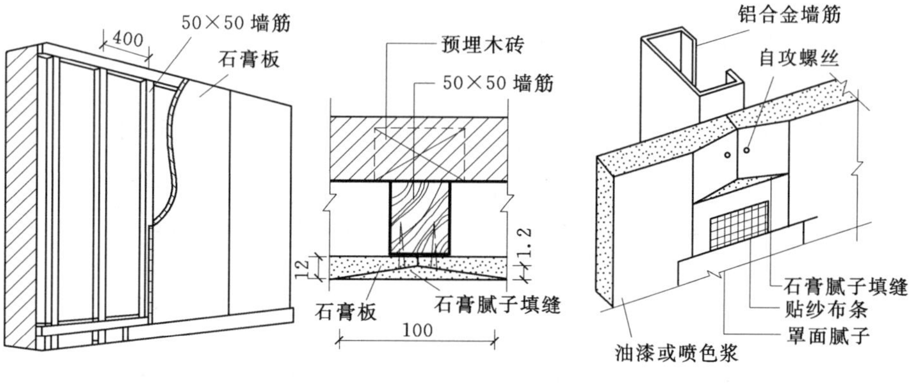

(a) 木骨架　　(b) 金属骨架

图 5.1-22　石膏板的饰面结构

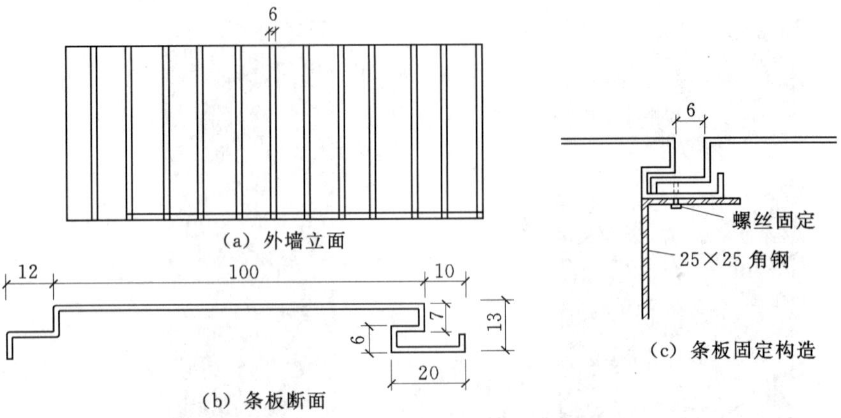

图 5.1-23　铝合金扣板条构造

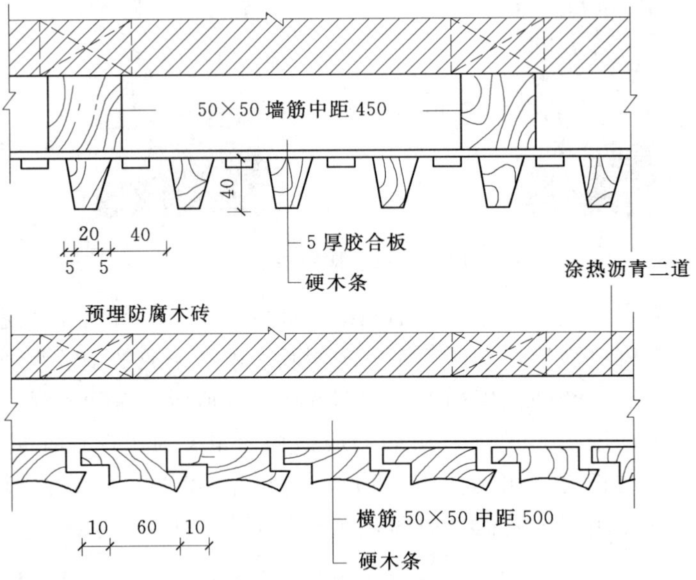

图 5.1-24　木质面板墙面装饰构造

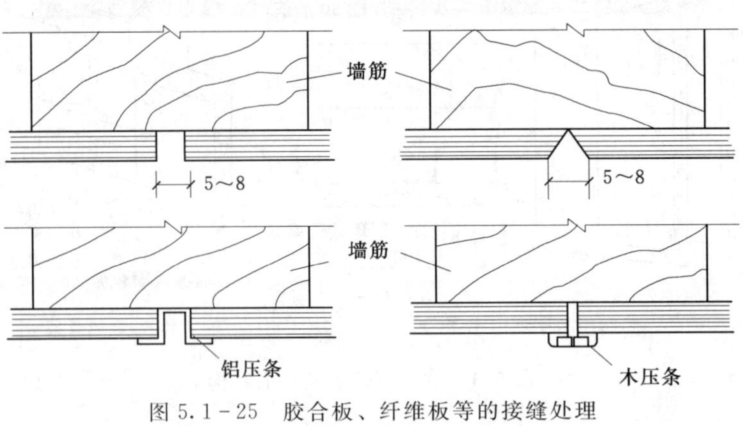

图 5.1-25　胶合板、纤维板等的接缝处理

5.1.2 楼地面装修构造

保护楼板或地坪是楼地面装饰的最基本要求。一般要求楼地面的饰面坚固、耐磨、平整、不易起灰和易于清洁等。根据饰面层所采用的材料的不同可分为水泥砂浆地面、水磨石地面、大理石地面、木地板地面、地毯地面等。根据施工方法的不同可分为整体式地面、块材式地面、木地面和卷材地面等。

1. 整体式地面

（1）水泥砂浆楼地面。水泥砂浆地面有单层和双层做法。单层做法是先在结构上刷一道素水泥浆结合层，再抹一层 15～20mm 厚的 1∶2.5 水泥砂浆并压光；双层做法是先抹一层 10～12mm 厚的 1∶3 水泥砂浆找平层，再抹一层 5～10mm 厚的 1∶1.5 或 1∶2 水泥砂浆抹面层，如图 5.1－26 所示。

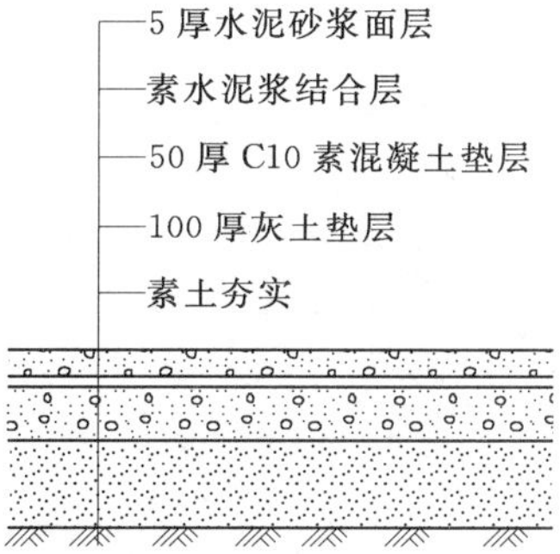

（a）底层地面

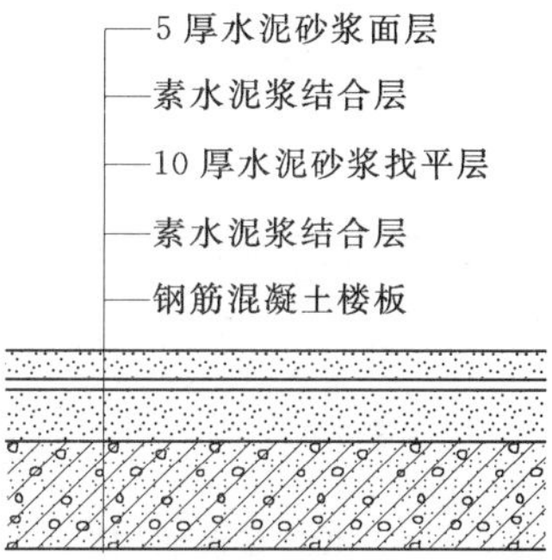

（b）楼板层地面

图 5.1－26 水泥砂浆楼地面

（2）细石混凝土楼地面。细石混凝土地面较水泥砂浆地面具有强度高、干缩性小、耐久性和防水性好、不易起砂、造价低等优点。其构造做法是直接在结构上浇 30～40mm 厚的细石混凝土，强度等级不低于 C20，如图 5.1－27 所示。

图 5.1－27 细石混凝土楼地面

（3）现浇水磨石楼地面。现浇水磨石地面具有平整光滑、整体性好、坚固耐久、耐污染、不起尘、易清洁、防水好、造价低等优点，但是存在现场工期长、劳动量大等缺点。现浇水磨石地面的构造一般分为底层找平和面层两部分：先在基层上用 10～15mm 厚 1∶3 水泥砂浆找平，当有预埋管道和受力构造要求时，应采用不小于 30mm 厚细石混凝土找平。为实现装饰图案，并防止面层开裂，在找平层上镶嵌分格条；再用 1∶1.5～1∶2.5 的水泥石渣浇筑抹面，待结硬后磨光而成，如图 5.1－28 和图 5.1－29 所示。

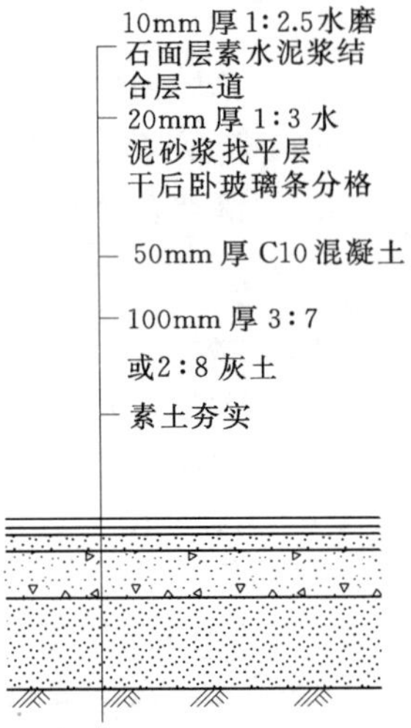

图 5.1－28　水磨石地面构造

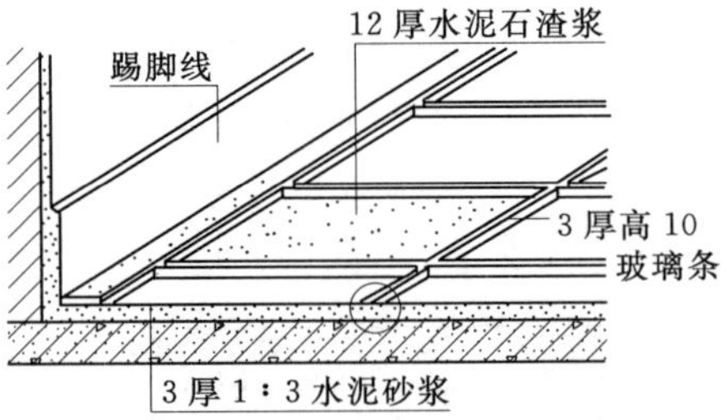

图 5.1－29　水磨石地面示意图

2. 块材式楼地面

块材式楼地面的材料主要有大理石板、花岗岩板、预制水磨石板和瓷砖等。这类装饰构造属于中高档做法，应用广泛。主要特点是耐磨损、容易清洁、强度高、刚性大，但也存在造价偏高、工效偏低等缺点。

(1) 预制水磨石地面。预制水磨石石板是以水泥和大理石为主要原料，经成型、养护、研磨及抛光制成的建筑装饰板材。预制水磨石地面一般是在刚性平整的垫层或楼板基层上铺 30mm 厚的 1∶4 水泥砂浆，刷素水泥浆结合层；然后采用 12～20mm 厚 1∶3 水泥砂浆铺砌，随刷随铺，铺好后用 1∶1 水泥砂浆嵌缝而成。

(2) 花岗石、大理石楼地面。花岗岩和大理石都属于天然石材，天然石材一般具有良好的抗压性能和硬度，耐磨耐久，色泽艳丽、外观大方稳重等特点，一般用在高级装饰中。但是它也具有抗拉性能差、开采困难、运输不便、价格昂贵等缺点。

花岗岩和大理石楼地面面层是在结合层上铺设而成的。一般先在刚性平整的垫层或楼板基层上铺设 30mm 厚 1∶4 干性水泥砂浆结合层，后铺贴大理石或花岗岩，并用水泥浆灌缝，如图 5.1－30 所示。

(3) 陶瓷锦砖、陶瓷地面砖。陶瓷锦砖又称马赛克，以优质瓷土烧制而成的小块瓷砖。陶瓷地面砖是用瓷土加上添加剂经制模成型后烧成的，具有可擦洗、不脱色、不变形、色彩丰富等特点。

陶瓷锦砖的铺贴方法是：先在结构层上铺一层厚 10～20mm 的 1∶3～1∶4 水泥砂浆找平层，将拼好的陶瓷锦砖反铺在上面，用滚筒压平，使水泥浆挤入缝隙。待水泥浆硬化

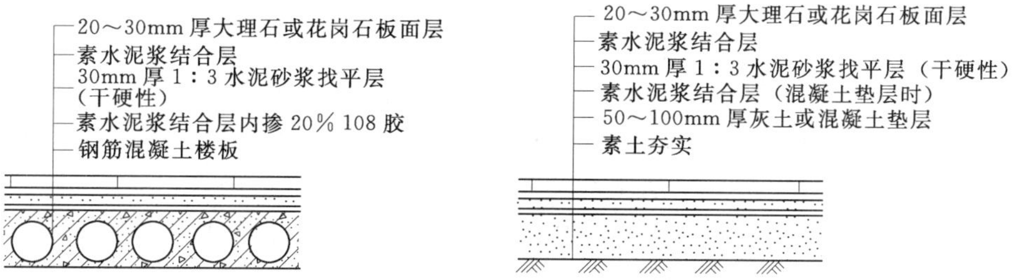

（a）楼面构造　（b）地面构造

图 5.1－30 大理石楼地面构造

后，用水及草酸洗去牛皮纸，最后用白水泥嵌缝，如图 5.1－31 所示。

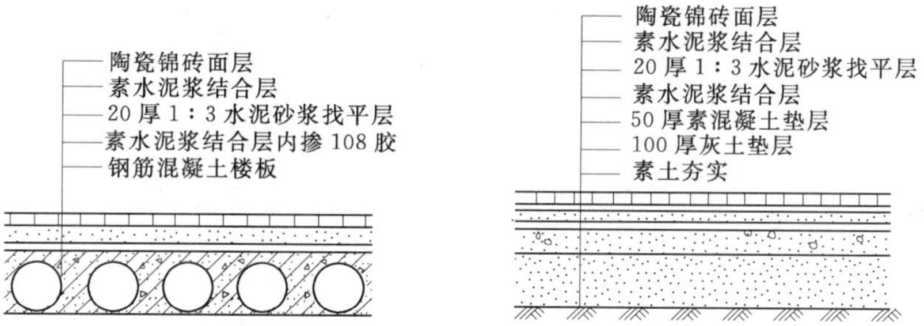

（a）楼面构造　（b）地面构造

图 5.1－31 陶瓷锦砖楼地面构造

陶瓷地面砖的铺贴方法是：先在结构层上铺一层厚 15～20mm 的 1：3～1：4 水泥砂浆找平层，刷素水泥砂浆作为结合层，再铺设陶瓷地面砖，最后用水泥砂浆嵌缝，如图 5.1－32 所示。

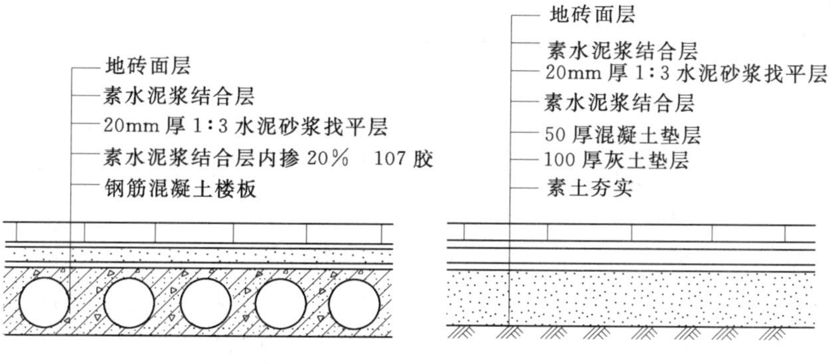

（a）楼面构造　（b）地面构造

图 5.1－32 陶瓷地面砖楼地面构造

3. 木地面

木地板指表面由木板铺钉或硬质木块胶合而成的地面。木地板具有弹性、蓄热性、耐磨、不起灰、易清洁、不泛潮等优点；但也存在耐火性差、易腐朽变形等缺点。木地板经常用于高级住宅、宾馆、剧院舞台等地面装饰。木地板根据材质不同可分为普通纯木地板、复合木地板、软木地板，根据铺装方式分为实铺和空铺。

实铺木地板的构造是在结构层上铺设木龙骨，在龙骨断面上铺钉木地板。在结构层上铺设木龙骨；龙骨断面一般为 50mm×50mm，间距为 400mm，每隔 800mm 再设一道横撑。为了防潮，需要先在垫层上刷冷底子油和热沥青各一道，后再在龙骨上铺设面板。木地板有单层和双层两种做法。单层木地面常用 18mm 厚的木企口板，如图 5.1－33（a）所示。双层木地板用 20mm 厚的普通木板与龙骨成 45°方向铺钉，面层用硬木条形成拼花木地板，如图 5.1－33（b）所示。硬木地面也可直接粘贴在结构层的找平层上，如图 5.1－33（c）所示。

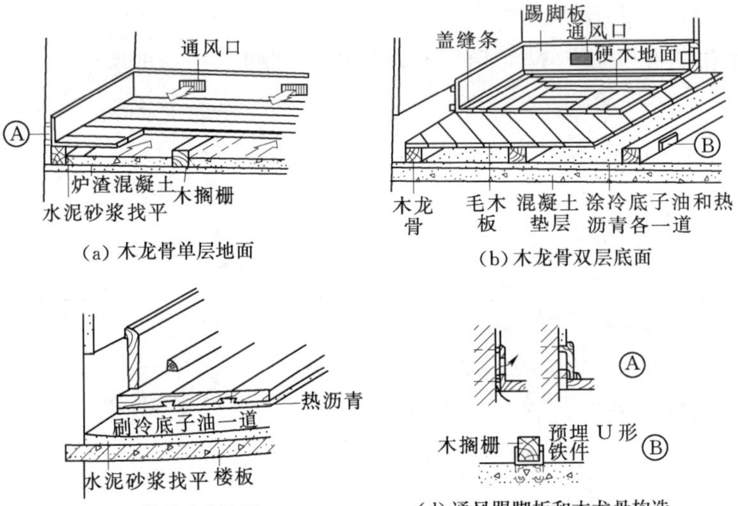

(a) 木龙骨单层地面　(b) 木龙骨双层底面

(c) 粘贴式木地面　(d) 通风踢脚板和木龙骨构造

图 5.1－33　木地板

空铺：空铺式木地板铺装主要应用于面层距基底距离较大，需要用砖墙和砖墩支撑，才能达到设计标高的木地面。空铺木地板一般为双层铺法，耗费大量木材，防火性也差，除特殊房间外很少采用。

4. 卷材地面

卷材类地面主要是粘贴各种卷材、半硬质块材的地面。常见的有塑料地面、橡胶毡地面以及无纺织地毯地面等。

(1) 塑料地面。塑料地面目前以应用聚氯乙烯塑料最多。聚氯乙烯塑料地面的品种繁多，它主要以聚乙烯树脂为基料，加入增塑剂、稳定剂、石棉绒等，经塑化热压而成。按外形有块材与卷材之分；按材质有软质与半硬质之分；按结构有单层与多层之分。塑料地面是用黏结剂粘贴在平整、干燥、清洁的水泥砂浆找平层上，具有脚感舒适、柔软、富有弹性，轻质、耐磨、美观大方以及防滑、防水、耐腐蚀、绝缘、隔声、阻燃、易清洁，施工方便等优点，但却存在不耐高温、怕明火、易老化等缺点。多用于住宅、公共建筑，以及工业建筑中洁净要求较高的房间，如图 5.1－34 所示。

(2) 橡胶毡地面。橡胶地毡是以橡胶粉为基料，掺入软化剂，在高温、高压下解聚后，加入着色补强剂，经混炼、塑化压延成卷的深棕色毡状地面装修材料。它具有耐磨

图 5.1-34 塑料地面

损、质地柔软、防滑、吸声、隔潮、有弹性等特点，且价格低廉，铺贴简便，可以干铺或粘贴在水泥砂浆面层上，如图 5.1-35 所示。

图 5.1-35 橡胶毡地面

（3）地毯地面。地毯地面的材质有羊毛地毯、混纤地毯、化纤地毯、橡胶绒地毯等；按编制工艺有手工编制地毯、机织地毯、簇绒地毯、无纺地毯。地毯的铺设方式有固定式和活动式两种，如图 5.1-36 所示。

图 5.1-36 地毯地面

5.1.3　顶棚装修构造

顶棚又称天棚或天花板，是楼板层或屋顶下面的装饰层，根据施工方法可分为抹灰类顶棚、裱糊类顶棚、贴面类顶棚、装配式板材顶棚等。根据顶棚装饰表面与屋面、楼面结构等基层关系的不同又可分为直接式顶棚及悬吊式顶棚。

1. 直接式顶棚

直接式顶棚具有构造简单、构造层厚度小、可以充分利用空间，以及材料用量少、施工方便、造价较低等优点，但这类顶棚不能提供隐藏管线、设备等的内部空间。通常小口径的管线应预埋在楼屋盖结构或构造层内，但大口径的管道则无法隐蔽。因此，直接式顶棚适用于普通建筑及功能较为简单、空间尺度较小的场所。

（1）直接喷、刷涂料顶棚。对于楼板底较平整又没有特殊要求的房间，可在楼板底嵌缝后，直接喷刷浆料。常用的材料有石灰浆、大白浆、色粉浆、彩色水泥浆、可赛银等。喷刷类装饰顶棚主要用于一般办公室、宿舍等建筑，如图 5.1－37 所示。

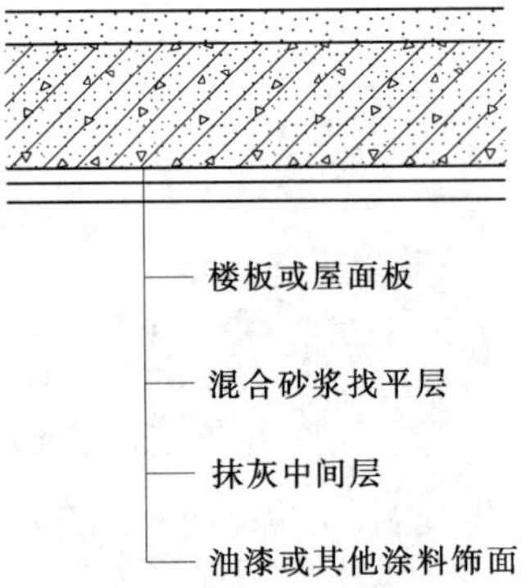

图 5.1－37　喷刷顶棚构造

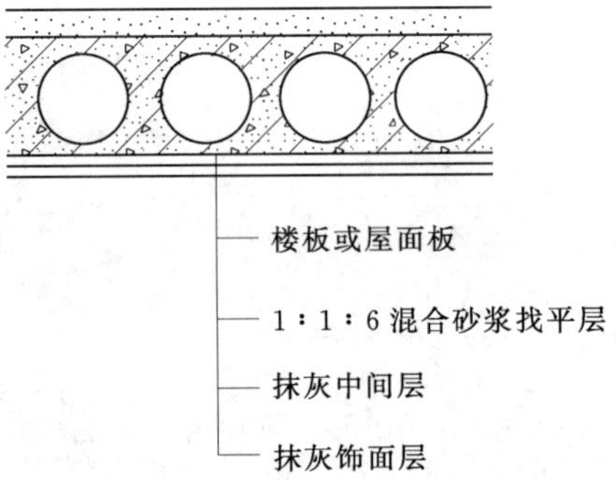

图 5.1－38　直接抹灰顶棚构造

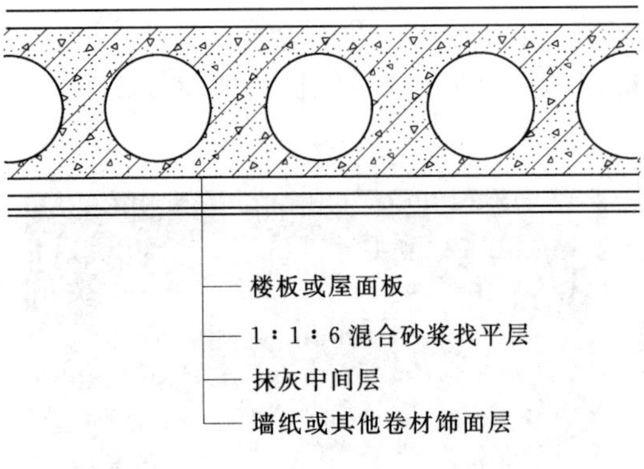

图 5.1－39　贴面顶棚构造

（2）抹灰顶棚。常用的材料有筋灰抹灰、石灰砂浆抹灰、水泥砂浆抹灰，直接抹灰的构造做法是先在顶棚的基层（楼板底）上，刷一遍纯水泥浆，使抹灰层能与基层很好地黏合，然后用混合砂浆打底，后做面层。抹灰顶棚可用在一般建筑或简易建筑中，如图5.1－38 所示。

（3）贴面顶棚。对一些要求较高或有保温、隔热、吸音要求的房间棚面，也可采用直接粘贴壁纸、墙布及其他织物的饰面方法。粘贴装饰材料之前通常对板底用水泥砂浆或混合砂浆进行找平，当面层为装饰板材且板底较平整时也可不做找平层。这类顶棚主要用于装饰要求较高的建筑，如宾馆的客房、住宅的卧室等空间，如图 5.1－39 所示。

（4）块材类顶棚。对一些要求有防潮、防腐、防霉或清洁要求较高的建筑，也可以采用釉面砖、瓷砖等块材类顶棚，如浴室、洁净车间等。

2. 悬吊式顶棚

悬吊式顶棚又称“吊顶”，其装饰表面与结构底表面之间留有一定的距离，通过悬挂物与结构联结在一起。在没有功能要求时，悬吊式顶棚内部空间的高度不宜过大，以节约材料和造价；若利用其作为敷设管线设备的技术空间或有隔热通风需要，则可根据情况适当加大，必要时可铺设检修走道以免踩坏面层，保障安全。饰面应根据设计留出相应灯具、空调等设备安装检修孔及送风口、回风口位置。

(1) 吊顶的构造组成。悬吊式顶棚在构造上一般由吊杆（吊筋）、基层部分、面层三大基本部分组成，如图 5.1-40 所示。

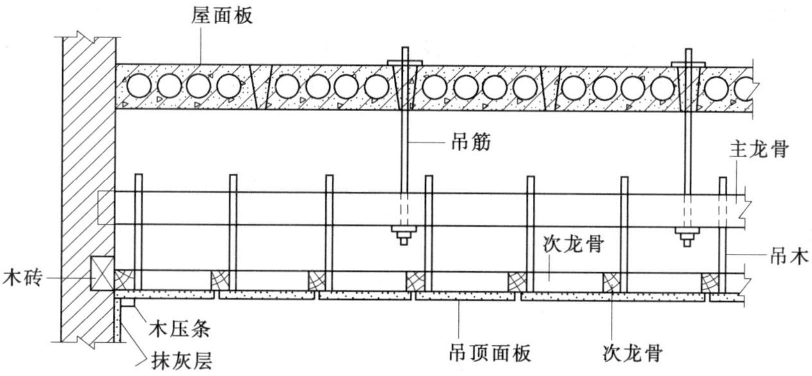

图 5.1-40 吊顶构造组成

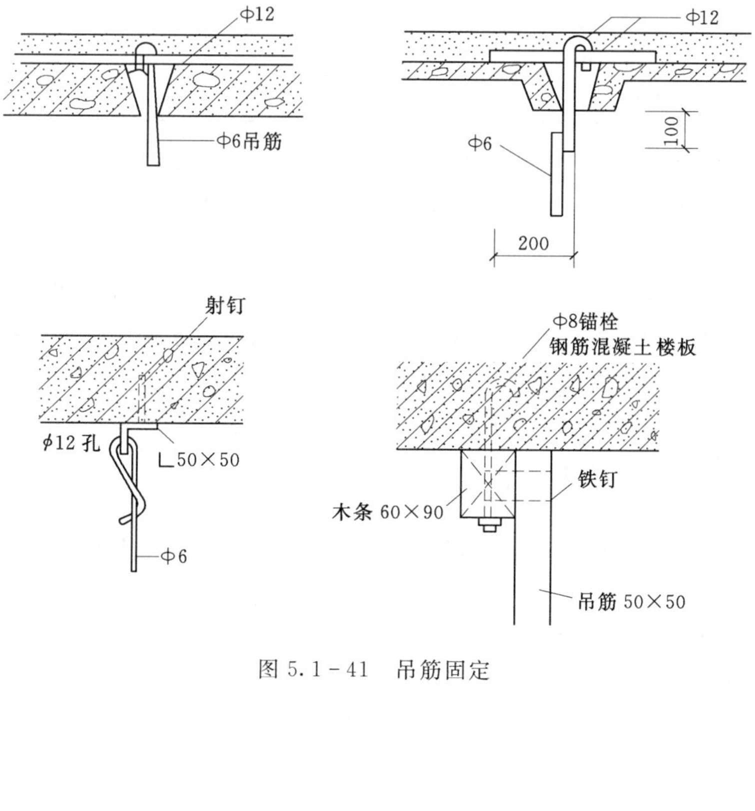

图 5.1-41 吊筋固定

1）吊筋。吊筋是连接龙骨和承重结构的承重传力构件。吊筋的主要作用是承受顶棚的荷载，并将荷载传递给屋面板、楼板、屋顶梁、屋架等部位。通过吊筋还可以调整、确定悬吊式顶棚的空间高度，以适应不同场合、不同艺术处理上的需要。吊筋材料可以是钢筋、型钢、木方等。钢筋用于一般顶棚；型钢用于重型顶棚，或整体刚度要求特高的顶棚；木方用于木基层顶棚，用金属连接件加固。吊筋与楼板或屋面结构（梁）的连接方式有预埋件连接和膨胀螺栓（或射钉）连接两类。现代建筑大多采用二次装修做法，后者较为常用，如图5.1－41所示。

2）基层。基层按材料分为木基层、金属基层。金属基层有轻钢和铝合金两种。基层按构造层次分为主龙骨、次龙骨和横撑（间距）龙骨。

吊顶的承重结构是主龙骨。主龙骨是通过吊筋固定在楼板或屋面板上的，它承受吊顶基层传来的荷载，并通过吊筋传递上部荷载。主龙骨应与次龙骨垂直；次龙骨与横撑龙骨垂直。龙骨在布置时应考虑顶棚造型需要，应给吸顶灯具及风口留出足够位置。主次龙骨所用的材料有木材、钢材、铝合金等，尺寸、截面和间距见表5.1－2。

表5.1－2　　主、次龙骨尺寸、截面、间距表　　单位：mm

类型	主龙骨			次龙骨		
	尺寸	截面	间距	尺寸	截面	间距
木龙骨	50×70 70×100	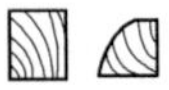	1000左右	50×50		300～600
轻钢龙骨	38系列 50系列 75系列		900～1200	38系列 50系列 75系列		400～600
铝合金龙骨	38系列 50系列 75系列	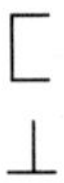	900～1200	38系列 50系列 75系列		400～600

3）面层。面层即吊顶的装饰面层，具有吸音、反射、保温、隔热等功能。面层可分为抹灰面层和板材面层等。抹灰面层的做法是先在骨架上钉板条、或钢丝网、或钢板网，然后做抹灰层，最后再罩面装饰。

板材类面层材料有实木板、胶合板、纤维板、钙塑板、石膏板、塑料板、硅钙板、矿棉吸声板、铝合金等金属板材。板材面层的做法是面板与骨架采用钉接、粘贴、搁置、卡入、吊挂等形式连接，再罩面装饰。

（2）抹灰吊顶构造。抹灰吊顶的龙骨可用方木或型钢。抹灰面层有板条抹灰、板条钢丝网抹灰和钢丝网抹灰三种。

1）板条抹灰是采用木材作为木龙骨和木板条，在板条上抹灰。构造简单，但因板条变形、石灰干缩等原因易造成抹灰开裂。板条抹灰一般采用纸筋灰或麻刀灰，抹灰后再粉刷，如图5.1－42所示。

2）板条钢丝网抹灰吊顶是在板条抹灰的基础上加钉一层钢丝网防止抹灰层开裂脱落，如图5.1－43所示。

3）钢丝网抹灰吊顶一般是采用钢龙骨、钢丝网固定在钢筋上，如图5.1－44所示。

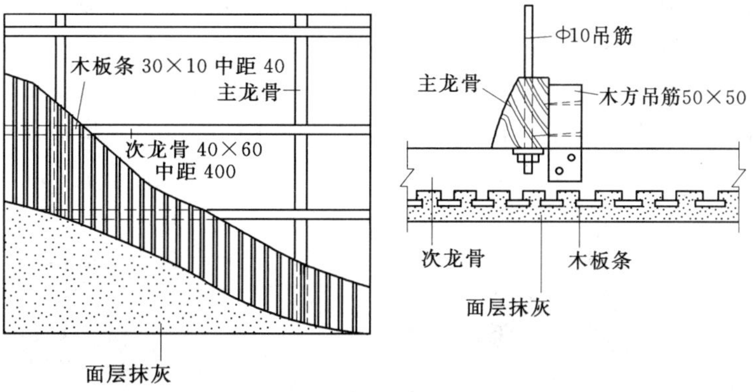

图 5.1-42 板条抹灰吊顶

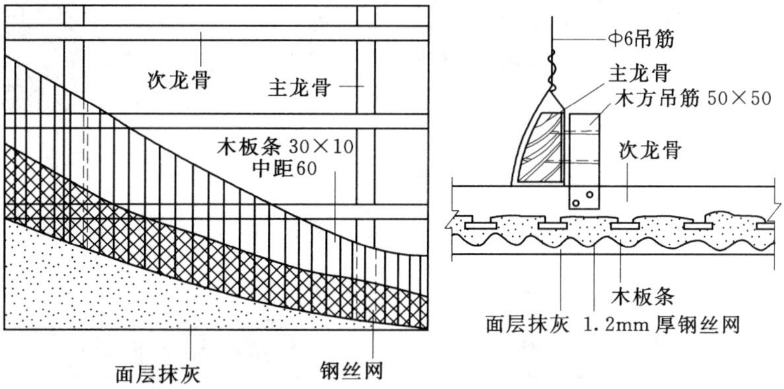

图 5.1-43 板条钢丝网抹灰吊顶

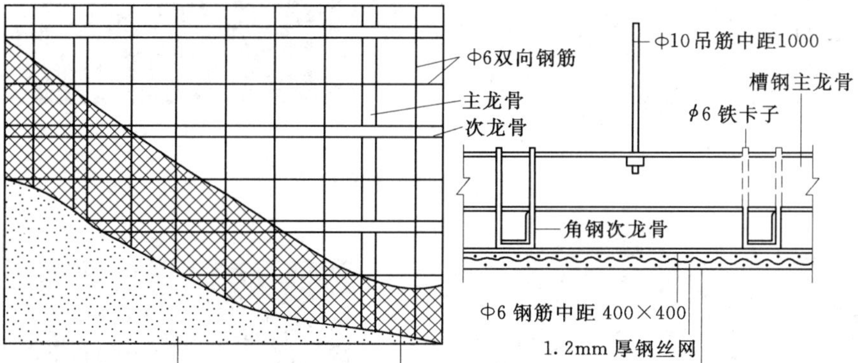

图 5.1-44 钢丝网抹灰吊顶

(3) 板材吊顶构造。板材吊顶的龙骨有木、轻钢及铝合金几种。板材吊顶基层双向龙骨间距应视板材的规格而定，一般为 300～600mm。板材面层种类很多，常见的有植物板材、矿物板材和金属板材三类。

植物板材吊顶一般采用木龙骨，板材有胶合板、纤维板、装饰吸音板、木丝板等。这种做法的优点是自重轻、施工速度快且属于干作业范畴。

矿物板材吊顶一般采用轻钢龙骨或铝合金龙骨。常见的板材有石膏板、矿棉板及装饰吸音板等。这种做法具有自重轻、施工速度快、干作业等优点。其构造做法按龙骨与装饰面板的关系有龙骨外露式和不露龙骨式两种，如图5.1-45和图5.1-46所示。

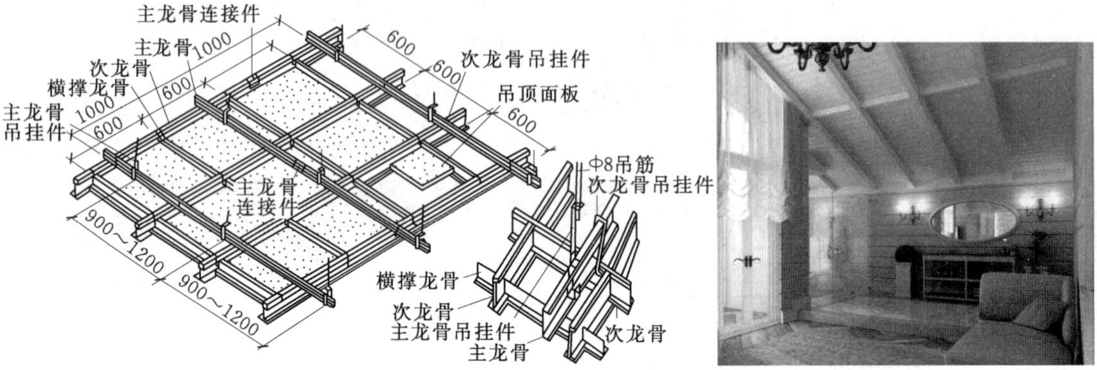

(a) (b)

图5.1-45 龙骨外露吊顶

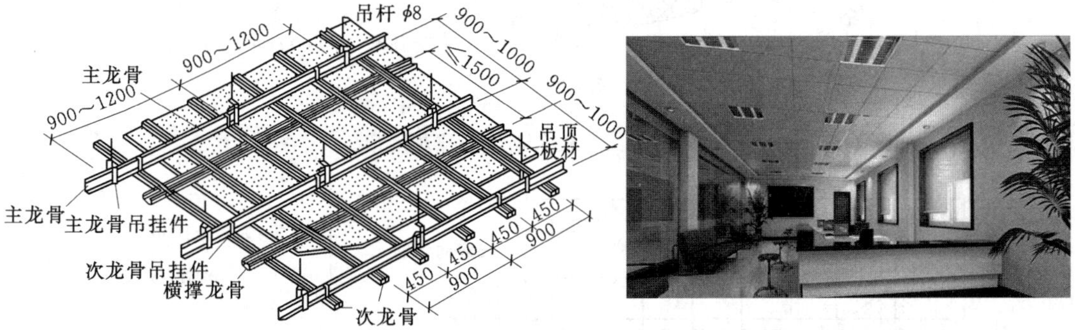

图5.1-46 不露龙骨吊顶

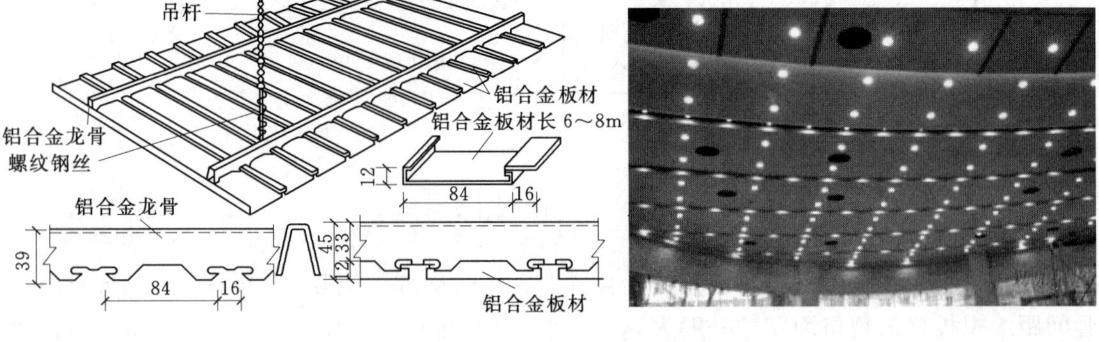

图5.1-47 铝合金板材吊顶

金属板材吊顶采用轻钢龙骨，板材有铝板、铝合金板、彩色钢板及不锈钢板等几种，板材的形式有条形和方形两种形式。金属板材一般可用螺钉、自攻螺丝与吊顶基层连接，如图 5.1－47 所示。

任务 5.2 建筑立面图识读技法

【内容简介】

本任务主要介绍建筑立面图的形成和内容，使学生掌握立面图的识读。

5.2.1 建筑立面图的形成和内容

1. 建筑立面图的形成与作用

(1) 建筑立面图的形成。立面图是正投影图，是建筑物的各个立面即外墙面向平行于它的投影面上投影所得的正投影图，就形成了建筑物的各立面图，如图 5.2－1 所示。

(2) 建筑立面图作用是主要反映房屋的体型和外貌、门窗的形式和位置、墙面的材料和装修做法等，是施工的重要依据。

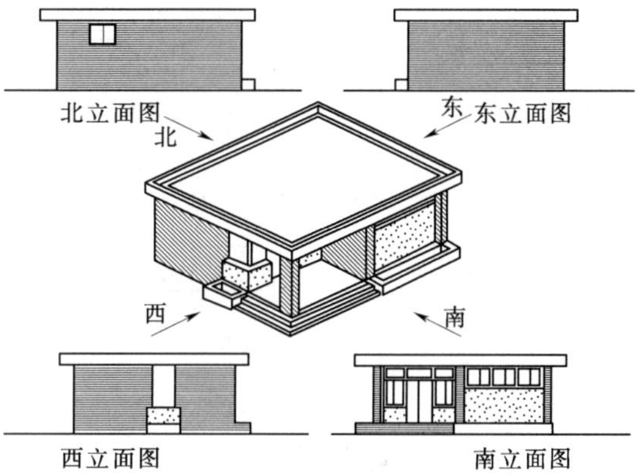

图 5.2－1 建筑立面图形成

2. 建筑立面图的内容和图示方法

(1) 建筑立面图的内容。建筑立面图主要反映房屋的总高度、檐口及屋顶的形状、门窗的形式与布置，室外台阶、雨篷等的形状及位置。

1) 比例及定位轴线。通常采用的比例有 1∶50、1∶100、1∶150、1∶200、1∶300，一般与平面图相同。建筑立面图采用的定位轴线一般只画两端的定位轴线和编号，且编号与平面图相对应。

2) 立面图中的线型。

加粗线——建筑物的室外地坪线，宽为 1.4b。

粗实线——建筑外轮廓线及突出构件轮廓线，宽为 b。

中实线——门窗洞口、檐口、阳台、雨篷、台阶等，宽为 0.5b。

细实线——建筑物上的墙面分隔线、门窗格子、雨水管以及引出线等细部构造的轮廓线，宽为 0.25b。

细长单点画线——定位轴线。

3) 尺寸标注及标高。立面图上通常表示高度方向的尺寸，且该类尺寸主要用标高尺寸表示。

竖直方向：应标注建筑物的室内外地坪、门窗洞口上下口、台阶顶面、雨篷、房檐下口，屋面、墙顶等处的标高，并应在竖直方向标注三道尺寸。外部三道尺寸即高度方向总尺寸、定位尺寸（两层之间楼地面的垂直距离即层高）、细部尺寸（楼地面、阳台、檐口、女儿墙、台阶、平台等部位）三道尺寸。

水平方向：立面图水平方向一般不注尺寸，但需要标出立面图最外两端墙的轴线及编号。

其他标注：立面图上可在适当位置用文字标出其装修。

（2）建筑立面图的图示方法。

1）按立面的朝向命名：把反映主要出入口或房屋主要外貌特征的一面称为正立面图，其余的称为背立面图、左侧立面图、右侧立面图，如图 5.2-2 所示。

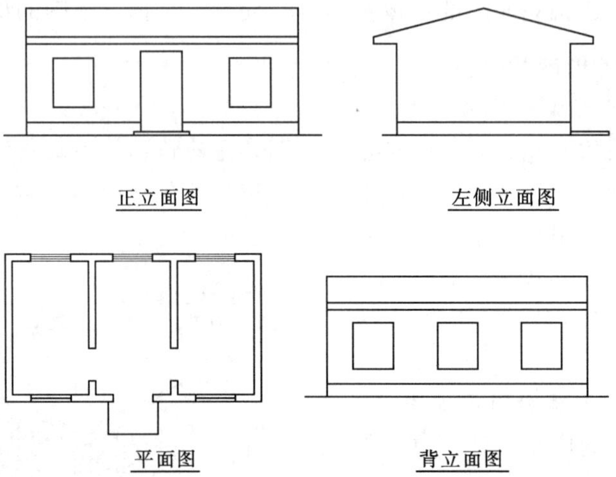

图 5.2-2　建筑立面图按立面朝向命名

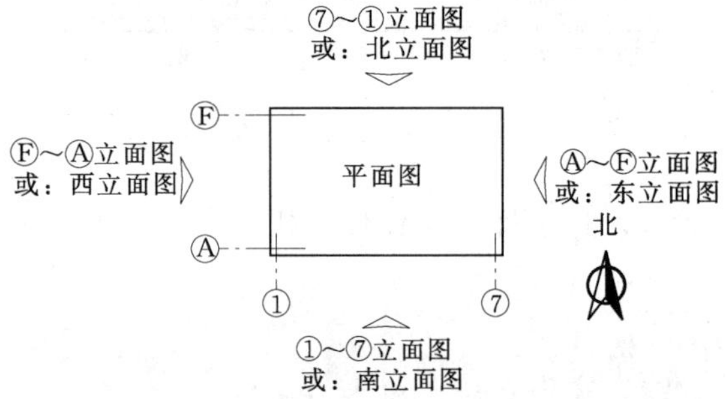

图 5.2-3　建筑立面图按轴线编号命名

2）按立面的首层两端的轴线编号命名：如①～⑦轴、Ⓐ～Ⓕ轴立面图等，如图 5.2-3 所示。

3）按房屋的朝向来命名：建筑物的某个立面面向哪个方向，就称为那个方向的立面图，如南立面图、北立面图、西立面图、东立面图，如图 5.2-4 所示。

5.2.2　建筑立面图示例

1. 建筑立面图的识读内容

（1）图名、比例。

（2）立面两端的轴线及其编号。

（3）门窗的形状、位置及其开启方向。

（4）屋顶的外形及有可能的水箱位置。

（5）窗台、雨篷、阳台、台阶、雨水管、外墙面勒脚等形状和位置，注明各部分的材料和外部装饰做法。

（6）外墙上主要部位的相对标高及尺寸。

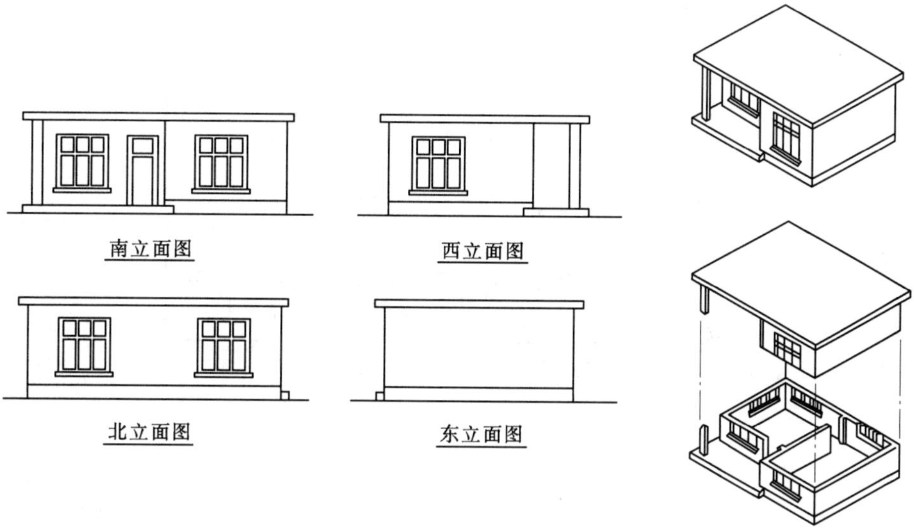

图 5.2－4　建筑立面图按房屋的朝向命名

（7）各部分构造、装饰节点详图的索引符号。

（8）施工说明。

2. 立面图识读示例

（1）示例一：某办公楼立面施工图如图 5.2－5 和图 5.2－6 所示。

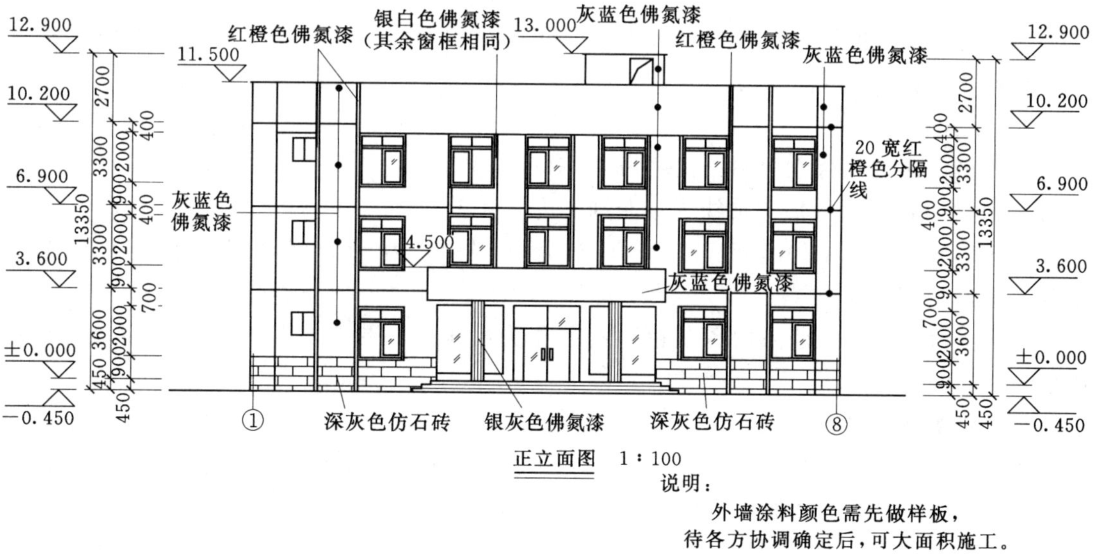

图 5.2－5　正立面图

1）正立面图。

a. 图名、比例：正立面图，比例为 1∶100。

b. 该立面朝南，是建筑物的主要立面图，两端的轴线为自左到右为①和⑧。

c. 设有大门出入口，三级台阶，雨篷和门柱。

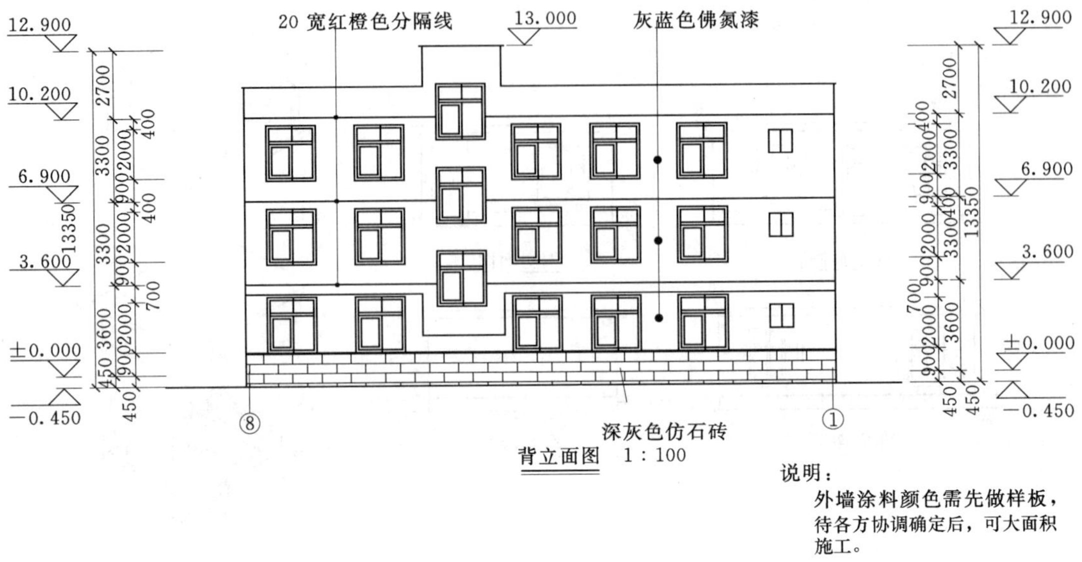

图 5.2-6 背立面图

d. 各部分标高：室外地坪标高为－0.450m，1 层标高为±0.000，屋顶标高为 13.000，窗高度为 2.0m 等。

e. 1 层窗台下，外墙采用深灰色仿石砖作为勒角；2 层、3 层、4 层楼板处设 20mm 宽红橙色分界线。

f. 窗框涂银白色佛氮漆，外墙、雨篷涂灰蓝色佛氮漆，墙竖向分隔线涂红橙色佛氮漆，雨篷柱子涂银灰色佛氮漆。

2）背立面图。

a. 图名、比例：背立面图，比例为 1∶100。

b. 该立面朝北，两端的轴线为自左到右为⑧和①。

c. 各部分标高：室外地坪标高为－0.450，1 层标高为±0.000，屋顶标高为 13.000，窗高度为 2.0m 等。

d. 1 层窗台下，外墙采用深灰色防石砖作为勒角；2 层、3 层、4 层楼板处设 20mm 宽红橙色分界线。

e. 外墙涂灰蓝色佛氮漆。

（2）示例二：某综合实训楼立面图如附图 2.6 和附图 2.7 所示。有①～⑱轴立面图、⑱～①轴立面图、Ⓦ～Ⓕ轴立面图、Ⓕ～Ⓦ轴立面图。

1）①～⑱轴立面图（参见建施 07）。

a. 图名、比例：①～⑱轴立面图，比例为 1∶100。

b. 该立面朝西南，是建筑物的主要立面图，两端的轴线自左到右为①和⑱。

c. 设有大门出入口，三级台阶，雨篷和门柱，雨篷两侧有坡道。

d. 各部分标高：室外地坪标高为－0.450，1 层标高为＋0.000，2 层标高为＋5.400，3 层标高为＋9.300，4 层标高为＋13.200，5 层标高为＋17.100，6 层标高为

＋21.000，屋顶标高为＋24.000，顶层标高＋25.200；窗台高为 1.2m，窗高度为 2.1m 等。

e. 左、右侧外墙 0～3.8m、⑥轴线右侧共 3.8m、⑫～⑬轴线之间的外墙涂红褐色外墙涂料颜色详 02J503－1 编号 9－5－4；⑧轴线左侧 3.6m 至⑪轴线右侧 3.6m 处外墙涂灰色外墙涂料，详 02J503－1 编号 14－5－10；左右两侧外墙 3.8m 处至 24.2m 处外墙涂白色外墙涂料，其中各层窗台下 0.6m 涂灰色外墙涂料，详 02J503－1 编号 14－5－10；左右两侧有外墙装饰参见详图㊾；⑥～⑧轴线、⑪～⑫轴线之间设有铝合金百叶。

2）⑱～①轴立面图（参见建施 07）。

a. 图名、比例：⑱～①轴立面图，比例为 1∶100。

b. 该立面朝东北，两端的轴线自左到右为⑱和①。

c. 设有三级台阶及两个小门、两个竖向卷帘门；窗下设有铝合金百叶。

d. 各部分标高：同①～⑱轴立面图，大窗高 2.1m，小窗高 0.9m。

e. 左侧墙宽 5.85m、右侧墙宽 5.85m 处外墙涂红褐色外墙涂料，详 02J503－1 编号 9－5－4；其余外墙涂白色外墙涂料；2 层、3 层、4 层楼板处设 10mm 宽、深凹 5mm 分隔缝，内涂黑色涂料；左右两侧有外墙装饰参见详图㊾。

3）Ⓜ～Ⓕ轴立面图（参见建施 08）。

a. 图名、比例：Ⓜ～Ⓕ轴立面图，比例为 1∶100。

b. 可见雨篷、柱子、坡道；山墙设窗可与平面图对照看；雨篷墙装饰采用灰色外墙涂料；山墙外墙采用红褐色外墙涂料，详 02J503－1 编号 9－5－4；2 层、3 层、4 层楼板处设 10mm 宽、深凹 5mm 分隔缝，内涂黑色涂料；在Ⓕ轴线外 1～5 层楼板处设有铝合金百叶。

4）Ⓕ～Ⓜ轴立面图（参见建施 08）。

a. 图名、比例：Ⓕ～Ⓜ轴立面图，比例为 1∶100。

b. 其他同Ⓜ～Ⓕ轴立面图。

知识拓展：幕　墙　装　饰

1. 概述

建筑幕墙是以装饰板材为基准面，内部框架体系为支撑，通过一定的连接件和紧固件结合而成的建筑物墙面装饰的一种新的形式。幕墙具有装饰效果好、质量轻、安装速度快等优点，是外墙轻型化、装配化的理想形式。因此在大型和高层建筑上应用。建筑幕墙的面层材料种类有玻璃幕墙、金属幕墙、石材幕墙等多种形式。

玻璃幕墙主要是应用玻璃这种饰面材料，覆盖在建筑物的表面的幕墙。采用玻璃幕墙作外墙面的建筑物，显得光亮、明快、挺拔，有较好的统一感。玻璃幕墙制作技术要求高，而且投资大、易损坏、耗能大，所以一般只在重要的公共建筑立面处理中运用。

石材幕墙是利用天然的或者人造的大理石与花岗岩进行外墙饰面。该类饰面具有豪华、典雅、大方的装饰效果，可点缀和美化环境。该类饰面施工简便、操作安全，连接牢固可靠，耐久、耐候性很好。

金属幕墙表面装饰材料是利用一些轻质金属，如铝合金、不锈钢等，加工而成的各种压型薄板。这些薄板经表面处理后，作为建筑外墙的装饰面层，不仅美观新颖、装饰效果好，而且自重轻、连接牢靠，耐久性也较好。

铝塑板幕墙是利用铝板与塑料的复合板材进行饰面的幕墙。该类饰面具有金属质感，晶莹光亮、美观新颖、豪华，装饰效果好，而且施工简便、连接牢靠，耐久、耐候性也较好，应用相当广泛。

2. 玻璃幕墙

玻璃幕墙又分为有框式和无框式，有框式中有明框式、全隐框式、半隐框式等，无框式幕墙又分为全玻璃幕墙和点支撑幕墙体系，如拓展图1所示。

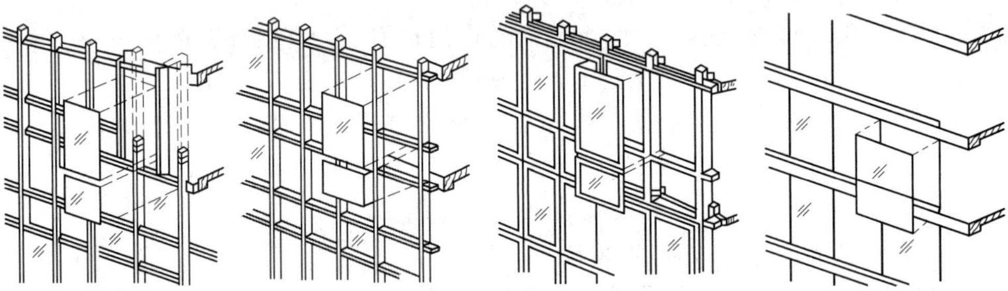

(a) 竖框式　(b) 框格式　(c) 隐框式　(d) 无框式

拓展图1　玻璃幕墙结构体系图

(1) 明框式玻璃幕墙。明框式玻璃幕墙也称为普通玻璃幕墙。明框式玻璃幕墙的构造形式有五种：元件式（分件式）、单元式（板块式）、元件单元式、嵌板式、包柱式。在此仅介绍元件式玻璃幕墙与单元式玻璃幕墙的有关构造。

1) 元件式（分件式）玻璃幕墙构造。幕墙用一根元件（竖梃、横梁）安装在建筑物主体框架上形成框格体系，再将金属框架、玻璃、填充层和内衬墙，以一定顺序进行组装。目前采用布置比较灵活的竖梃方式较多，如拓展图2所示。

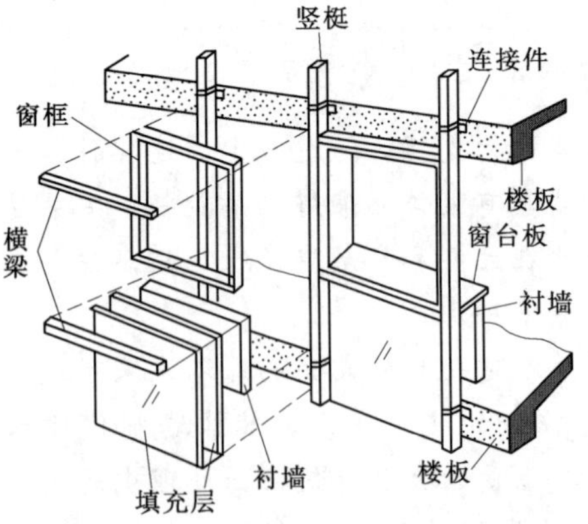

拓展图2　元件式玻璃幕墙示意图

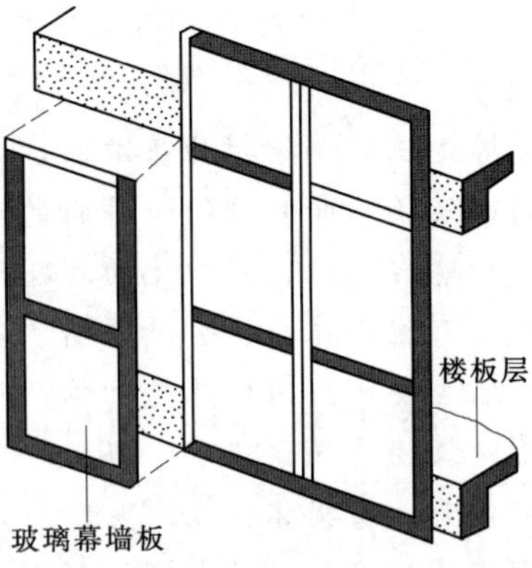

拓展图3　板块式玻璃幕墙示意图

2) 单元式（板块式）玻璃幕墙构造。板块式玻璃幕墙在工厂将玻璃、铝框、保温隔热材料组装成一块块幕墙定型单元，安装时将单元组件固定在楼层楼板（梁）上，组件的竖边对扣连接，下一层组件的顶与上一层的组件的底，其横框对齐连接。每一单元一般由多块玻璃组成，其宽度一般为一个开间，高度一般为一个层高。由于板块式玻璃幕墙单元是以一个房间的层高和开间作基本尺度，故里面线型划分较简单，如拓展图3所示。

为了起到防震和适应结构变形的作用，幕墙板与主体结构的连接应考虑柔性连接。幕墙板之间必须留有一定的变形缝隙，空隙之间用V型和W型胶条封闭。

（2）隐框式玻璃幕墙。隐框式玻璃幕墙分全隐式和半隐形玻璃幕墙。

全隐形玻璃幕墙由于在建筑物的表面不显露金属框，而且玻璃上下左右结合部位尺寸也相当窄小，因而产生全玻璃的艺术感觉，受到目前旅馆和商业建筑的青睐。

全隐框玻璃幕墙玻璃四边都用硅酮密封胶将玻璃固定在金属框架的适当位置上，其四周用强力密封胶全封闭，玻璃产生的热胀冷缩变形应力全由密封胶给予吸收，而且玻璃面受的水平风压力和自重也更均匀地传给金属框架和主结构件，如拓展图4所示。

拓展图4　全隐框玻璃幕墙

拓展图5　半隐框玻璃幕墙

半隐框玻璃幕墙利用结构硅酮胶为玻璃相对的两边提供结构的支持力，另两边则用框料和机械性扣件进行固定，垂直的金属竖梃是标准的结构玻璃装配，而上下两边是标准的镶嵌槽夹持玻璃。结构玻璃装配要求硅酮胶对玻璃与金属有良好的黏结力。这种体系看上去有一个方向的金属线条，不如全隐形玻璃幕墙简洁，立面效果稍差，但安全度比较高，如拓展图5所示。

3．金属幕墙

金属幕墙表面装饰材料是利用一些轻质金属，如铝合金、不锈钢等，加工而成的各种压型薄板。这些薄板经表面处理后，作为建筑外墙的装饰面层，不仅美观新颖、装饰效果好，而且自重轻石材饰面板幕墙，如拓展图6所示。

4．石材幕墙

石材幕墙通常由石材面板和支承结构（横梁立柱、钢结构、连接件）组成。石材幕墙的面层主要以天然或人造石材为饰面层，内部以框架为支撑体系与主体有效连接。由于石材其天然的纹理，可以塑造多种与玻璃幕墙截然不同的装饰效果，并且石材幕墙具有耐久性较好、自重大的特点，连接牢靠，耐久性也较好，如拓展图7所示。

拓展图6　金属幕墙

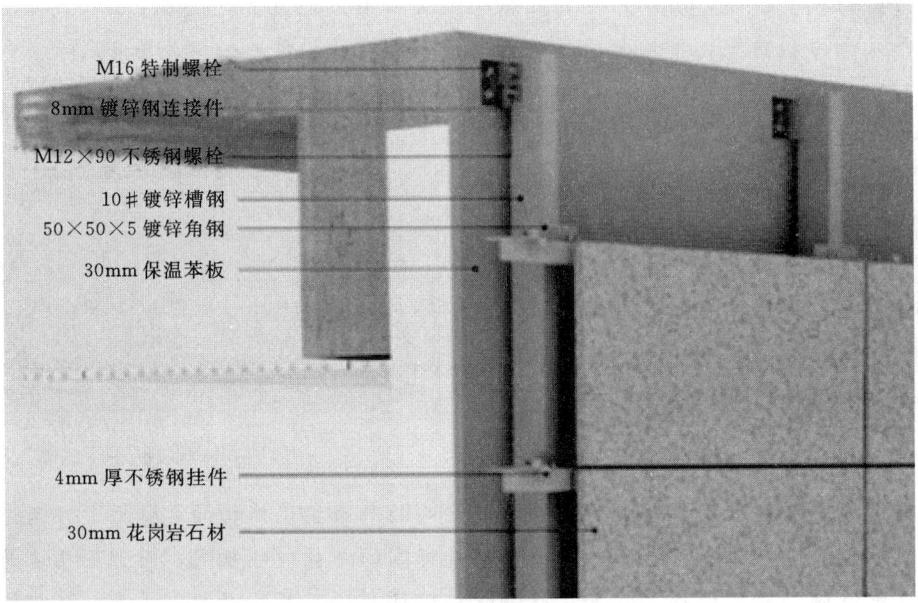

拓展图7　石材幕墙

习题与考核

一、实操题

结合课本后的附图，应用所学知识，进行建筑立面图识读。

二、理论题

1. 建筑装饰的作用是什么？
2. 墙面抹灰通常有哪几层？
3. 简要说明大理石墙面“挂贴法”做法。
4. 块材类地面包含哪些类型？

5. 直接式顶棚有几种处理方式？

6. 悬吊式顶棚的组成是什么？吊筋及主龙骨的作用分别是什么？

7. 建筑立面图的形成、作用及识读内容是什么？

项目6

建筑剖面图识读

【学习目标】

知识目标：了解楼梯组成；掌握现浇钢筋混凝土楼梯构造；掌握建筑剖面图的识读方法。

技能目标：能够准确识读建筑剖面图。

【情景导入】

同学们，我们知道对一幢房屋而言，如果要反映房屋内部平面布置及房间大小等内容，可以通过平面图表示；而如果是要反映房屋的外形，则可以通过立面图表示；那么请大家思考一下，如果是要反映房屋内部的房间门窗高度、楼梯构造、屋顶形式等内容时，又该通过什么来表示呢？下面，我们将通过学习接下来的内容来寻找答案。

任务6.1　钢筋混凝土楼梯构造

【内容简介】

本任务主要介绍楼梯组成，使学生掌握现浇钢筋混凝土楼梯构造。

6.1.1　楼梯的组成和分类

1. 楼梯的组成

楼梯是建筑物中重要的垂直交通设施，一般由楼梯段、楼梯平台及栏杆（栏板）扶手三部分组成，如图6.1-1所示。

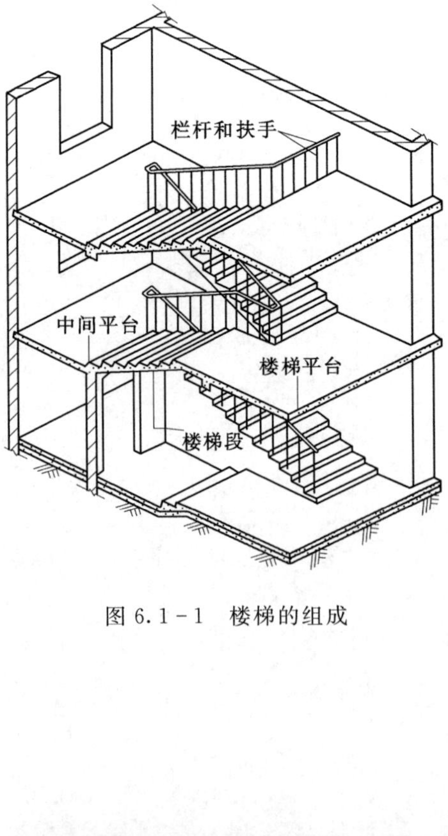

图6.1-1　楼梯的组成

（1）楼梯段。楼梯段是由若干个踏步组成的斜板，是楼梯的主要使用和承重部分。为减少人们上下楼梯时的疲劳和适应人行习惯，每个楼梯段的踏步数不应超过18级，也不应少于3级。

（2）楼梯平台。楼梯平台是连接两个相邻梯段的水平联系部分，用于人们上下楼梯时转换方向和缓解疲劳。楼梯平台可分为楼层平台和中间平台。楼层平台是指与各层楼板相连的平台；中间平台是指处于相邻两个楼层之间的平台。

（3）栏杆（栏板）和扶手。栏杆（栏板）和扶手是为保证人们上下楼梯的安全而设置的安全设施，一般设置在梯段和平台的临空边缘，要求坚固可靠，并保证有足够的安全高度。

2. 楼梯的分类

按位置不同分为：室内楼梯与室外楼梯两种。

按材料不同分为：木楼梯、钢筋混凝土楼梯、钢楼梯和组合材料楼梯等。

按使用性质不同分为：主要楼梯、辅助楼梯、消防楼梯和疏散楼梯等。

按楼层间梯段数量和形式不同分为：单跑楼梯、双跑楼梯、多跑楼梯、交叉楼梯、弧形楼梯、螺旋楼梯等，如图 6.1-2 所示。

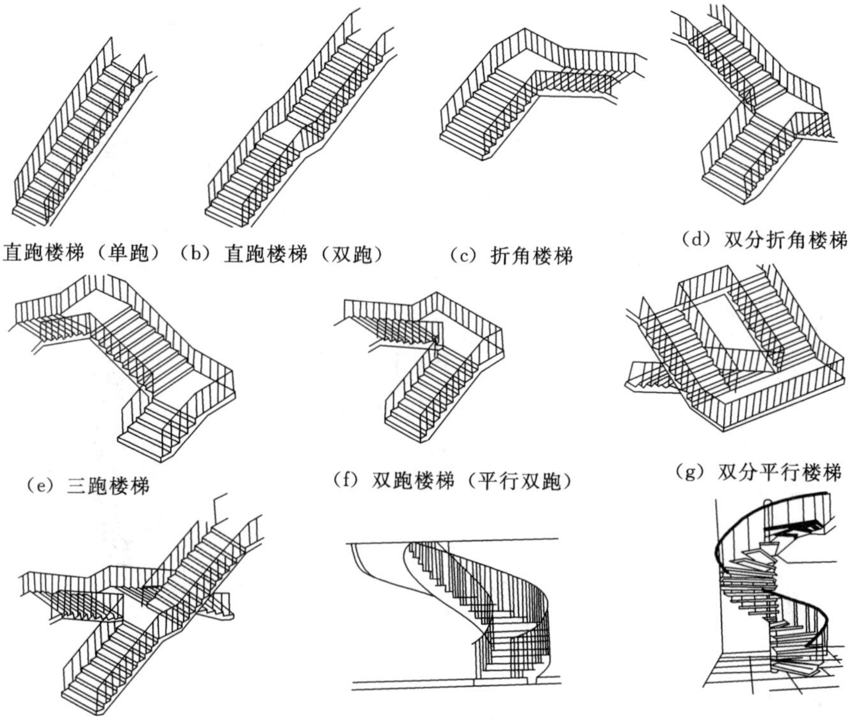

(a) 直跑楼梯（单跑） (b) 直跑楼梯（双跑） (c) 折角楼梯 (d) 双分折角楼梯

(e) 三跑楼梯 (f) 双跑楼梯（平行双跑） (g) 双分平行楼梯

(h) 交叉楼梯 (i) 弧形楼梯 (j) 螺旋楼梯

图 6.1-2 楼梯的形式

3. 楼梯的尺寸

楼梯的尺寸包括梯段、踏步、平台、梯井、净空高度等多个尺寸，如图 6.1-3 所示。

(1) 楼梯的坡度。楼梯的坡度是楼梯段与水平面的夹角。楼梯坡度的大小与行人的行走舒适及建筑物的使用性质和层高等因素有关。楼梯梯段的坡度一般为 23°～45°，最大坡度不宜超过 38°；当坡度小于 23°时，采用坡道；大于 45°时，则采用爬梯，如图 6.1-4所示。

(2) 楼梯踏步尺寸。楼梯踏步尺寸与人行步距有关，且直接影响到楼梯的坡度。踏步尺寸包括踏步宽度和踏步高度，如图 6.1-5 所示。踏步尺寸通常采用经验公式确定：

$$2h+b=600\sim620\text{mm} \text{ 或 } h+b\approx450\text{mm}$$

式中 b——踏步宽度，mm；

h——踏步高度，mm；

600～620mm——一般人的平均步距。

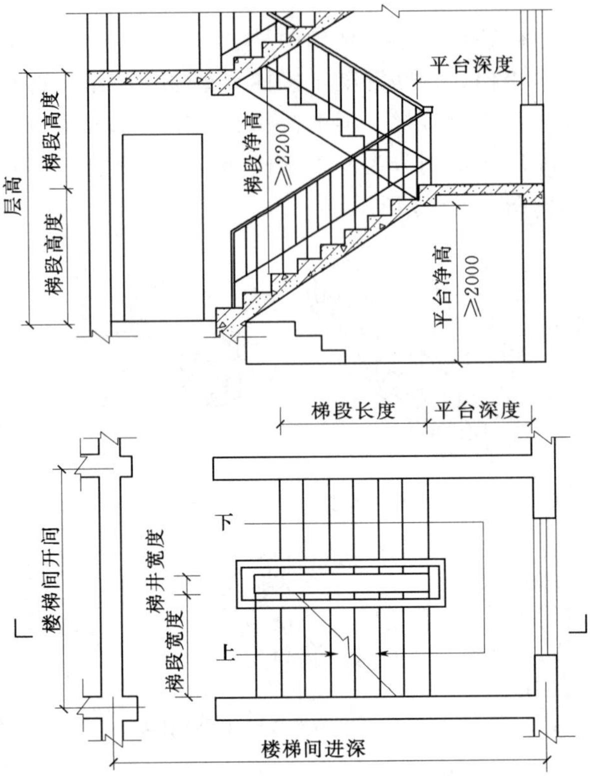

图 6.1－3　楼梯尺寸

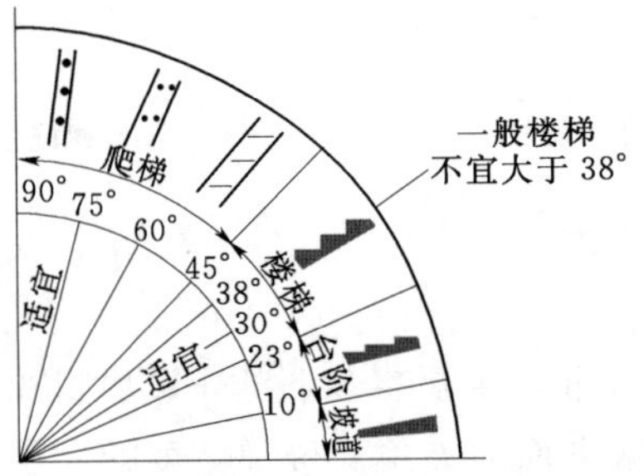

图 6.1－4　楼梯、爬梯及坡道的坡度范围

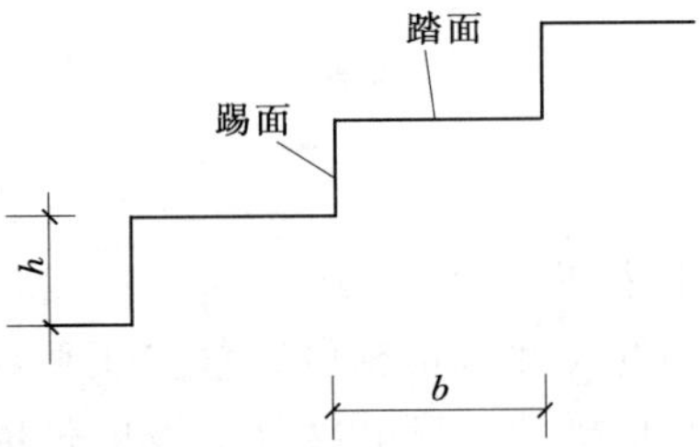

图 6.1－5　楼梯踏步尺寸组成

在民用建筑中，楼梯踏步尺寸应符合表 6.1－1 规定。

表 6.1－1　　**楼梯踏步最小宽度和最大高度**　　单位：m

楼　梯　类　别	最小宽度	最大高度
住宅共用楼梯	0.26	0.175
幼儿园、小学校等楼梯	0.26	0.15
电影院、剧场、体育馆、商场、医院、旅馆和大中学校等楼梯	0.28	0.16

续表

楼梯类别	最小宽度	最大高度
其他建筑楼梯	0.26	0.17
专用疏散楼梯	0.25	0.18
服务楼梯、住宅套内楼梯	0.22	0.20

注 无中柱螺旋楼梯和弧形楼梯离内侧扶手中心线 0.25m 处的踏步宽度不应小于 0.22m。

当踏面宽度不能满足要求时，可以采用出挑踏口或将踢面向外倾斜的方法，增加踏面实际宽度，如图 6.1-6 所示。

(3) 梯段宽度、平台深度、梯井宽度。

1) 梯段宽度。楼梯梯段宽度是指墙面至扶手中心线或扶手中心线之间的水平距离。梯段宽度除应符合防火规范的规定外，供日常主要交通用的楼梯的梯段宽度应根据建筑物使用特征，按每股人流为 0.55+(0～0.15)m 的人流股数确定，并不应少于两股人流。其中 0～0.15m 为人流在行进中人体的摆幅，公共建筑人流众多的场所应取上限值。

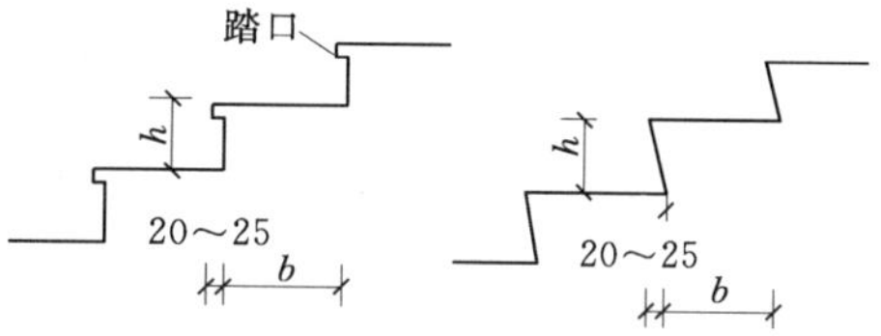

图 6.1-6 踏步尺寸处理

在住宅建筑中，公用楼梯梯段净宽不应小于 1.10m，不超过六层的住宅，一边设有栏杆的梯段净宽不应小于 1.00m。套内楼梯当一边临空时，梯段净宽不应小于 0.75m；当两侧有墙时，墙面之间净宽不应小于 0.9m，并应在其中一侧墙面设置扶手。

2) 平台深度。梯段改变方向时，扶手转向端处的平台最小深度不应小于梯段宽度，且不得小于 1.20m，当有搬运大型物件需要时应适量加宽。

3) 梯井宽度。梯井是指两楼梯段之间的空隙，其作用主要是便于梯段施工，宽度一般为 60～200mm。公共建筑楼梯井净宽不应小于 150mm。托儿所、幼儿园、中小学及少年儿童专用活动场所的楼梯，梯井净宽大于 200mm 时，必须采取防止少年儿童攀滑的措施，楼梯栏杆应采取不易攀登的构造。

(4) 楼梯的净空高度。楼梯的净空高度是指楼梯段某一处底面到下部相邻梯段踏步前沿的垂直距离或平台表面至上部结构最低处的垂直距离。为满足人行及家具搬运，楼梯平台上部及下部过道处的净高不应小于 2m，梯段净高不宜小于 2.20m。

当底层楼梯中间平台下设通道，平台下净高小于 2m 时，常采用以下几种处理方法：

1) 将楼梯底层设计成"不等跑楼梯"，即让第一个梯段的踏步数量多于第二个梯段的踏步数量，以提高底层中间平台下部净空高度，如图 6.1-7 (a) 所示。

2) 降低底层中间平台下的地面标高，即利用室内外高差，将部分室外台阶移至室内，提高入口处中间平台下部净空高度，如图 6.1-7 (b) 所示。

3) 将上述两种方法结合，既增加楼梯底层第一个梯段的踏步数量，又降低底层中间平台下的地面标高，如图 6.1-7 (c) 所示。

4) 底层采用单跑楼梯，如图 6.1-7 (d) 所示。采用这种方式要注意入口处雨篷底面标高的位置，保证通行净空高度的要求。

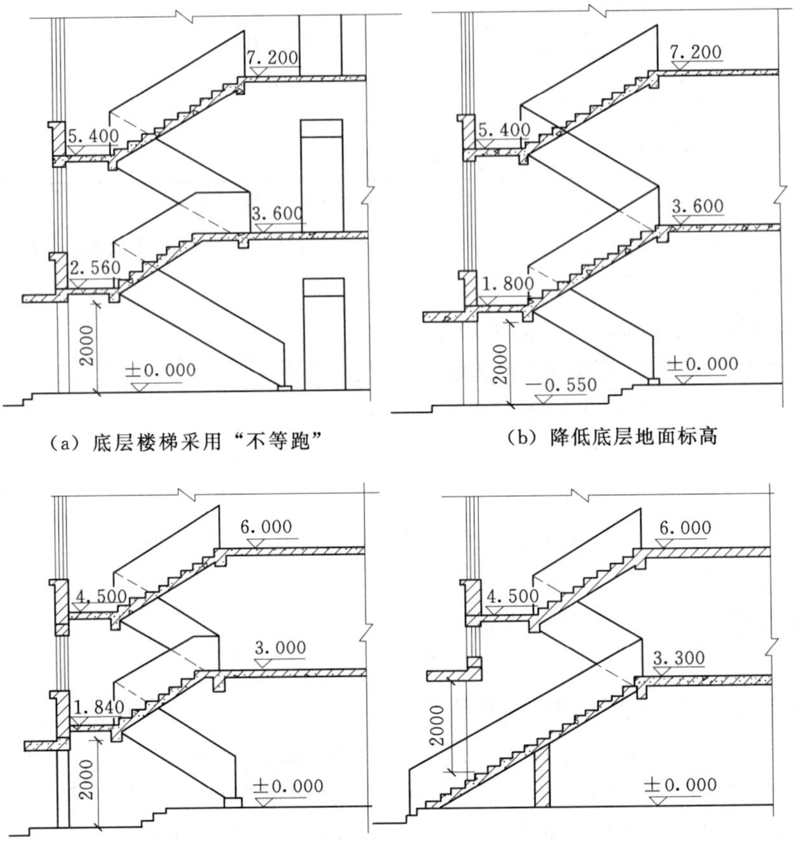

(a) 底层楼梯采用“不等跑”　(b) 降低底层地面标高

(c) (a) 和 (b) 相结合　(d) 底层采用单跑楼梯

图 6.1-7　底层中间平台下作出入口时的处理方式

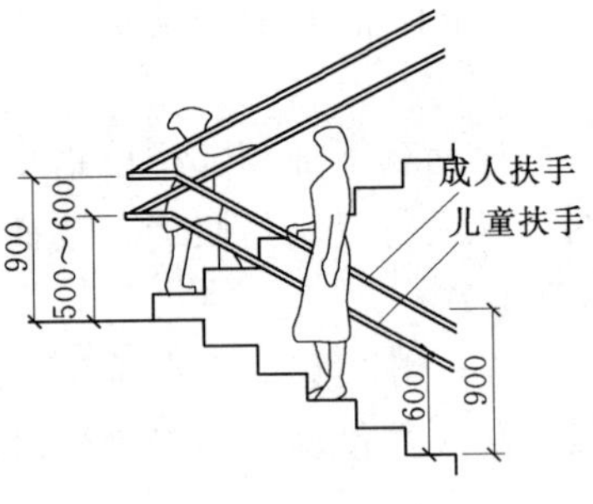

图 6.1-8　楼梯扶手高度

(5) 栏杆（栏板）扶手高度。栏杆（栏板）扶手的高度是指踏面前缘至扶手顶面的垂直距离。室内楼梯扶手高度自踏步前缘线量起不宜小于 0.90m。靠楼梯井一侧水平扶手长度超过 0.50m 时，其高度不应小于 1.05m；供儿童使用的楼梯扶手高度一般为 500～600mm，其杆件净距不应大于 0.11m，如图 6.1-8 所示。

6.1.2　钢筋混凝土楼梯

钢筋混凝土楼梯按施工方式不同有现浇式和预制装配式两类。

1. 现浇钢筋混凝土楼梯

现浇钢筋混凝土楼梯是指将楼梯段、楼梯平台等整体浇筑的楼梯。这种楼梯整体性好、刚度大，对抗震有利，但模板耗材大，施工速度较慢。适用于抗震设防要求较高或楼梯形式复杂的建筑。

现浇楼梯按梯段的传力特点分为板式楼梯和梁板式楼梯。

（1）板式楼梯。板式楼梯一般由楼梯段、平台梁和平台板组成。板式楼梯的楼梯段是一块板底平整的斜板，它承受梯段的全部荷载，荷载传至平台梁，再通过平台梁将荷载传到墙或柱上，如图 6.1－9（a）所示。板式楼梯也可不设平台梁，直接将平台板和楼梯段板浇在一起，这时，板式楼梯也称折板式楼梯，如图 6.1－9（b）所示。

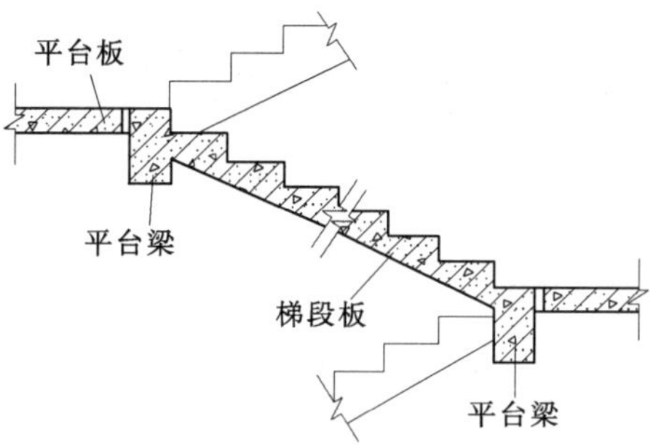

（a）有平台梁

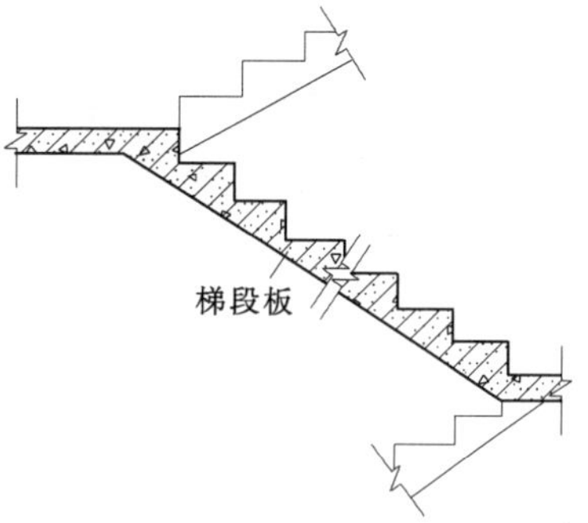

（b）无平台梁

图 6.1－9　板式楼梯

板式楼梯构造简单、梯段板底面光洁平整、便于支模施工，但自重大、耗材多。适用于梯段跨度不大（一般在 3m 以下）的房屋。

（2）梁板式楼梯。梁板式楼梯由梯段斜梁（简称梯梁）、踏步板、平台梁和平台板组成。其荷载传递路径是踏步板承受全部荷载，踏步板传至梯梁，梯梁传至平台梁，最后通过平台梁将荷载传至墙或柱上。

根据梯梁数目不同，可分为双梁式梯段和单梁式梯段。双梁式梯段将梯梁布置在梯段踏步板的两侧，这种布置方式板跨小，对受力有利；单梁式梯段是指每个梯段只有一根梯梁支承踏步板，梯梁布置在踏步板一侧形成单梁悬臂楼梯或在踏步的中间形成单梁挑板楼梯，如图 6.1－10（a）所示。

根据梯梁与楼梯段位置不同，可分为明步梯段和暗步梯段。明步梯段的梯梁在踏步板之下，踏步露出，也称为正梁式梯段，如图 6.1－10（b）所示；暗步梯段的梯梁在踏步之上，遮挡住踏步，也称为反梁式梯段，如图 6.1－10（c）所示。

当梯段跨度较大或承受荷载较大时，梁板式楼梯与板式楼梯相比，可节约材料、减轻自重，但支模施工难度大。

2. 预制装配式钢筋混凝土楼梯

预制装配式钢筋混凝土楼梯是指将楼梯构件在工厂或施工现场进行预制，在现场装配而成的楼梯。这种楼梯节省模板、现场湿作业少、施工速度快，但整体性、抗震性较差。

预制装配式楼梯按楼梯构件尺寸和装配程度不同，分为小型构件装配式楼梯、中型构件装配式楼梯和大型构件装配式楼梯。

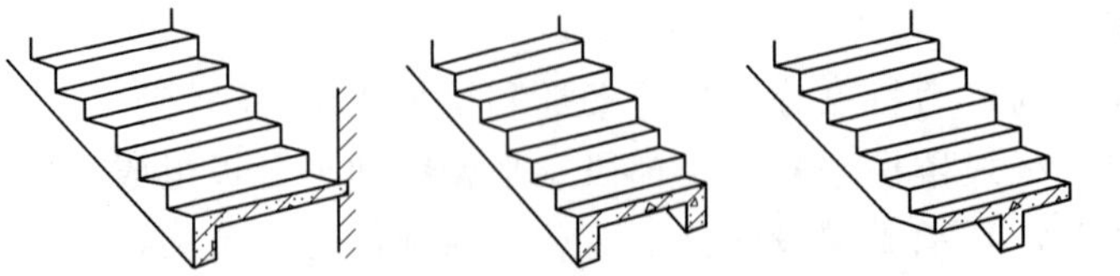

(a) 斜梁的设置

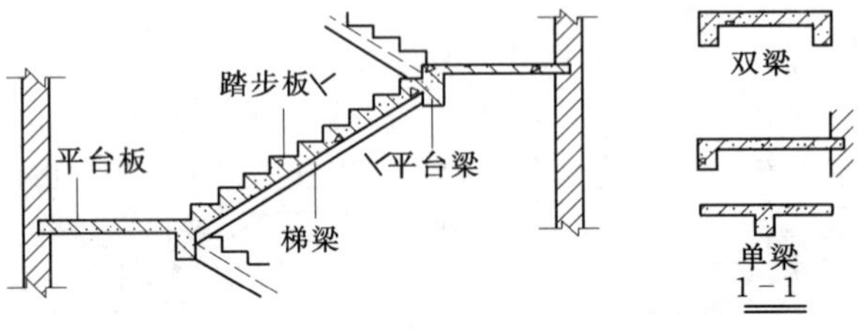

(b) 明步楼梯

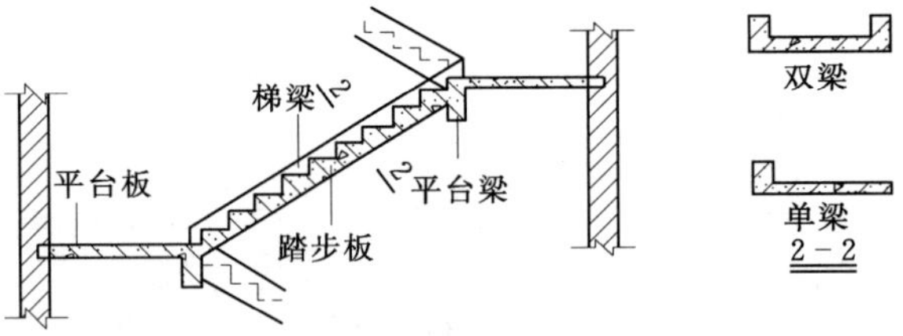

(c) 暗步楼梯

图 6.1-10　现浇钢筋混凝土梁板式楼梯

(1) 小型构件装配式楼梯。

1) 预制构件。小型构件装配式楼梯的预制构件有踏步板、平台板、梯段斜梁、平台梁等单个构件。预制踏步常用的断面形式为一字形、L 形和三角形踏步等，如图 6.1-11 所示。

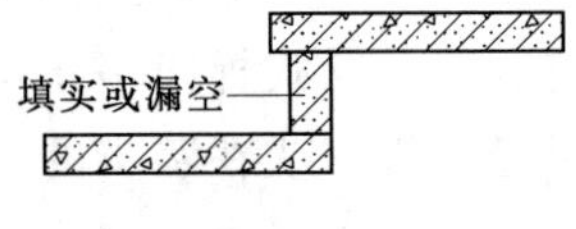

(a) 一字形

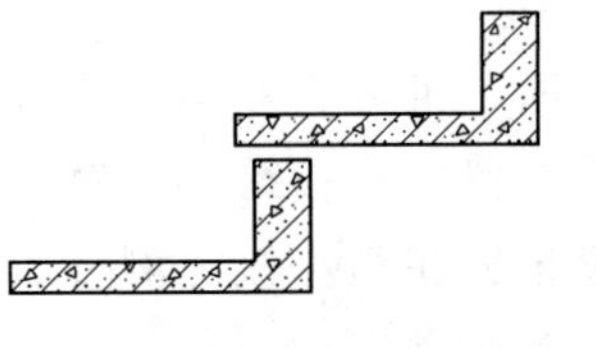

(b) L 形

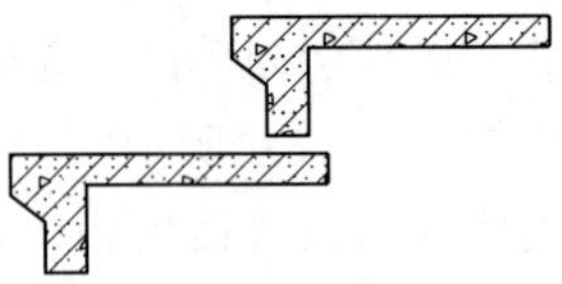

(c) T 形

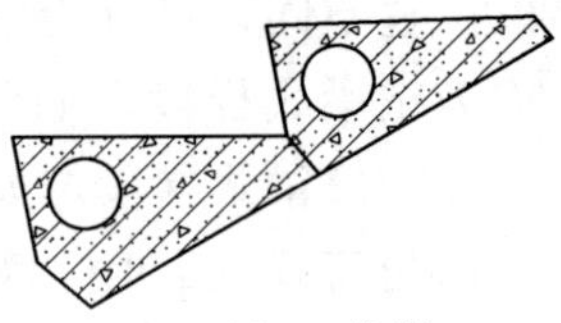

(d) 三角形

图 6.1-11　预制踏步板的断面形式

2) 结构支撑形式。小型构件装配式楼梯按其结构支撑形式不同，分为梁承式、墙承式和悬挑式。

a. 梁承式预制装配式楼梯。梁承式预制装配式楼梯是将踏步支撑在预制梯梁上，形成梯段，梯梁支撑在平台梁上，如图 6.1-12 所示。

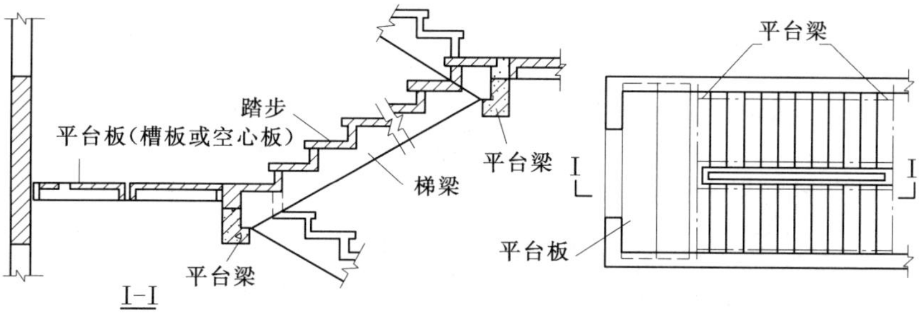

图 6.1-12　梁承式预制装配式楼梯

b. 墙承式预制装配式楼梯。墙承式预制装配式楼梯是将预制的 L 形或一字形踏步板搁置在两侧的墙体上。这种楼梯不需设置梯梁和平台梁，较为经济，多用于直跑楼梯或电梯井组合设计的三折楼梯等；当采用双跑楼梯时，为减少行人上下时视线被遮挡，可在中间墙上适当的位置开设观察孔，如图 6.1-13 所示。

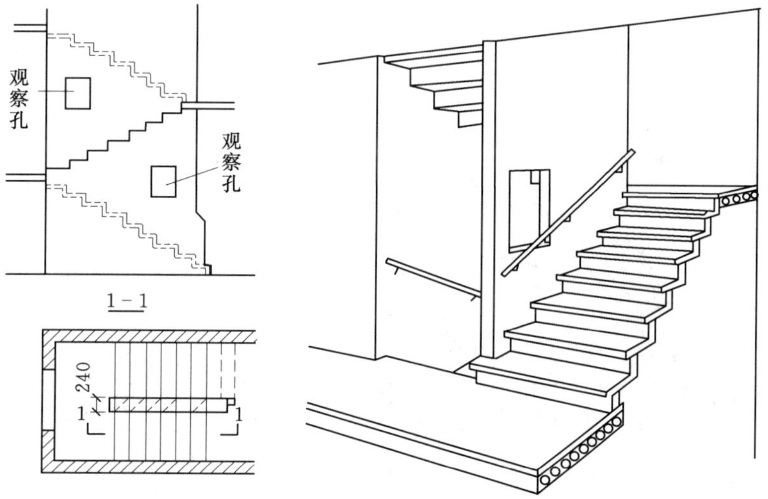

图 6.1-13　墙承式预制装配式楼梯

c. 悬挑式预制装配式楼梯。悬挑式预制装配式楼梯是将预制踏步一端固定在墙上，一端悬挑。用于固定踏步的墙体厚度不应小于 240mm，踏步的悬挑长度一般不超过 1800mm，如图 6.1-14 所示。

(2) 中型构件装配式楼梯。中型构件装配式楼梯是以平台和楼梯段作为预制构件，在现场装配而成的楼梯。该种楼梯可以减少预制构件的种类和数量，采用机械吊装，能简化施工、加快施工速度。

根据楼梯段结构形式不同，分为板式和梁板式。板式是将踏步板预制成梯段板一个构件，两端搁置在平台梁挑出翼缘上，如图 6.1-15 (a) 所示；梁板式是将踏步板和梯段斜梁预制成一个构件，一般做成暗步，如图 6.1-15 (b) 所示。

(3) 大型构件装配式楼梯。大型构件装配式楼梯是将楼梯段与平台制成一个构件。楼梯段可与一面平台连接，也可与两面平台连接。根据楼梯段结构形式不同，也可分为板式和梁板式，如图 6.1-16 所示。

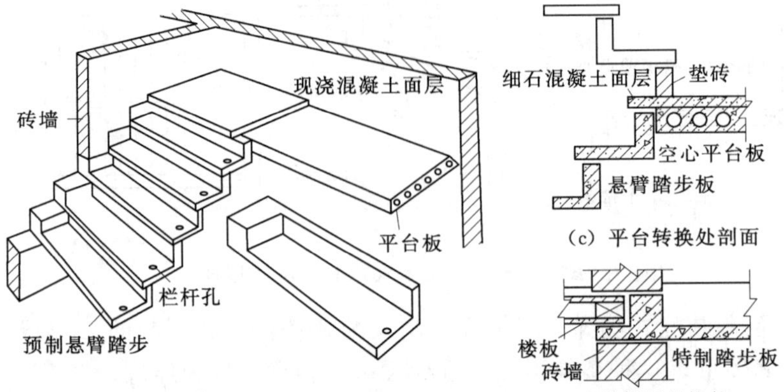

(a) 悬臂踏步楼梯示意　(b) 踏步构件

图 6.1-14　悬挑式预制装配式楼梯

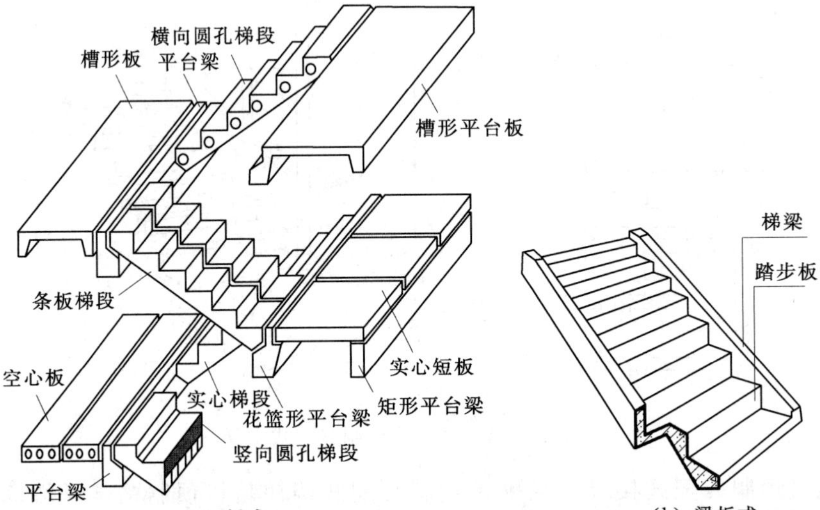

(a) 板式　(b) 梁板式

图 6.1-15　中型构件装配式楼梯

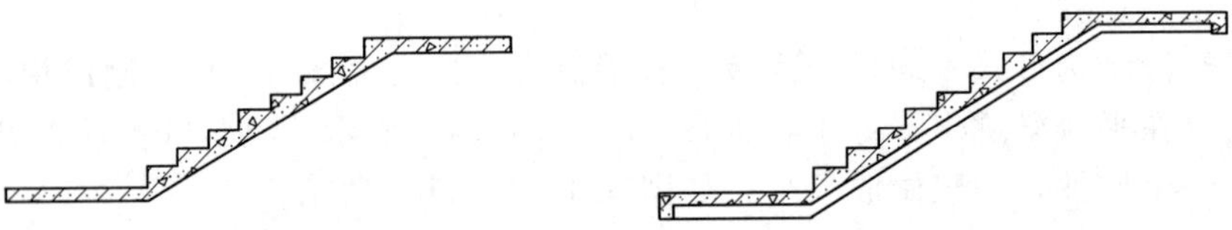

(a) 板式楼梯　(b) 梁式楼梯

图 6.1-16　大型构件装配式楼梯

任务 6.2　建筑剖面图识读技法

【内容简介】

本任务主要介绍建筑剖面图的形成、内容和楼梯剖面图的读图方法，使学生能完成楼梯剖面图识读。

6.2.1　建筑剖面图的形成和内容

1. 建筑剖面图的形成

假想用一个或多个垂直于外墙轴线的铅垂剖切面将房屋剖开，移走观察者与剖切平面之间的部分，将剩余部分投影到与剖切平面平行的投影面上，就形成了建筑剖面图，如图 6.2－1 所示。

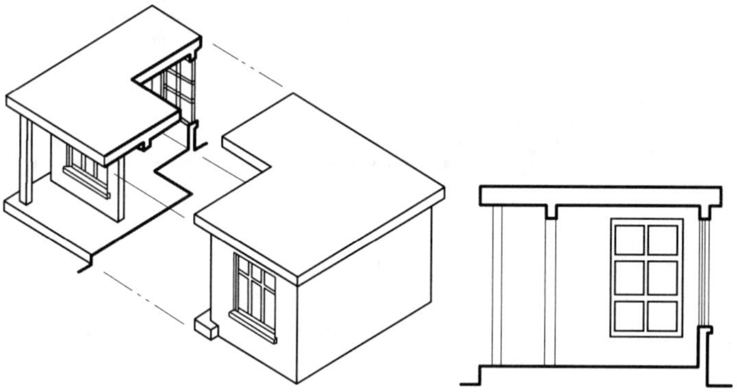

图 6.2－1　建筑剖面图形成

2. 建筑剖面图的内容

建筑剖面图用以表示房屋内部的结构或构造形式、分层情况和各部位的联系、材料及其高度等，是与平、立面图相互配合的不可缺少的重要图样之一。剖面图的数量是根据房屋的具体情况和施工实际需要而决定的。剖切面一般横向，即平行于侧面，必要时也可纵向，即平行于正面。其位置应选择在能反映出房屋内部构造比较复杂与典型的部位，并应通过门窗洞口的位置。若为多层房屋，应选择在楼梯间或层高不同、层数不同的部位。

6.2.2　楼梯剖面图示例

1. 楼梯剖面图看图要点

(1) 看图名、比例。

(2) 看定位轴线编号，与底层平面图对应，确定剖切位置和投影方向。

(3) 看房屋内部结构及内部构造，如各层楼梯间的竖向布置情况。

(4) 看房屋各部分竖向高度，如各层楼地面、屋面及楼梯平台等标高，门窗、窗台、檐口、女儿墙等高度。

(5) 看相关图例和文字说明。

2. 楼梯剖面图识读示例

(1) 示例一：某办公楼剖面图如图 6.2－2 所示，其主要内容如下：

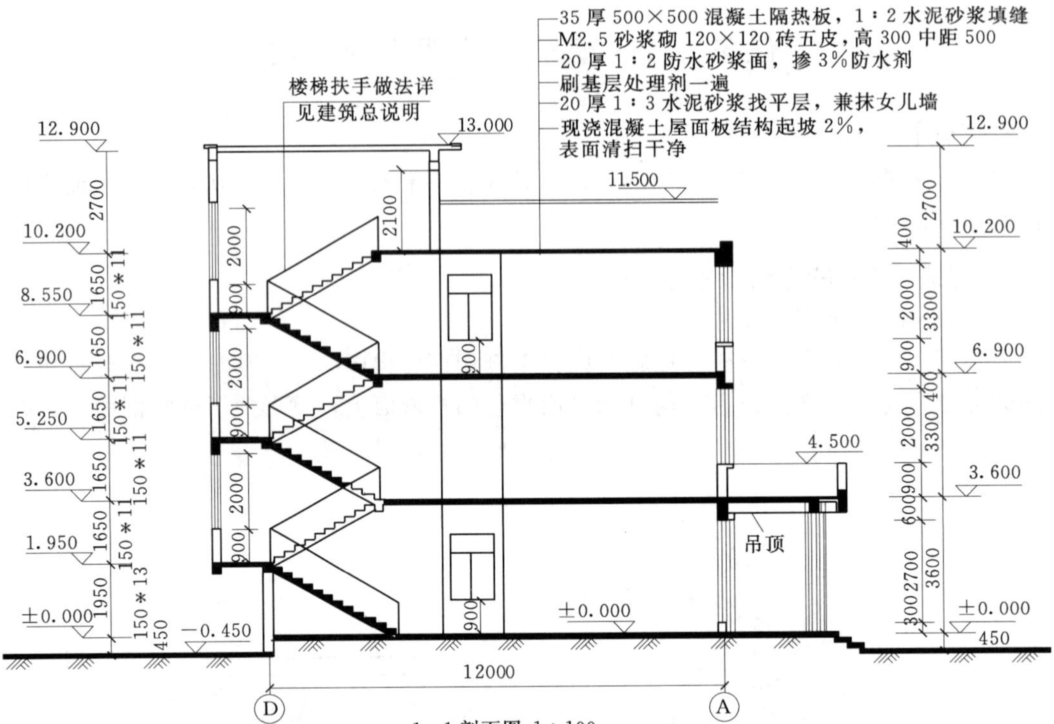

1－1 剖面图 1∶100

图 6.2－2　建筑剖面图

1）图名为“1－1 剖面图”，比例为 1∶100。

2）两端定位轴线Ⓓ轴和Ⓐ轴，由底层平面图可知该剖面图的剖切位置和投影方向。

3）房屋竖向分为 3 层，可以看到各层楼梯及各层窗户高度，屋顶为平屋顶，屋顶设有女儿墙。

4）1 层地面标高±0.000，2 层为 3.600，3 层为 6.900，3 楼顶面标高为 10.200，楼梯间顶部标高为 12.900，室外地坪－0.450。同时也可知其余部位标高及有关高度尺寸，如 1 层楼梯中间平台标高为 1.950，2 层中间平台为 5.250，3 层中间平台 8.550，1 层窗户高度为 2700mm，2 层及 3 层窗户高度为 2000mm，楼梯间窗户高度均为 2000mm 等。

5）楼梯扶手构造做法及各层楼地面做法根据建筑设计总说明。屋顶构造做法如剖面图中所示。

（2）示例二：某综合实训楼剖面图如附图 2.9 所示。

1）图名为“1－1 剖面图”，比例 1∶100。

2）定位轴线Ⓕ轴、Ⓔ轴、Ⓓ轴和Ⓒ轴，由一层平面图可知该剖面图的剖切位置为楼梯间与走廊，投影方向向右。

3）房屋竖向分为 5 层，可以看到各层楼梯及各层走廊栏板高度，屋顶为平屋顶，屋顶设有女儿墙。

4）1 层地面标高±0.000，2 层为 5.400，3 层为 9.300，4 层高为 13.200，5 层为 17.100，5 楼顶面标高为 21.000，楼梯间顶部标高为 24.600，室外地坪－0.450。同时也

可知其余部位标高及有关高度尺寸，如1层楼梯中间平台标高为2.700，2层中间平台为7.350，3层中间平台为11.250，4层中间平台为15.150，5层中间平台为19.050，楼梯间窗户高度均为2100mm，1～5层走廊栏板高度均为1200mm，扶手高度为1100mm等。

5）楼梯栏杆构造选自标准图集11ZJ401中第14页W类型，扶手选自第37页17号节点，起步选自第38页12号节点，并采用成品防滑地砖。女儿墙构造做法参照本套图纸中图号为4号的图纸中编号为3号的详图。

知识拓展：电梯与自动扶梯

通过对电梯与自动扶梯的学习，有助于更好地认识建筑交通垂直设施。

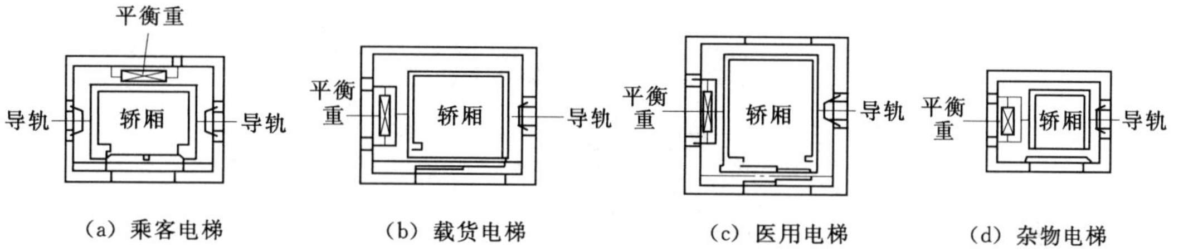

拓展图1　电梯分类

1. 电梯

(1) 电梯类型。

按用途不同分为：乘客电梯、载货电梯、医用电梯、杂物电梯、观光电梯、车辆电梯等，如拓展图1所示。

按运行速度不同分为：低速梯、中速梯、高速梯和超高速梯。

按操纵控制方式不同分为：手柄开关操纵、按钮控制电梯、信号控制电梯、集选控制电梯、并联控制电梯、群控电梯。

(2) 电梯组成。电梯主要由机房、井道、轿厢组成，如拓展图2所示。

(3) 电梯的构造要求。

1) 电梯机房。电梯机房是用于安放曳引机、控制柜、限速器、总电源控制盒等设备的控制间，一般设置在电梯井道顶部。机房应有足够的尺寸，以允许人员安全和容易地对有关设备进行作业，尤其是对电气设备的作业，供活动区域的净高度不应小于1.80m，工作区域的净高不应小于2m。

2) 电梯井道。电梯井道的尺寸应当满足电梯的安

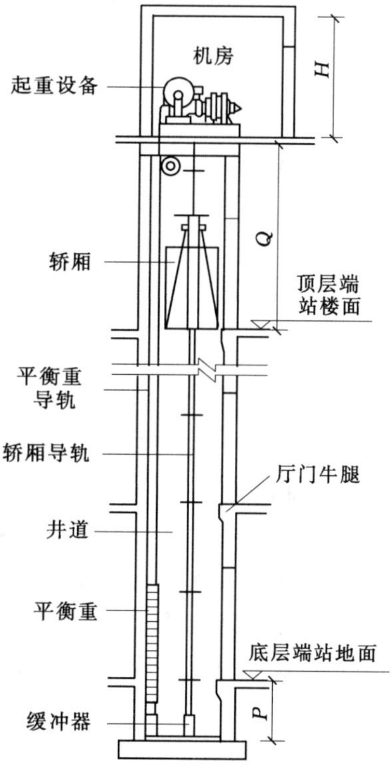

拓展图2　电梯组成

装和检修要求。井道四周的围护结构必须具备足够的防火性能，其耐火极限不低于该建筑物的耐火等级的规定，常采用钢筋混凝土结构；当井道内超过两部电梯时，需用防火结构隔开。

3）电梯轿厢。电梯轿厢由轿厢架、轿厢壁、轿厢底、轿厢顶、轿厢门组成。轿厢内部净高度不应小于2m，使用人员正常出入轿厢入口的净高度不应小于2m，面积由载重量确定。

2. 自动扶梯

自动扶梯适用于有大量人流上下的公共场所，如车站、商场、航站楼等。自动扶梯由电动机械牵引，机房悬挂在楼板的下方，踏步与扶手同步，可正、逆两个方向运行，机械停止运转时可作为普通楼梯使用，如拓展图3所示。

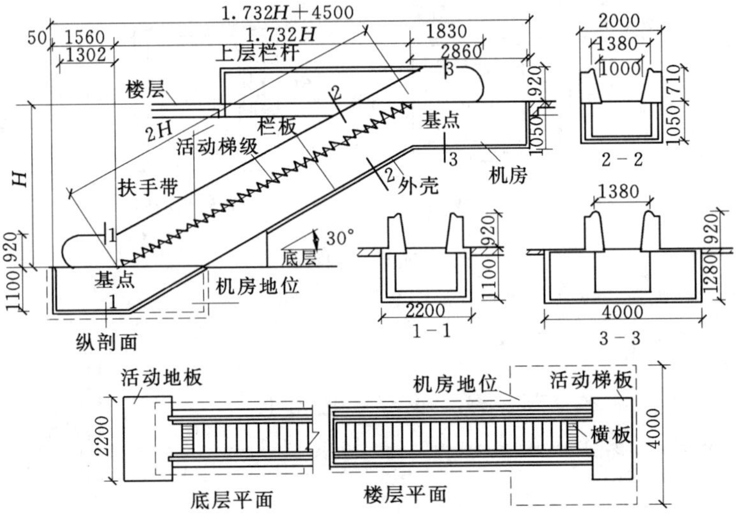

拓展图3　自动扶梯构造

习题与考核

一、实操题

结合课本后的附图，应用所学知识，进行建筑剖面图识读。

二、理论题

1. 楼梯的组成部分有哪些？楼梯的分类有哪些？
2. 楼梯平台深度有何要求？净空高度有什么要求？
3. 现浇钢筋混凝土楼梯的分类有哪些？各有什么特点？
4. 识读剖面图时应与哪些施工图对照？目的是什么？

项目 7

建筑详图识读

【学习目标】

知识目标：了解墙体的局部构造有哪些；熟悉墙体防潮层、勒脚、散水和明沟、台阶、窗台、过梁、圈梁、构造柱、变形缝、踢脚线的作用及构造形式；掌握建筑详图的形成方式、识读内容和方法。

技能目标：能够准确识读建筑详图。

【情景导入】

同学们，你们能把家里的卫生间、宿舍里的楼梯、楼顶的女儿墙的布置画出来吗？能告诉大家它们的形状、尺寸、材料、做法是怎样的……这就是本项目中我们要一起学习的内容，建筑的细部构造，它在图纸上通过建筑详图把在平面、立面、剖面图中许多无法表示清楚细部的构造，用较大的比例详细画出图样来。下面我们先来学习墙体有哪些细部构造。

任务 7.1 墙体局部构造

【内容简介】

本任务主要介绍墙体局部构造，包括防潮层、勒脚、散水、明沟、台阶、窗台、过梁、圈梁、构造柱、变形缝和踢脚线。

7.1.1 防潮层

在墙身中设置防潮层的目的是为了防止土壤中的潮气和水分由于毛细管作用沿墙面上升，提高墙身的坚固性与耐久性，保持室内干燥卫生，如图 7.1-1 所示。一般在勒脚部位设置连续的水平隔断层，为墙身的水平防潮层。在室内地面与室外地面之间，当墙的两侧有高差时，应分别设在两侧地面以下 60mm 处，并在靠土的一侧加设垂直防潮层，如图 7.1-2 所示。

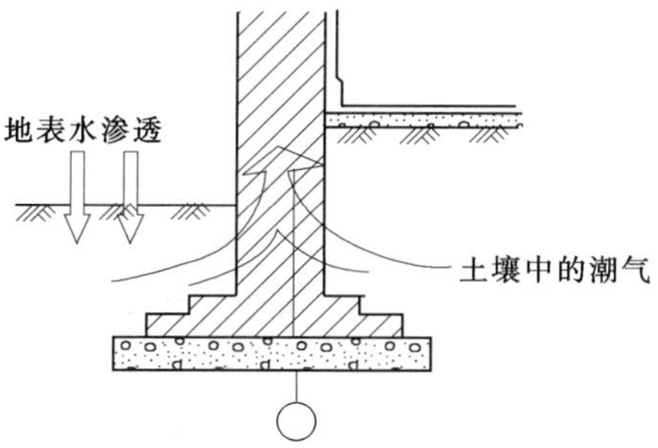

图 7.1-1 潮气进入墙体

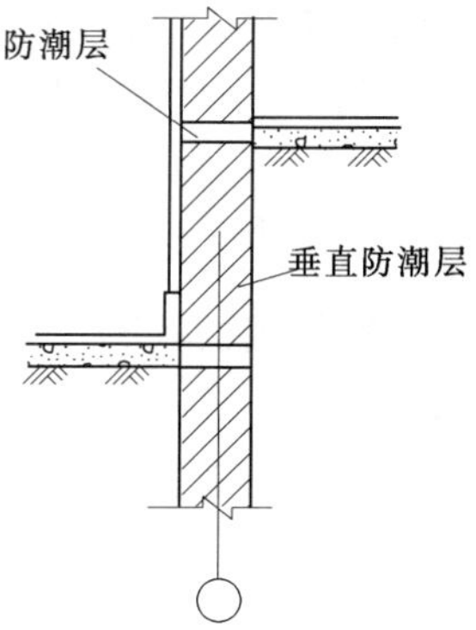

图 7.1-2 防潮层设置位置

防潮层的构造做法有防水砂浆防潮层、细石混凝土防潮层和油毡防潮层。

（1）防水砂浆防潮层：一种是采用 1∶2 水泥砂浆加水泥用量 3%～5%防水剂，厚度一般为 20～25mm；另一种是用防水砂浆砌三皮砖作防潮层，这种做法构造简单，但砂浆开裂或不饱满时影响防潮效果，如图 7.1－3 所示。

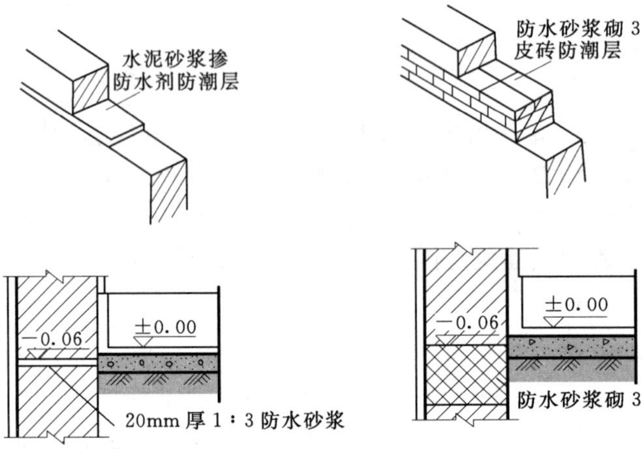

图 7.1－3　防水砂浆防潮层

（2）细石混凝土防潮层：是采用 60mm 厚的细石混凝土带，内配三根 Φ6 钢筋，其防潮性能良好，如图 7.1－4 所示。

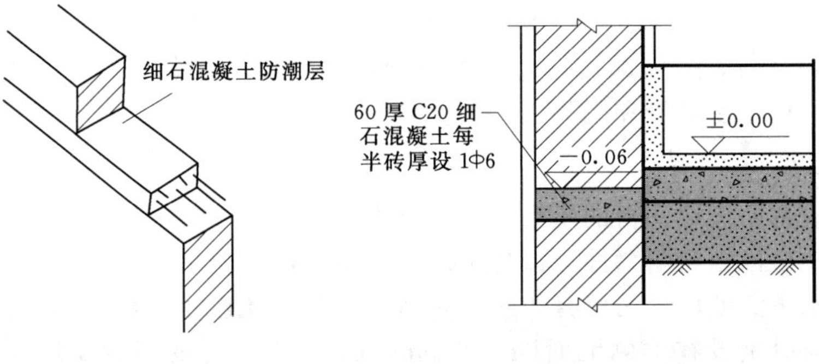

图 7.1－4　细石混凝土防潮层

（3）卷材防潮层：在防潮层部位先抹 20mm 砂浆找平层，然后再铺卷材一层，卷材的宽度与墙厚一致或稍大些，卷材沿长度铺设，搭接长度不小于 100mm，如图 7.1－5 所示。

7.1.2　勒脚

勒脚是建筑物外墙的墙脚，即建筑物的外墙与室外地面或散水部分的接触墙体部位的加厚部分。

勒脚的作用是防止地面水、屋檐滴下的雨水的侵蚀，从而保护墙面，保证室内干燥，提高建筑物的耐久性，也能使建筑的外观更加美观。勒脚部位外抹水泥砂浆或外贴石材等防水耐久的材料，且应与散水、墙身水平防潮层形成闭合的防潮系统。

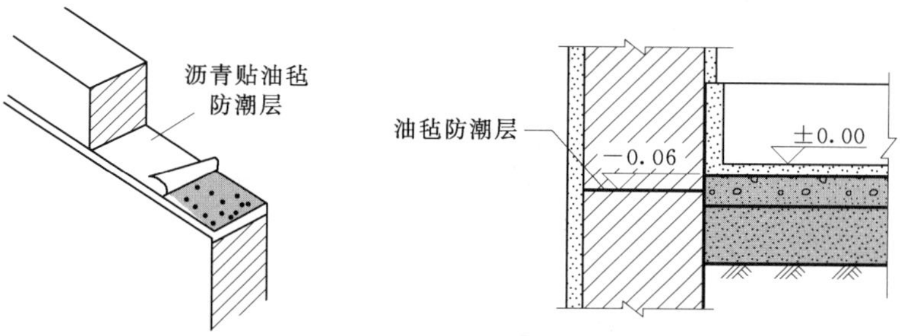

图 7.1-5 沥青卷材防潮层

常见的构造做法是在勒脚部位将墙体适当加厚或用石材砌筑，还可在外侧抹水泥砂浆、水刷石等面层，或贴天然石材。勒脚的高度一般距室外地坪 500mm 以上或考虑造型的要求与窗台平齐，如图 7.1-6 所示。

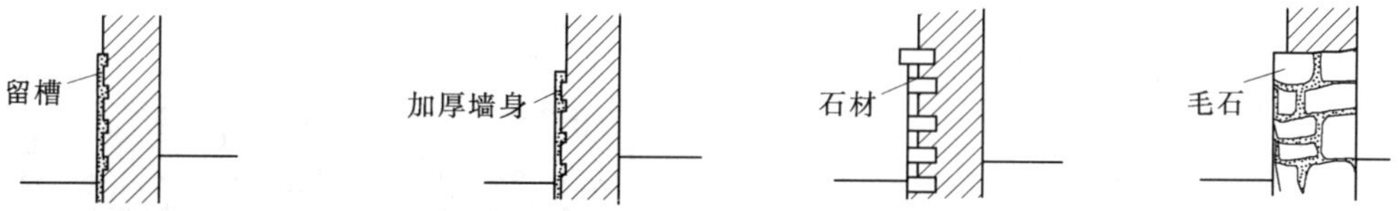

（a）抹水泥砂浆或水刷石　（b）加厚墙身并抹灰　（c）镶贴石材　（d）用石材砌筑

图 7.1-6 勒脚构造

7.1.3 散水和明沟

1. 散水

散水指在建筑周围铺的用以防止雨水渗入的保护层。为了保护墙基不受雨水侵蚀，常在外墙四周将地面做成向外倾斜的坡面，以便将屋面的雨水排至远处，称为散水，这是保护房屋基础的有效措施之一。

散水是与外墙勒脚垂直交接倾斜的室外地面部分，用以排除雨水，保护墙基免受雨水侵蚀。散水的宽度应根据土壤性质、气候条件、建筑物的高度和屋面排水形式确定，一般为 600～1000mm。当屋面采用无组织排水时，为保证排水顺畅，散水宽度应大于檐口挑出长度 200～300mm。

散水的做法通常是在素土夯实上铺三合土、混凝土等材料，厚度 60～70mm。散水应设不小于 3%的排水坡。散水宽度一般为 0.6～1.0m。散水与外墙交接处应设分格缝，分格缝用弹性材料嵌缝，防止外墙下沉时将散水拉裂。散水整体面层纵向距离每隔 6～12m 做一道伸缩缝。如图 7.1-7 所示。

2. 明沟

明沟是将雨水集中排入下水道系统中去，属于有组织的排水形式。明沟的构造做法有混凝土排水沟、砖砌排水沟和石砌排水沟，一般用素混凝土现浇，或用砖石铺砌成宽 180mm、深 150mm 的沟槽，然后用水泥砂浆抹面，沟底应有不小于 1%的坡度，以保证排水通畅，如图 7.1-8 和图 7.1-9 所示。

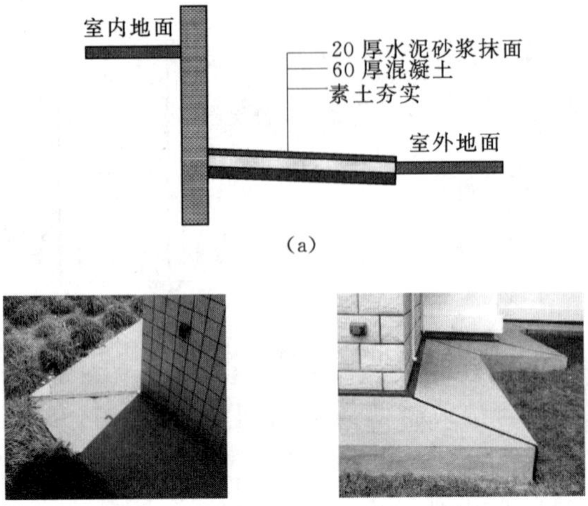

图 7.1－7　散水图

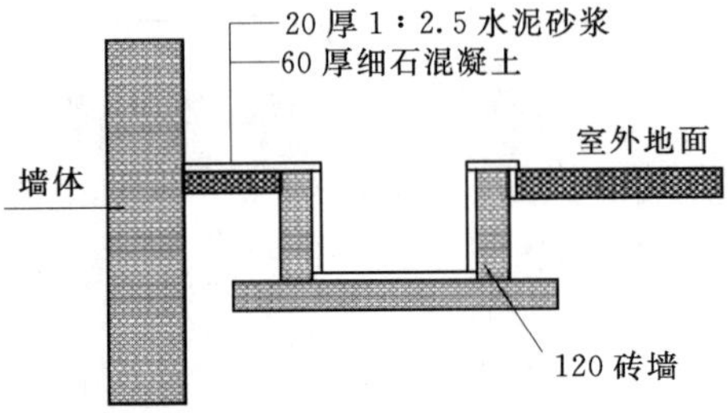

图 7.1－8　明沟示意图

图 7.1－9　明沟

7.1.4　台阶

台阶，一般是指用砖、石、混凝土等筑成的一级一级供人上下的建筑物，多在大门前或坡道上。

台阶设置应符合相关规定，一是公共建筑室内外台阶踏步宽度不宜小于 0.30m，踏步高度不宜大于 0.15m，并不宜小于 0.10m，踏步应防滑，室内台阶踏步数不应少于 2 级，当高差不足 2 级时，应按坡道设置；二是人流密集的场所台阶高度超过 0.70m 并侧面临空时，应有防护设施。

室外台阶由平台和踏步组成，平台面应比门洞口每边宽出 500mm 左右，并比室内地坪低 20～50mm，向外做出约 1%的排水坡度。台阶踏步所形成的坡度应比楼梯平缓，一般踏步的宽度不小于 300mm，高度不大于 150mm。当室内外高差超过 1000mm 时，应在台阶临空一侧设置围护栏杆或栏板。在某些大型公共建筑中，为了汽车能在大门入口处通行，可采用单面台阶与两侧坡道相结合的形式，如图 7.1－10 所示。

室外台阶的构造包含面层、垫层及基层，与地面构造相似。基层为夯实的土壤或灰土，垫层可采用混凝土、石材或砖砌体。在寒冷地区，为了防止室外台阶受冻害，在基层

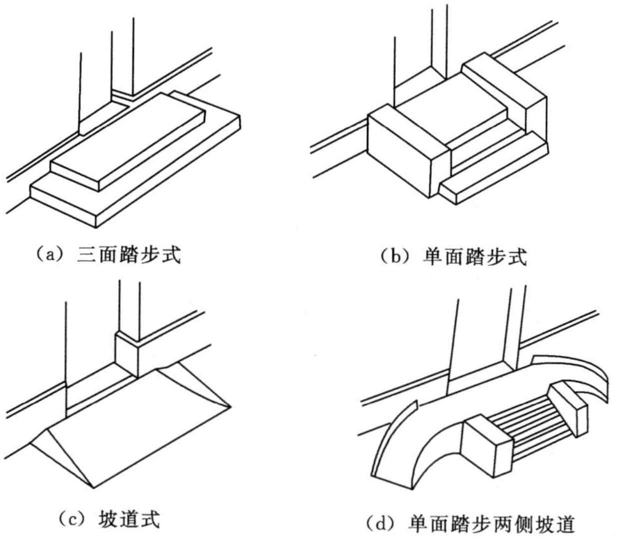

(a) 三面踏步式　　(b) 单面踏步式

(c) 坡道式　　(d) 单面踏步两侧坡道

图 7.1-10　台阶与坡道形式

和混凝土之间设防冻层，通常采用砂或炉渣。面层一般可以与地面面层一致，也可以另外采用。台阶的构造图如图 7.1-11 所示。

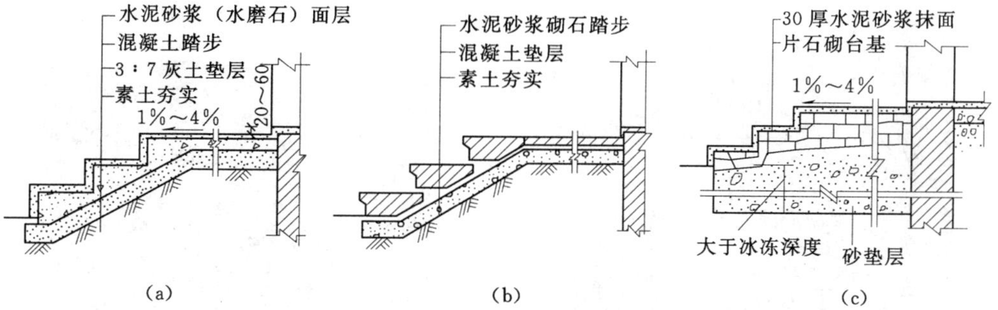

(a)　　(b)　　(c)

图 7.1-11　台阶构造

7.1.5　窗台

窗洞下部设置的防水构造，它的作用是排除窗外侧流下的雨水和内侧的冷凝水。以窗框为界，位于室外一侧的称为外窗台，位于室内一侧的称为内窗台。外窗台面层应用不透水的材料，并应自窗向外倾斜。内窗台可用水泥砂浆抹面或预制水磨石及木窗台板等做法。内窗台台面应高于外窗台台面。

外窗台底面外缘处应做滴水，即做成锐角或半圆凹槽，以免排水时沿底面流至墙身。外窗台有悬挑窗台和不悬挑窗台两种，悬挑窗台常采用丁砌一皮砖出挑 60mm 或将一砖侧砌并出挑 60mm，也可以采用钢筋混凝土窗台，悬挑窗台底部边缘处抹灰时应做宽度和深度均不小于 10mm 的滴水线或滴水槽或滴水斜面（俗称鹰嘴）。窗台构造如图 7.1-12 所示。

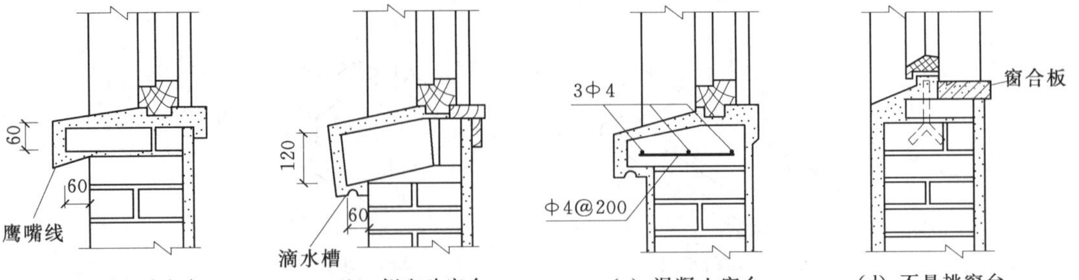

图 7.1-12 窗台的构造

7.1.6 过梁

当墙体上开设门窗洞口时，为了支撑洞口上部砌体所传来的各种荷载，并将这些荷载传给洞口两侧的墙体，常在门、窗洞孔上设置横梁，该梁称为过梁。过梁的常见形式有砖拱过梁、钢筋砖过梁、钢筋混凝土过梁三种。

1. 砖拱过梁

砖拱过梁分为平拱和弧拱。由竖砌的砖作拱圈，一般将砂浆灰缝做成上宽下窄，上宽不大于 20mm，下宽不小于 5mm。砖不低于 MU7.5，砂浆不能低于 M2.5，砖砌平拱过梁净跨宜小于 1.2m，不应超过 1.8m。弧形拱砖过梁立面呈弧形或半圆形，起拱高度一般为跨度的 1/15～1/10，过梁跨度为 2～3m，如图 7.1-13 所示。

(a) 平拱砖过梁

(b) 半圆砖拱过梁

图 7.1-13 砖拱过梁

2. 钢筋砖过梁

钢筋砖过梁是在砖缝里配置钢筋，形成可以承受荷载的加筋砖砌体。钢筋砖过梁的跨度不应超过 2m，砖应不低于 MU7.5，砂浆强度等级不宜低于 M2.5。其做法是在第一皮砖下的砂浆层内放置钢筋，过梁的高度应经计算确定，一般不少于 4～6 皮砖，同时不小于洞口跨度的 1/5。洞口上部应先支木模，上放直径不小于Φ 5mm 的钢筋，间距不大于 120mm，并伸入两边墙内应不小于 240mm，且钢筋上下应抹砂浆层，如图 7.1-14 所示。

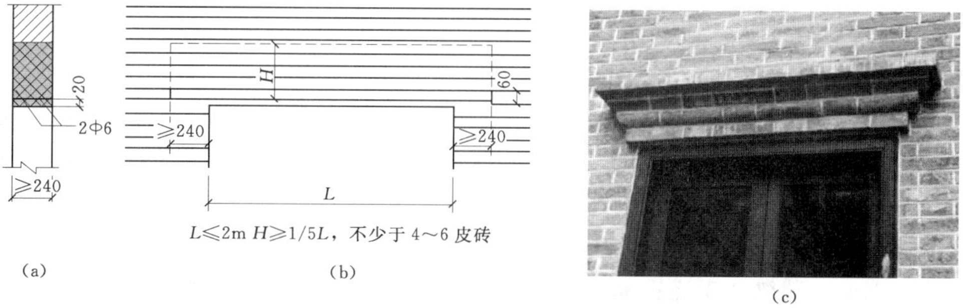

图 7.1-14　钢筋砖过梁

3. 钢筋混凝土过梁

钢筋混凝土过梁是一种普遍使用的过梁。坚固耐用，施工方便，当门窗洞口跨度大于 2m，上部荷载较大时或有集中荷载及较大振动荷载时，可能产生不均匀沉降的房屋，应选择钢筋混凝土过梁。过梁的高度应与砖数匹配，常用高度有 60mm、120mm、240mm，且过梁两端应伸入墙内的长度不小于 240mm。

过梁的截面尺寸有矩形和 L 形。矩形多用于内墙和混水墙，L 形多用于外墙和清水墙，在寒冷地区，为了防止过梁内壁产生冷凝水，可采用矩形和 L 形的组合形式，如图 7.1-15 和图 7.1-16 所示。

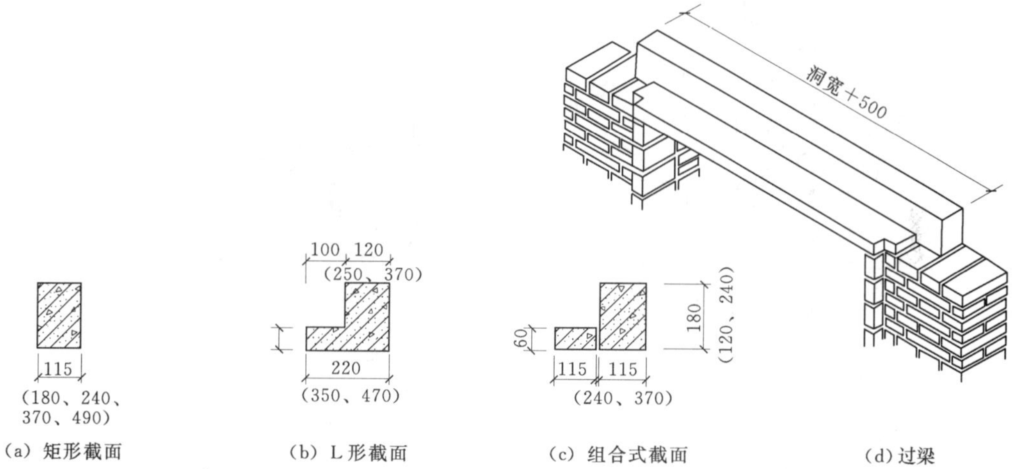

图 7.1-15　预制钢筋混凝土过梁

图 7.1-16　钢筋混凝土过梁

7.1.7　圈梁

圈梁是沿建筑物外墙四周及部分内横墙设置的连续封闭的梁。圈梁通常设置在基础墙、檐口和楼板处，其数量和位置与建筑物的高度、层数、地基状况和地震强度有关。设置圈梁是为了增强建筑的整体刚度及墙身的稳定性，且可以减少因基础不均匀沉降或较大振动荷载对建筑物的不利影响及其所引起的墙身开裂。在抗震设防地区，利用圈梁加固墙身就显得更加必要。

圈梁有钢筋砖圈梁和现浇钢筋混凝土圈梁两种，通常采用现浇钢筋混凝土圈梁。钢筋混凝土圈梁的截面形式一般为矩形，宽度通常与墙厚相同，不小于 180mm；当墙厚大于 240mm，其宽度不小于墙厚的 2/3；高度一般不小于 120mm，且与砖的皮数相适应，如 120（2 匹砖）、180（3 匹砖）等；圈梁的位置一般设于板下（预制板），有时与门窗洞口过梁结合布置，一般只需构造配筋，当圈梁兼过梁时，或圈梁局部下面有走道时，才需进行结构方面的计算和补强。圈梁宜连续地设在同水平面上，沿纵横墙方向应形成封闭状，如图 7.1－17 所示。当圈梁被门窗洞口截断时，应在洞口上部增设相同截面的附加圈梁。附加圈梁与圈梁的搭接长度不应小于其中垂直间距的 2 倍，且不得小于 1m，如图 7.1－18 所示。

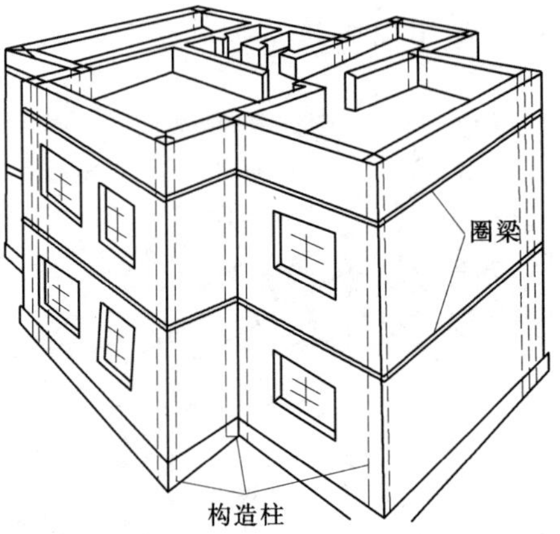

图 7.1－17　圈梁

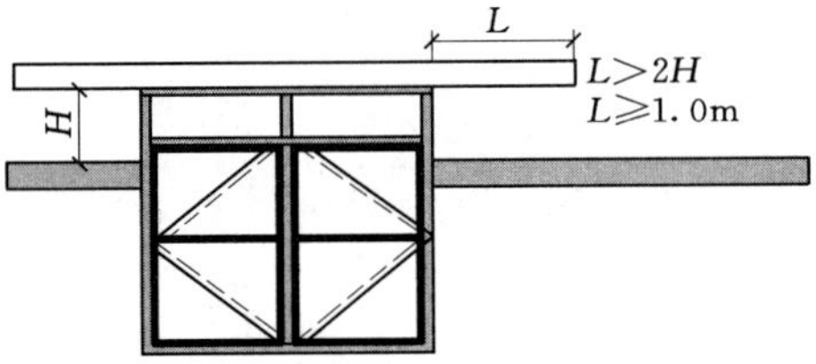

注：关于附加圈梁：在圈梁遇洞口不能实现闭合时使用。

图 7.1－18　附加圈梁

7.1.8　构造柱

在砌体房屋墙体的规定部位，按构造配筋，并按先砌墙后浇灌混凝土柱的施工顺序制成的混凝土柱，通常称为混凝土构造柱，简称构造柱。构造柱的主要作用一是和圈梁一起作用形成整体性，增强砌体结构的抗震性能；二是减少、控制墙体的裂缝产生，另外还能增强砌体的强度。

1. 构造柱设置的原则

（1）应根据砌体结构体系。根据砌体类型结构或构件的受力或稳定要求，以及其他功能或构造要求，在墙体中的规定部位设置现浇混凝土构造柱。

（2）对于大开间荷载较大或层高较高以及层数不小于 8 层的砌体结构房屋宜按下列要求设置构造柱：

1）墙体的两端。

2）较大洞口的两侧。

3）房屋纵横墙交界处。

4）构造柱应与圈梁有可靠的连接。

5）构造柱的间距，当按组合墙考虑构造柱受力时，或考虑构造柱提高墙体的稳定性时，其间距不宜大于 4m，其他情况不宜大于墙高的 1.5～2 倍及 6m，或按有关的规范执行。

（3）下列情况宜设构造柱：

1）受力或稳定性不足的小墙垛。

2）跨度较大的梁下墙体的厚度受限制时，于梁下设置。

3）墙体的高厚比较大如自承重墙或风荷载较大时，可在墙的适当部位设置构造柱，以形成带壁柱的墙体满足高厚比和承载力的要求，此时构造柱的间距不宜大于 4m，构造柱沿高度横向支点的距离与此同时与构造柱截面宽度之比不宜大于 30，构造柱的配筋应满足水平受力的要求。

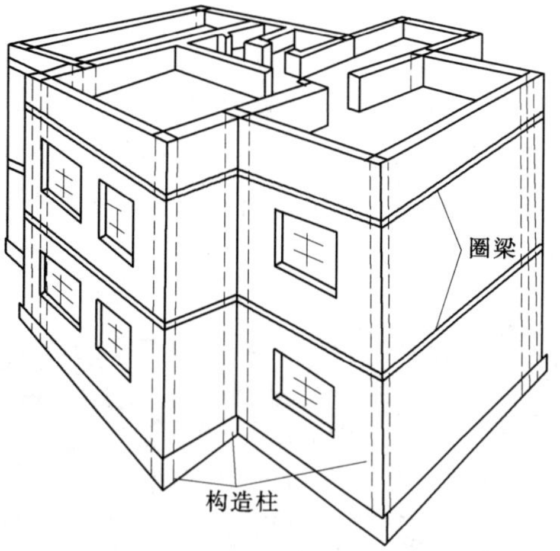

图 7.1-19　构造柱的设置

2. 构造柱的截面形式

钢筋混凝土构造柱不单设基础，但是应伸入室外地面以下 500mm 的基础内，或锚固在地圈梁内。构造柱断面尺寸应不小于 240mm×180mm，主筋不少于 $4\Phi12$，箍筋 $\Phi6@200$mm。墙与柱之间沿墙高每 500mm 设 $2\Phi6$ 钢筋拉接，每边伸入墙内不小于 1m。构造柱在施工时，应先砌墙并留马牙槎，随着墙体的上升，逐段浇注钢筋混凝土构造柱，如图 7.1-20 所示。

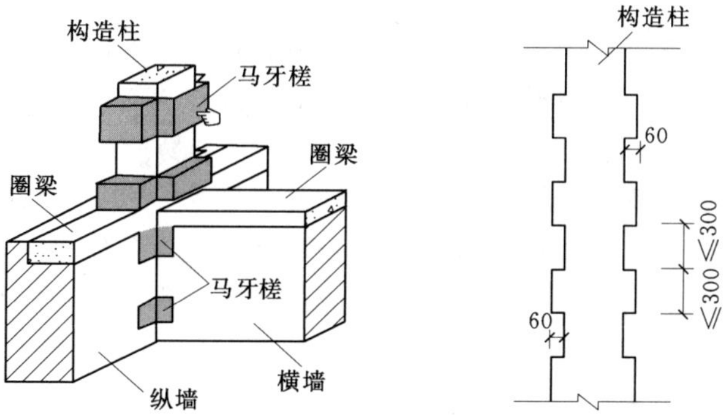

图 7.1-20　构造柱示意图

7.1.9　变形缝

1. 变形缝的含义

建筑物由于温度变化、地基不均匀沉降以及地震等因素的影响，使结构内部产生附加应力和变形，易使建筑物破坏，产生裂缝甚至倒塌。为减少这些应力和变形对建筑物的损坏，预先在建筑物变形敏感的部位将结构断开，预留缝隙，以保证建筑物有足够的变形宽度而不使建筑物破损，这种将建筑物垂直分割而预留的人工缝称为变形缝。

2. 变形缝的分类

根据变形缝的作用可分为伸缩缝、沉降缝、防震缝三种。

（1）伸缩缝。伸缩缝的主要作用是避免由于温差和混凝土收缩而使房屋结构产生严重的变形和裂缝，它是通过将过长或过宽的建筑物分为几个长度较短的单元，以减少温度应力产生的破坏。伸缩缝设置的构造要求是从基础顶面至屋顶沿结构全部断开，缝宽一般为20～30mm，如图 7.1-21 所示。

图 7.1-21 伸缩缝

（2）沉降缝。沉降缝（图 7.1-22）是防止建筑物因地基不均匀沉降引起破坏而设置的缝隙，它是把建筑物分成若干个整体刚度较好、自成沉降体系的结构单元，以适应不均匀的沉降。沉降缝可兼伸缩缝的作用，而伸缩缝却不能代替沉降缝。沉降缝的缝宽与地基情况及建筑高度有关，地基越弱的建筑物，沉降的可能性越大，沉降后产生的倾斜距离越大，其沉降缝的宽度约为 30～70mm，在软弱的地基上的建筑物的缝宽应适当增加并根据地基、建筑高度等确定。沉降缝从基础至屋顶全部断开。

（3）防震缝。防震缝（图 7.1-23）是针对地震时容易产生应力集中而引起建筑物结构断裂，发生破坏的部位而设置的缝。对于设计烈度在 7～9 度的地震区，当房屋体型比较复杂时，如 L 形、T 形、工字形等，必须将房屋分成几个体型比较规则的结构单元，以利于抗震。防止建筑物各部分在地震时相互撞击引起破坏，抗震缝将建筑物划分成若干体型简单、结构刚度均匀的独立单元。

防震缝的设置可以从基础以上断开。防震缝应同伸缩缝和沉降缝协调布置，做到一缝多用。防震缝的宽度一般不小于 50mm，如图 7.1-23 所示。

3. 变形缝的关系

（1）伸缩缝、沉降缝、防震缝应根据情况统一设置。

（2）当只设置其中两种缝时，一般沉降缝可代替伸缩缝，防震缝缝也可代替伸缩缝。

（3）当伸缩缝、沉降缝、防震缝均需设置时，通常以沉降缝的设置为主，缝的宽度和

图 7.1-22 沉降缝

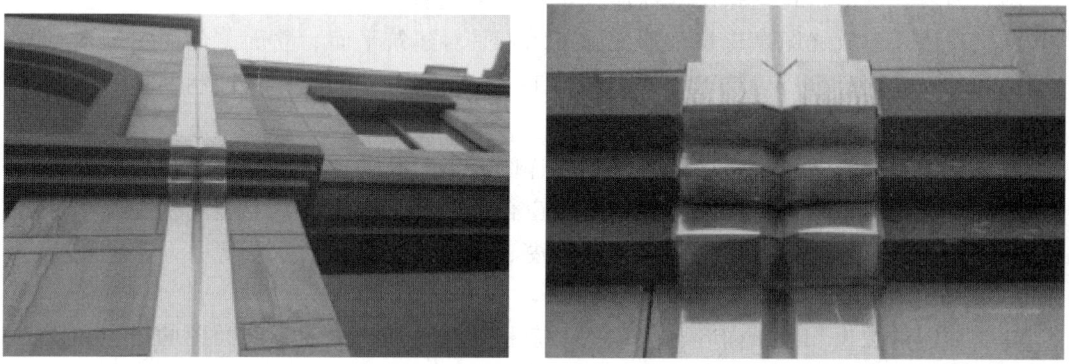

图 7.1-23 防震缝

构造处理应满足防震缝的要求，同时也应兼顾伸缩缝的最大间距要求。

7.1.10 踢脚线

踢脚线是室内地面与墙面相交处的构造处理。踢脚线的作用是保护墙面，防止污染墙身。踢脚线的高度一般为 100～150mm。常用的材料有水泥砂浆、水磨石、大理石、缸砖、木材等，一般与地面材料相同。常用踢脚线的构造做法如图 7.1-24 所示。

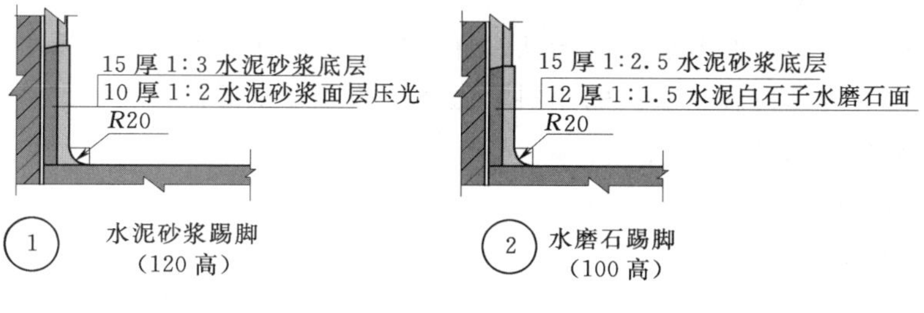

(a) 水泥砂浆踢脚线　　(b) 水磨石踢脚线

图 7.1-24 踢脚线的构造

任务7.2 建筑详图识读技法

【内容简介】

本任务主要介绍建筑详图的内容和作用，使学生掌握建筑详图识读。

7.2.1 建筑详图的内容和作用

1. 建筑详图的概念

由于画平面、立面、剖面图时所用的比例较小，房屋上许多细部的构造无法表示清楚，为了满足施工的需要，必须分别将这些部位的形状、尺寸、材料、做法等用较大的比例详细画出图样，这种图样称为建筑详图，简称详图。

2. 建筑详图的特点及作用

(1) 特点。建筑详图的特点：一是比例大，如1∶20、1∶10、1∶5、1∶2、1∶1等；二是图示内容详尽清楚；三是尺寸标注齐全、文字说明详尽。

(2) 作用。建筑详图是建筑细部的施工图，是对建筑平面、立面、剖面图等基本图样的深化和补充，同时也是建筑工程的细部施工、建筑构配件的制作及编制预算的依据。

3. 建筑详图的种类

建筑详图可分为节点构造详图和构配件详图两类。凡表达房屋某一局部构造做法和材料组成的详图称为节点构造详图，如檐口、窗台、勒脚、明沟等。凡表明构配件本身构造的详图，称为构件详图或配件详图，如门、窗、楼梯、花格、雨水管等。

4. 建筑详图的表示方法

建筑详图的数量和图示内容与房屋的复杂程度及平面、立面、剖面图的内容和比例有关。对于套用标准图或通用图的建筑构配件和节点，只需注明所套用图集的名称、型号或页次，可不必另画详图。对于节点构造详图，应在详图上注出详图符号，以便对照查阅。而对于构配件详图，可不注索引符号，只在详图上写明该构配件的名称或型号即可。

5. 建筑详图的内容

一幢房屋施工图通常需绘制以下几种详图：外墙剖面详图、楼梯详图、门窗详图及室内外一些构配件的详图。各详图的主要内容如下：

(1) 详图名称、比例。

(2) 详图符号及编号。

(3) 建筑构配件、剖面节点等的形状、详细构造、层次、有关尺寸和材料图例等。

(4) 详细注明各部位和各层次的用料、做法及施工要求等。

(5) 定位轴线及编号。

(6) 标高及其他。

7.2.2 建筑详图示例

1. 示例一

某办公楼建筑楼梯详图如图7.2-1所示，详图有一～三层女卫生间大样、一层男卫生间大样；图7.2-2为一层楼梯平面、二层楼梯平面、顶层楼梯平面。

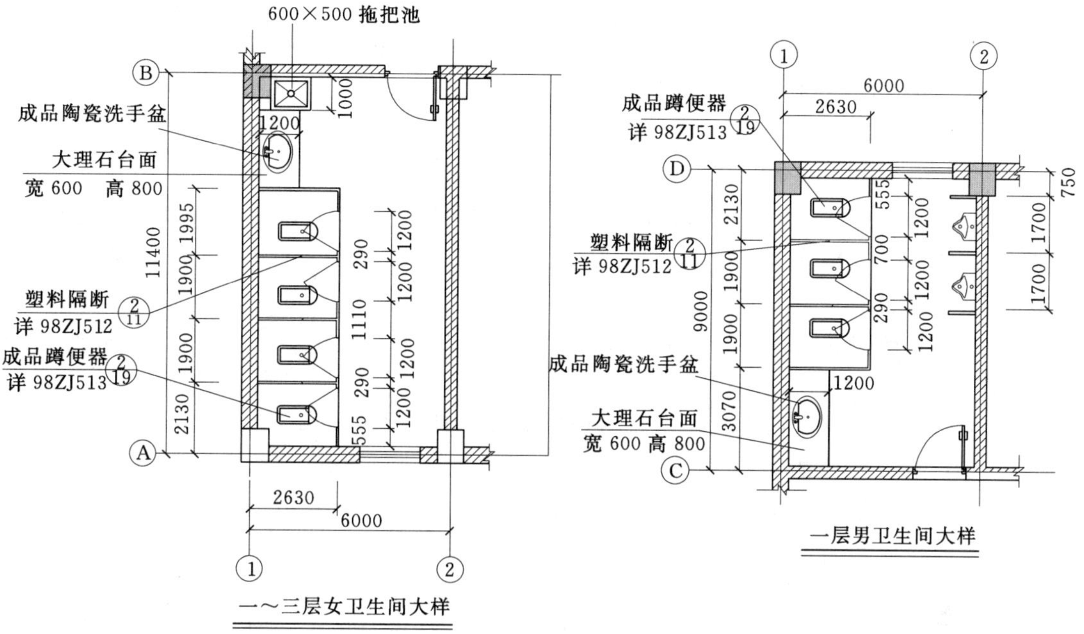

图 7.2-1　卫生间大样图

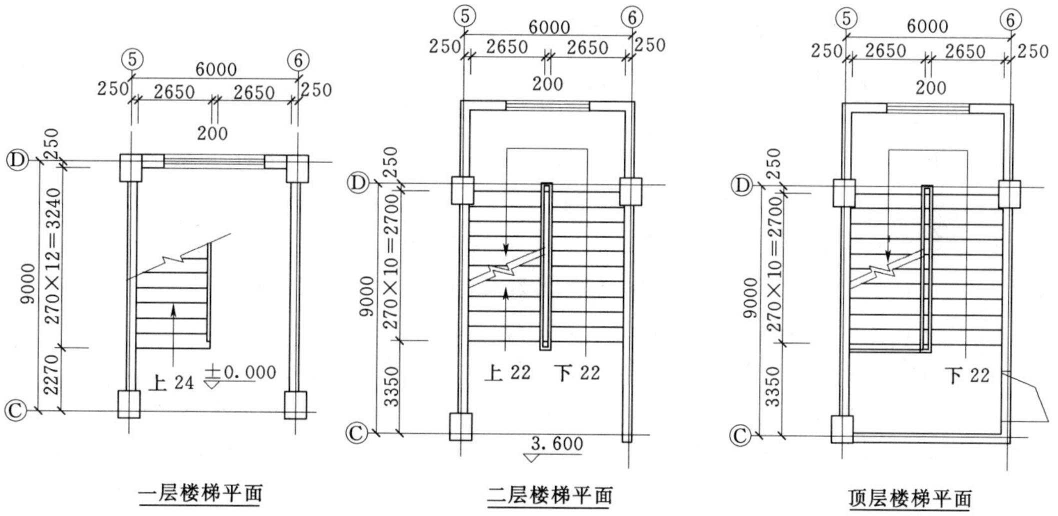

图 7.2-2　楼梯平面图

(1) 一～三层女卫生间大样、一层男卫生间大样。

1) 大样为男女卫生间的布置，可知卫生间的开间和进深。

2) 可知成品蹲便器、小便器、塑料隔断、大理石台面、成品陶瓷洗手盆、拖把池的布置位置和尺寸，门的开启方向。

(2) 一层楼梯平面。

1) 楼梯位于⑤～⑥轴线之间，双跑形式，开间 6000mm，进深 9000mm。

2）一层楼梯的标高±0.000，从底层地面往上走 24 级到达二层楼面，楼梯平台的宽度为 2270mm，梯段宽度为 2650mm，楼梯井宽度为 200mm，踏面宽 270mm。

3）可知楼梯间的窗、柱和墙的位置。

（3）二层楼梯平面。

1）楼梯位于⑤～⑥轴线之间，平行双跑楼梯，开间 6000mm。

2）可知二层楼梯的楼层平台标高为＋3.600，楼层平台的宽度为 3350mm，梯段宽为 2650mm，楼梯井宽度为 200mm，楼梯共 22 级，每跑各 11 级，踏面前 10 级宽 270mm，11 级宽 250mm。

3）可知楼梯间的窗、柱和墙的位置。

（4）顶层楼梯平面。

1）楼梯位于⑤～⑥轴线之间，双跑楼梯形式，开间 6000mm。

2）可知楼层平台的宽度为 3350mm，梯段宽度为 2650mm，楼梯井宽度为 200mm，楼梯共 22 级，每段楼梯前 10 级踏面宽 270mm，11 级宽 250mm。

3）可知楼梯间的窗、柱和墙的位置，以及门的开启方向。

2. 示例二

附图Ⅱ为某综合实训楼建筑施工图。附图 2.8（建施-09）详图有：1 号楼梯及 1 号卫生间一层平面大样、1 号楼梯及 1 号卫生间二层平面大样、1 号楼梯及 1 号卫生间三～五层平面大样、1 号楼梯顶层平面大样、2 号楼梯一层平面大样、2 号楼梯二层平面大样、2 号楼梯三～五层平面大样、2 号楼梯顶层平面大样。

（1）1 号楼梯及 1 号卫生间一层平面大样。

1）图名比例：1 号楼梯及 1 号卫生间一层平面大样为 1∶50。

2）可知进入楼梯间外有平台及相应尺寸，平台下到室外有三级台阶，台阶高 150mm，踏面宽 300mm；台阶两旁有挡墙。

3）楼梯位于平面中⑥～⑦轴线之间，楼梯标高为±0.000，楼梯的开间为 3600mm，进深为 8700mm；楼梯上有 36 级，踏面宽度为 300mm 并铺设成品防滑地砖，梯段宽度为 1600mm，设有栏杆，楼梯井宽度为 200mm。

4）可知楼梯及卫生间墙、柱的位置以及门 M2 的尺寸及开启方向。

5）男卫生间的开间为 3650mm，进深为 8700mm；女卫生间的开间为 4350mm，进深为 8700mm；可知男女卫生间的门洞、洗手池、拖把池、蹲便器、坐便器及安全抓杆、地漏、男厕挂式小便池的位置和尺寸；门 M3、M4 位置大小及开启方向；GC1 窗的位置和大小；地面标高为－0.040，地面的坡度大小方向及空调板的位置和尺寸。

6）可知楼梯栏杆、台阶、台阶挡墙、洗手池、地漏、拖把池、洗脸盆安全抓杆、坐便器安全抓杆、多功能安全抓杆、隔间门相应的详图索引编号。

（2）1 号楼梯及 1 号卫生间二层平面大样。

1）图名比例：1 号楼梯及 1 号卫生间二层平面大样为 1∶50。

2）楼梯位于平面中⑥～⑦轴线之间，楼梯的开间为 3600mm，进深为 8700mm；不等跑楼梯上 13 级、下 18 级，踏面宽为 300mm 并铺设成品防滑地砖，梯段宽为 1600mm，设有栏杆，楼梯井宽度为 200mm；中间休息平台标高为＋2.700；楼层平台标高为

＋5.400m；C3窗的位置及尺寸。

3）可知楼梯及卫生间墙、柱的位置以及C3窗的位置及尺寸。

4）男卫生间的开间为3650mm，进深为8700mm；女卫生间的开间为4350mm，进深为8700mm；可知男女卫生间的门洞、洗手池、拖把池、蹲便器、杂物间、地漏、男厕挂式小便池的位置和尺寸；门M3、M4位置大小及开启方向；GC1窗的位置和大小；地面标高为（H－0.040）m，地面的坡度大小方向及空调板的位置和尺寸。

5）可知楼梯栏杆、洗手池、地漏、拖把池、挂式小便池、蹲位相应的详图索引编号。

（3）1号楼梯及1号卫生间三～五层平面大样。

1）图名比例：1号楼梯及1号卫生间三～五层平面大样为1∶50。

2）楼梯位于平面中⑥～⑦轴线之间，楼梯的开间为3600mm，进深为8700mm；双跑楼梯上下各26级，踏面宽为300mm并铺设成品防滑地砖，梯段宽为1600mm，设有栏杆，楼梯井宽度为200mm；中间休息平台标高为＋7.350m（＋11.250m、＋15.150m）；楼层平台标高为＋9.300m（＋13.200m、17.100m）；C3窗的位置及尺寸。

3）可知楼梯及卫生间墙、柱的位置以及C3窗的位置及尺寸。

4）男女卫生间布置同1号楼梯及1号卫生间二层平面大样。

5）可知洗手池、地漏、拖把池、挂式小便池、蹲位相应的详图索引编号。

（4）1号楼梯顶层平面大样。

1）图名比例：1号楼梯顶层楼梯平面大样为1∶50。

2）楼梯位于平面中⑥～⑦轴线之间，楼梯的开间为3600mm，进深为8700mm；楼梯下有26级，踏面宽为300mm并铺设成品防滑地砖，梯段宽为1600mm，设有栏杆，楼梯井宽度为200mm；楼层平台标高为＋21.000m；C3窗的位置及尺寸；M5位置尺寸及开启方向。

3）可知屋面变形缝、屋面出入口、楼梯栏杆相应的详图索引编号。

（5）2号楼梯一层平面大样。

1）图名比例：2号楼梯一层平面大样为1∶50。

2）可知进入楼梯间外有平台，平台尺寸为3100mm×2500mm，平台下到室外有三级台阶，台阶高150mm，踏面宽300mm，台阶两旁有挡墙。

3）楼梯位于平面中⑫～⑬轴线之间，结合1－1剖面图，楼梯标高为±0.000，楼梯的开间为3600mm，进深为8700mm，楼梯上有36级，踏面宽为300mm并铺设成品防滑地砖，梯段宽为1600mm，设有栏杆，高1100mm，楼梯井宽度为200mm。

4）可知楼梯墙、柱的位置以及门M2的尺寸及开启方向。

5）楼梯的左边设有一800kg的客运电梯，可知其位置和尺寸，尺寸为2400mm×2400mm。

6）可知台阶、台阶挡墙、楼梯栏杆相应的详图索引编号。

（6）2号楼梯二层平面大样

1）图名比例：2号楼梯二层平面大样为1∶50。

2）楼梯位于平面中⑫～⑬轴线之间，结合1－1剖面图，楼梯的开间为3600mm，进深为8700mm；不等跑楼梯，上13级，下18级，踏面宽为300mm并铺设成品防滑地砖，梯段宽为1600mm，设有栏杆，高1100mm，楼梯井宽度为200mm；中间休息平台标高为+2.700m；楼层平台标高为+5.400m；窗C6的位置及尺寸。

3）可知楼梯墙、柱的位置以及窗C6的位置及尺寸。

4）客运电梯位置尺寸同2号楼梯一层平面大样。

5）可知楼梯栏杆相应的详图索引编号。

（7）2号楼梯三～五层平面大样。

1）图名比例：2号楼梯三～五层平面大样为1∶50。

2）楼梯位于平面中⑫～⑬轴线之间，结合1-1剖面图，楼梯的开间为3600mm，进深为8700mm；等双跑楼梯，上下各26级，踏面宽为300mm并铺设成品防滑地砖，梯段宽为1600mm，设有栏杆，高1100mm，楼梯井宽度为200mm；中间休息平台标高+7.350m（+11.250m、+15.150m）；楼层平台标高为+9.300m（+13.200m、17.100m）。

3）可知楼梯墙、柱的位置以及窗C6的位置及尺寸。

4）客运电梯位置尺寸同2号楼梯一层平面大样。

5）可知楼梯栏杆相应的详图索引编号。

（8）2号楼梯顶层平面大样。

1）图名比例：2号楼梯顶层平面大样为1∶50。

2）楼梯位于平面中⑫～⑬轴线之间，结合1-1剖面图，楼梯的开间为3600mm，进深为8700mm；楼梯下有26级，踏面宽为300mm并铺设成品防滑地砖，梯段宽为1600mm，设有栏杆，高1100mm，楼梯井宽度为200mm；中间休息平台标高+19.050m；楼层平台标高为+21.000m；门M5及窗C6的位置及尺寸。

3）可知楼梯墙、柱的位置以及门M5和窗C6的位置及尺寸。

4）从楼层平台进入电梯机房有四级台阶，台阶踏面宽300mm，门的开启方向。

5）电梯机房的位置和尺寸及标高为+21.600m。

6）可知屋面出入口、楼梯栏杆相应的详图索引编号。

知识拓展：外墙身详图

通过对外墙身详图的学习，有助于更好地认识建筑施工图。

1. 墙身详图位置与内容

外墙身详图是建筑剖面图中有关部位的局部放大图。它主要表达房屋的屋面、楼面、地面和檐口的构造，楼板与墙的连接以及窗台、窗顶、勒脚、室内外地面、防潮层、散水等处的构造、尺寸和用料等，如拓展图1所示。

阅读外墙剖面详图时要根据详图的轴线编号首先找到所表示的建筑部位，然后与建筑平、立、剖面图对照阅读。

2. 外墙剖面详图的识读内容

（1）了解详图的图名、比例。

（2）了解详图与被索引详图的对应关系。

（3）了解屋面、楼面、地面的构造层次和做法。

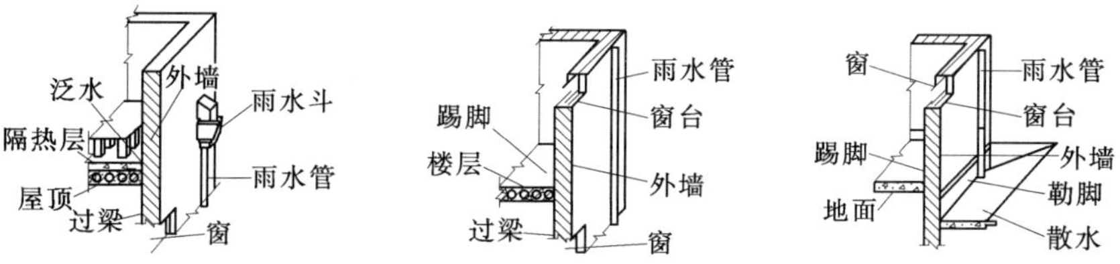

(a) 墙身与顶层楼板示意图　(b) 墙身与中间层楼板示意图　(c) 墙身与底层楼板示意图

拓展图1　墙身示意图

(4) 了解檐口构造及排水方式。

(5) 了解各层梁、板、窗台的位置及其与墙身的关系。

(6) 了解外墙的勒脚、散水及防潮层的做法。

(7) 了解内、外墙的装修做法。

(8) 了解各部位的标高、高度方向的尺寸和墙身细部尺寸。

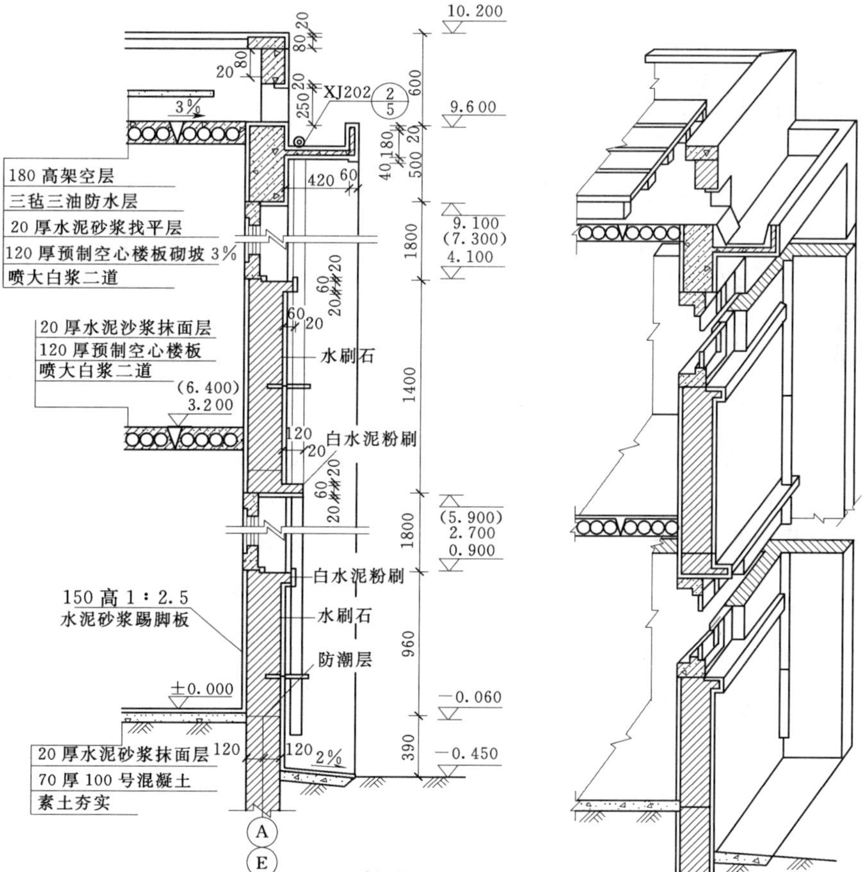

3-3 剖面图 1:20

拓展图2　某外墙详图

3. 示例：某墙身详图（拓展图 2）

（1）根据剖面图的编号为 3－3，对照平面图上 3－3 剖切符号，可知该剖面图的剖切位置和投影方向。绘图所用的比例为 1∶20。图中标注的轴线的两个编号，表示该详图适用于Ⓐ、Ⓔ轴线的墙身。

（2）在详图中，对屋面楼板和地面的构造，采用多层构造说明方法来表示。

（3）从檐口部分，可知屋面的承重层是预制钢筋混凝土空心板，按 3% 来砌坡，上面有油毡防水层和架空层，以加强屋面的隔热和防漏。檐口外侧做一天沟，并通过女儿墙所预留孔，使雨水沿雨水管集中流到地面。雨水管的位置和数量可以从立面图或平面图中读出，如拓展图 3 所示。

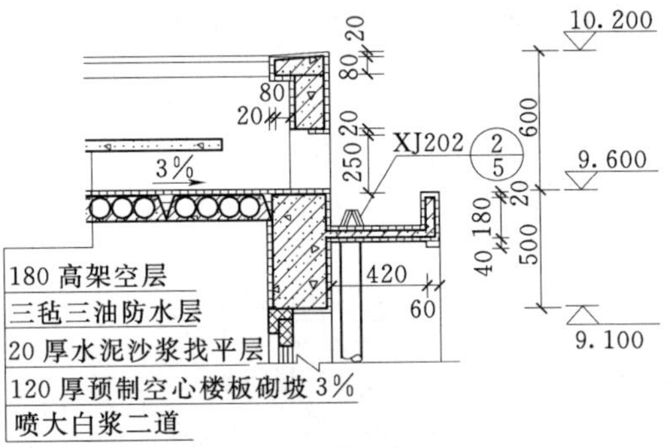

拓展图 3　墙身檐口大样图

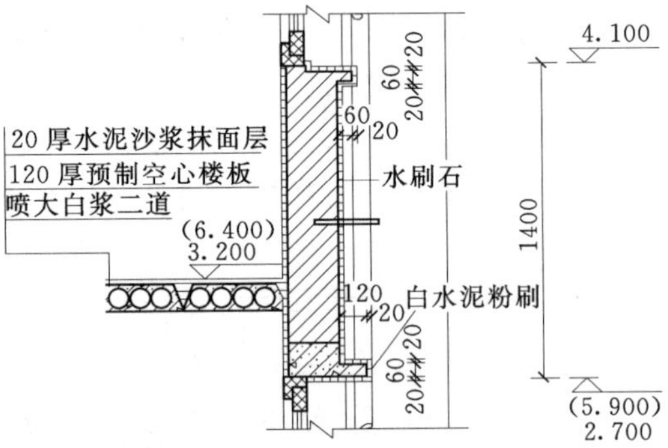

拓展图 4　墙身与中间层楼板大样图

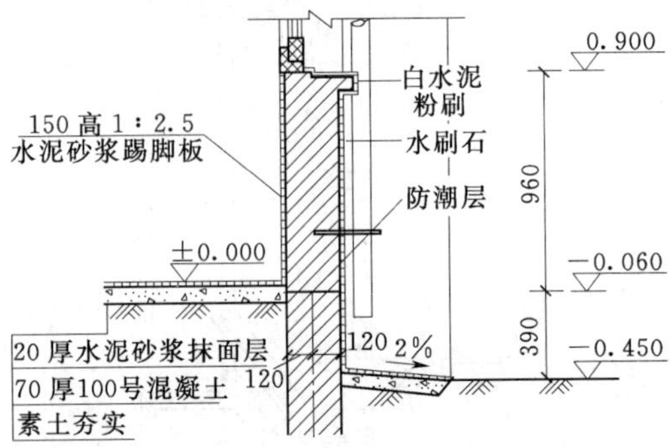

拓展图 5　墙身与底层楼板大样图

（4）从楼板与墙身连接部分，可了解各层楼板（或梁）的搁置方向及与墙身的关系。从详图中看出，预制混凝土空心板是平行纵向布置的，因而它们是搁置在两端的横墙上。在每层的室内墙角处需做一踢脚板，以保护墙壁，从图中的说明可看到其构造做法。踢脚板的厚度可等于或大于内墙的粉刷层。从图中还可看到窗台、窗过梁（或圈梁）的构造情况。窗框和窗扇的形状和尺寸需另用详图表示，如拓展图 4 所示。

（5）从勒角部分，可知房屋外墙的防潮、防水和排水的做法。外（内）墙身的防潮层，一般在底层室内地面下 60mm 左右。在外墙面，离室外地面 300～500mm 高度范围内（或窗台以下），用坚硬防水的材料组成勒角，在勒角的外地面，用 1∶2 水泥砂浆抹面，做成 2% 坡度的散水，以防雨水或地面水对墙基础的侵蚀，如拓展图 5 所示。

（6）在详图中，一般应注出各部位的标高、高度方向和墙身细部的尺寸。从图中有关文字说明，可知墙身内外表面装修的断面形式、厚度及所用的材料等。

习 题 与 考 核

一、实操题

结合课本后的附图，应用所学知识，进行建筑详图识读。

二、理论题

1. 墙体的局部构造有哪些？
2. 勒角的作用是什么？常用做法有哪些？
3. 防潮层的常用做法有哪些？防潮层应设在何处？
4. 绘出常用散水的构造图。
5. 圈梁、构造柱的作用是什么？构造要求是什么？
6. 墙身变形缝的种类有哪些？
7. 建筑详图包括哪些内容？它的作用是什么？

项目 8

结构施工图基础知识

【学习目标】

知识目标：了解结构施工图的组成；掌握钢筋相关知识。

技能目标：运用钢筋相关知识对结构施工图进行初步识读。

【情景导入】

请同学们翻开课本后面的附图，前后对比一下，都是施工图，他们有什么不一样？同学们可能在标题栏发现了前面部分的专业是“建筑”，而后半部分的专业是“结构”，通过前面的学习，建筑图我们已经能识读了，那结构图又给我们传递了什么样的信息呢？从这节课开始我们就进入结构施工图识读的学习。

任务 8.1 结构施工图概述

【内容简介】

本任务主要介绍结构施工图的内容及出现在施工图中常见构件代号。

8.1.1 结构施工图的主要内容和作用

建筑结构施工图表示建筑物的各承重构件（如基础、承重墙、柱、梁、板、屋架、屋面板等）的布置、形状、大小、数量、类型、材料做法以及相互关系和结构形式等图样称为结构施工图，简称“结施”。

在房屋建筑结构中，结构的作用是承受重力和传递荷载，一般情况下，外力作用在楼板上，由楼板将荷载传递给墙或梁，由梁传给柱或墙，再由柱或墙传递给基础，最后由基础传递给地基，如图 8.1-1 所示。

结构施工图的主要内容包括以下几点：

（1）结构设计说明：包括工程概况、设计依据和要求，选用结构材料的类型、规格、强度等级，地基情况，抗震设计与防火要求，施工注意事项，选用标准图集等（小型工程一般不必单独编写，可将说明分别写在构件各图纸上）。

（2）结构平面图：包括基础平面图，工业建筑还有设备基础布置图；楼层结构平面布置图，工业建筑还包括柱网、吊车梁、柱间支撑、联系梁布置等；屋面结构平面图，包括屋面板、天沟板、屋架、天窗架及支撑系统布置等。

（3）构件详图：包括梁、板、柱及基础结构详图；楼梯结构详图；屋架结构详图；模板、支撑、预埋件详图及构件标准图。

结构施工图主要用于指导施工放线、基槽开挖、支承模板、绑扎钢筋、浇筑混凝土等施工过程，是进行构件制作、结构安装、编制预算和施工组织设计的依据。

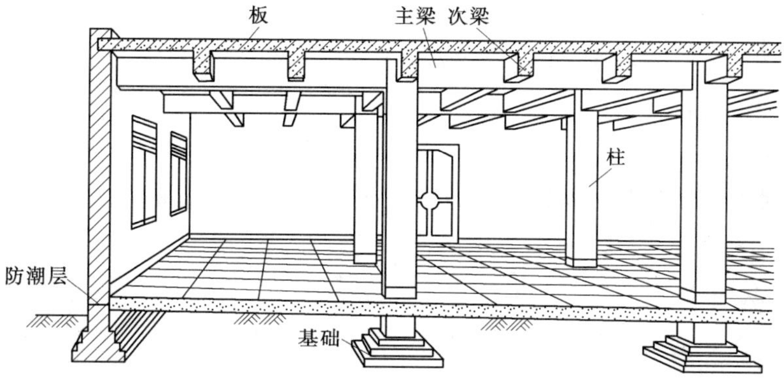

图 8.1-1　一般民用建筑结构框架

8.1.2　常用构件的表示方法

房屋结构的基本构件，如梁、板、柱等。种类繁多，布置复杂，为了图示简明扼要，并把构件区分清楚，便于施工、制表、查阅，需把每类构件给予代号。构件代号一般用构件名称中主要单词的汉语拼音的第一个字母表示，或几个主要单词的汉语拼音的第一个字母组合表示。如 QL 表示圈梁，即用“圈”和“梁”的汉语拼音的第一个字母组合而成。常用构件代号见表 8.1-1。

表 8.1-1　　常用构件代号

序号	名称	代号	序号	名称	代号	序号	名称	代号
1	板	B	19	圈梁	QL	37	承台	CT
2	屋面板	WB	20	过梁	GL	38	设备基础	SJ
3	空心板	KB	21	连系梁	LL	39	桩	ZH
4	槽形板	CB	22	基础梁	JL	40	挡土墙	DQ
5	折板	ZB	23	楼梯梁	TL	41	地沟	DG
6	密肋板	MB	24	框架梁	KL	42	柱间支撑	DC
7	楼梯板	TB	25	框支梁	KZL	43	垂直支撑	ZC
8	盖板或沟盖板	GB	26	屋面框架梁	WKL	44	水平支撑	SC
9	挡雨板或檐口板	YB	27	檩条	LT	45	梯	T
10	吊车安全走道板	DB	28	屋架	WJ	46	雨篷	YP
11	墙板	QB	29	托架	TJ	47	阳台	YT
12	天沟板	TGB	30	天窗架	CJ	48	梁垫	LD
13	梁	L	31	框架	KJ	49	预埋件	M
14	屋面梁	WL	32	刚架	GJ	50	天窗端壁	TD
15	吊车梁	DL	33	支架	ZJ	51	钢筋网	W
16	单轨吊	DDL	34	柱	Z	52	钢筋骨架	G
17	轨道连接	DGL	35	框架柱	KZ	53	基础	J
18	车挡	CD	36	构造柱	GZ	54	暗柱	AZ

注　1. 预制钢筋混凝土构件、现浇钢筋混凝土构件、钢构件和木构件，一般可直接采用本附录中的构件代号。在绘图中，当需要区别上述构件的材料种类时，可在构件代号前加注材料代号，并在图纸中加以说明。

2. 预应力钢筋混凝土构件的代号，应在构件代号前加注“Y”，如 Y-DL 表示预应力钢筋混凝土吊车梁。

任务8.2 钢筋基础知识

【内容简介】

本任务主要介绍钢筋相关基础知识，包括钢筋的分类、连接、锚固，掌握钢筋的表示方法。

8.2.1 钢筋的分类

钢筋种类很多，通常按化学成分、生产工艺、轧制外形、供应形式、直径大小，以及在结构中的用途进行分类。

1. 按轧制外形分

（1）光面钢筋：Ⅰ级钢筋，均轧制为光面圆形截面，供应形式有盘圆，直径不大于10mm，长度为6～12m。

（2）带肋钢筋：有螺旋形、人字形和月牙形三种，一般Ⅱ、Ⅲ级钢筋轧制成人字形，Ⅳ级钢筋轧制成螺旋形及月牙形。

（3）钢丝（分低碳钢丝和碳素钢丝两种）及钢绞线。

（4）冷轧扭钢筋：经冷轧并冷扭成型。

2. 按直径大小分

钢丝（直径3～5mm）、细钢筋（直径6～10mm）、粗钢筋（直径大于22mm）。

3. 按力学性能分

Ⅰ级钢筋、Ⅱ级钢筋、Ⅲ级钢筋和Ⅳ级钢筋，对应的钢筋强度见表8.2-1。

4. 按生产工艺分

热轧、冷轧、冷拉的钢筋，还有以Ⅳ级钢筋经热处理而成的热处理钢筋，强度比前者更高。

5. 按在结构中的作用分

（1）受力筋——承受拉、压应力的钢筋。

（2）箍筋——承受一部分斜拉应力，并固定受力筋的位置，多用于梁和柱内。

（3）架立筋——用以固定梁内钢箍的位置，构成梁内的钢筋骨架。

（4）分布筋——用于屋面板、楼板内，与板的受力筋垂直布置，将承受的重量均匀地传给受力筋，并固定受力筋的位置，以及抵抗热胀冷缩所引起的温度变形。

（5）其他——因构件构造要求或施工安装需要而配置的构造筋，如腰筋、预埋锚固筋、环等。

表8.2-1 普通钢筋强度标注值

牌号	符号	级别	公称直径 d/mm	屈服强度标准值 /(N/mm²)	极限强度标准值 /(N/mm²)
HPB300	Φ	Ⅰ	6～22	300	420
HRB335 HRBF335	Φ	Ⅱ	6～50	335	455

续表

牌号	符号	级别	公称直径 d/mm	屈服强度标准值 /(N/mm^2)	极限强度标准值 /(N/mm^2)
HRB400 HRBF400 RRB400	Φ	Ⅲ	6～50	400	540
HRB500 HRBF500	$\overline{\Phi}$	Ⅳ	6～50	500	630

注　H、P、R、B、F 分别为热轧（hotrolled）、光圆（plain）、带肋（ribbed）、钢筋（bars）、细粒（fine）4 个词的英文位字母，后面的数代表屈服强度。

8.2.2 钢筋的连接

钢筋生产企业为了运输方便，除了盘条钢筋外其他的钢筋都是 6m 或 9m 一根供货，钢筋混凝土结构施工过程中为了保证钢筋受力的连续性和力的可靠传递，所以在工程中不可避免存在钢筋的连接。钢筋的连接方式主要有绑扎搭接、焊接连接和机械连接三种，如图 8.2－1 所示。

(a) 绑扎搭接

(b) 焊接连接

(c) 机械连接

图 8.2－1　钢筋的连接方式

1. 绑扎搭接

绑扎搭接连接是通过钢筋与混凝土之间的黏结力来传递钢筋应力的方式。两根相向受力的钢筋分别锚固在搭接连接区段的混凝土中而将力传递给混凝土，从而实现钢筋之间应力的传递。由于绑扎搭接连接是一种比较可靠的连接方式，质量容易保证，仅靠现场检测即可确保质量，且施工非常简便，不需特殊的技术，因而应用方面也最广泛，至今仍是水平钢筋连接的主要形式，而且在目前情况下价格也较低。但当钢筋较粗时，绑扎搭接施工困难且容易产生较宽的裂缝，因此对其直径有明确限制。当受拉钢筋直径大于 25mm 及受压钢筋大于 28mm 时，不宜采用绑扎搭接。

2. 焊接连接

焊接连接是受力钢筋之间通过熔融金属直接传力。若焊接质量可靠，则不存在强度、刚度、恢复性能、破坏性能等方面的缺陷，是十分理想的连接方式。焊接的方式主要有：闪光对焊、电弧焊、电渣压力焊、气压焊、电焊等多种形式，可实现不同情况下的钢筋连接。但影响钢筋焊接质量的因素也较多，如电压、气候、环境、施工条件和操作水平等，难以保证稳定的焊接质量。

3. 机械连接

机械连接是通过连贯于两根钢筋之间的套筒来实现钢筋的传力，是间接传力的一种形式。钢筋与套筒之间的传力可通过挤压变形的咬合、螺纹之间的契合、灌注高强胶凝材料的胶合等形式实现。采用机械连接的钢筋必须提前处理，并在运输和施工过程中保护其端头不受损害，否则将严重影响接头质量，而且接头价格也较绑扎搭接和焊接连接昂贵。

8.2.3　钢筋的锚固

钢筋混凝土结构中钢筋能够受力，主要是依靠钢筋和混凝土之间的黏结锚固作用，因此钢筋的锚固是混凝土结构受力的基础。如锚固失效，则结构将丧失承载能力并由此导致结构破坏。钢筋的锚固长度指受力钢筋依靠其表面与混凝土的黏结作用或端部构造的挤压作用而达到设计承受应力所需的长度，一般指梁、板、柱等构件的受力钢筋伸入支座或基础中的总长度，可以直线锚固和弯折锚固，弯折锚固长度包括直线段和弯折段。受拉钢筋基本抗震锚固长度见表 8.2－2。

表 8.2－2　　受拉钢筋基本抗震锚固长度 l_{ab}、l_{abE}

钢筋种类	抗震等级	C20	C25	C30	C35	C40	C45	C50	C55	≥C60
HPB300	一、二级	45*d*	39*d*	35*d*	32*d*	29*d*	28*d*	26*d*	25*d*	24*d*
	三级	41*d*	36*d*	32*d*	29*d*	26*d*	25*d*	24*d*	23*d*	22*d*
	四级非抗震	39*d*	34*d*	30*d*	28*d*	25*d*	24*d*	23*d*	22*d*	21*d*
HRB335 HRBF335	一、二级	44*d*	38*d*	33*d*	31*d*	29*d*	26*d*	25*d*	24*d*	24*d*
	三级	40*d*	35*d*	31*d*	28*d*	26*d*	24*d*	23*d*	22*d*	22*d*
	四级非抗震	38*d*	33*d*	29*d*	27*d*	25*d*	23*d*	22*d*	21*d*	21*d*
HRB400 HRBF400 RRB400	一、二级	—	46*d*	40*d*	37*d*	33*d*	32*d*	31*d*	30*d*	29*d*
	三级	—	42*d*	37*d*	34*d*	30*d*	29*d*	28*d*	27*d*	26*d*
	四级非抗震	—	40*d*	35*d*	32*d*	29*d*	28*d*	27*d*	26*d*	25*d*

续表

钢筋种类	抗震等级	C20	C25	C30	C35	C40	C45	C50	C55	≥C60
HRB500 HRBF500	一、二级	—	55d	49d	45d	41d	39d	37d	36d	35d
	三级	—	50d	45d	41d	38d	36d	34d	33d	32d
	四级非抗震	—	48d	43d	39d	36d	34d	32d	31d	30d

注 根据《混凝土结构设计规范》(GB 50010—2010) 8.3.1 条、11.1.7 条计算。

8.2.4 混凝土保护层

结构构件中钢筋外边缘至构件表面范围用于保护钢筋的混凝土，简称保护层。混凝土保护层厚度是指混凝土结构构件中受力钢筋中最外层钢筋的外边缘至混凝土表面的距离。混凝土保护层厚度的取值应考虑混凝土结构的环境类别，见表 8.2－3，混凝土保护层最小厚度取值见表 8.2－4。

表 8.2－3　　混凝土结构的环境类别

环境类别	条　　件
一	室内干燥环境； 无侵蚀性静水浸没环境
二 a	室内潮湿环境； 非严寒和非寒冷地区的露天环境； 非严寒和非寒冷地区与无侵蚀性的水或土壤直接接触的环境； 严寒和寒冷地区的冰冻线以下与无侵蚀性的水或土壤直接接触的环境
二 b	干湿交替环境； 水位频繁变动环境； 严寒和寒冷地区的露天环境； 严寒和寒冷地区冰冻线以上与无侵蚀性的水或土壤直接接触的环境
三 a	严寒和寒冷地区冬季水位变动区环境； 受除冰盐影响环境； 海风环境
三 b	盐渍土环境； 受除冰盐作用环境； 海岸环境
四	海水环境
五	受人为或自然的侵蚀性物质影响的环境

注 1. 室内潮湿环境是指构件表面经常处于结露或湿润状态的环境。
2. 严寒和寒冷地区的划分应符合《民用建筑热工设计规范》(GB 50176) 的有关规定。
3. 海岸环境和海风环境宜根据当地情况，考虑主导风向及结构所处迎风、背风部位等因素的影响，由调查研究和工程经验确定。
4. 受除冰盐影响环境为受到除冰盐盐雾影响的环境；受除冰盐作用环境指被除冰盐溶液溅射的环境以及使用除冰盐地区的洗车房、停车楼等建筑。
5. 暴露的环境是指混凝土结构表面所处的环境。

表 8.2-4　　　　**混凝土保护层的最小厚度**　　　　单位：mm

环境类别	板、墙	梁、柱
一	15	20
二 a	20	25
二 b	25	35
三 a	30	40
三 b	40	50

注　1. 表中混凝土保护层厚度指最外层钢筋外边缘至混凝土表面的距离，适用于设计使用年限为 50 年的混凝土结构。

2. 构件中受力钢筋的保护层厚度不应小于钢筋的直径 d。

3. 设计使用年限为 100 年的混凝土结构在一类环境中，最外层钢筋的保护层厚度不应小于表中数值的 1.4 倍；二、三类环境中，应采取专门的有效措施。

4. 混凝土强度等级不大于 C25 时，表中保护层厚度数值应增加 5mm。

5. 钢筋混凝土基础宜设置混凝土垫层，其受力钢筋的混凝土保护层厚度应从垫层顶面算起，且不应小于 40mm。

8.2.5　钢筋的表示方法

为了突出表示钢筋的配置状况，在构件的立面图和断面图上，轮廓线用中粗线或细实线画出，图内不画材料图例，而用粗实线（在立面图）和黑圆点（在断面图）表示钢筋，并要对钢筋加以说明标注。普通钢筋的一般表示方法应符合表 8.2-5 规定，钢筋的画法应符合表 8.2-6 的规定。

表 8.2-5　　　　**钢 筋 表 示 方 法**

名称	图例	说明
钢筋横断面	●	
无弯钩的钢筋端部	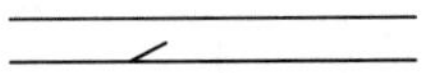	下图表示长短钢筋投影重叠时，可在短钢筋的端部用 45°短画线表示
预应力钢筋横断面	＋	
预应力钢筋或钢绞线		用粗双点画线
无弯钩的钢筋搭接		
带半圆形弯钩的钢筋端部		
带半圆形弯钩的钢筋搭接		
带直弯钩的钢筋端部		
带直弯钩的钢筋搭接		
带丝扣的钢筋端部		

表 8.2－6　　**钢 筋 的 画 法**

序号	说　　明	图　　例
1	在结构平面图中配置双层钢筋时，底层钢筋的弯钩应向上或向左，顶层钢筋的弯钩则向下或向右	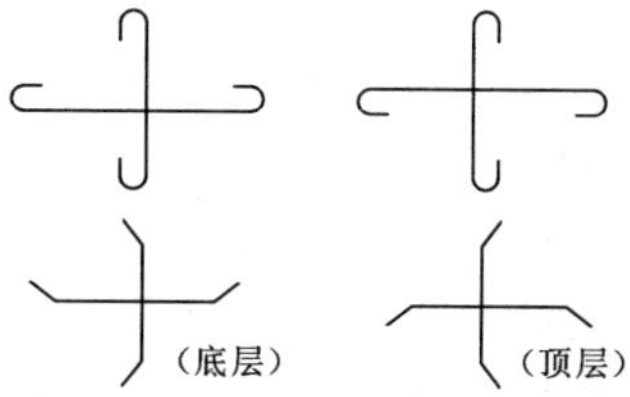
2	钢筋混凝土墙体配双层钢筋时，在配筋立面图中远面钢筋的弯钩应向上或向左，而近面钢筋的弯钩向下或向右近面远面	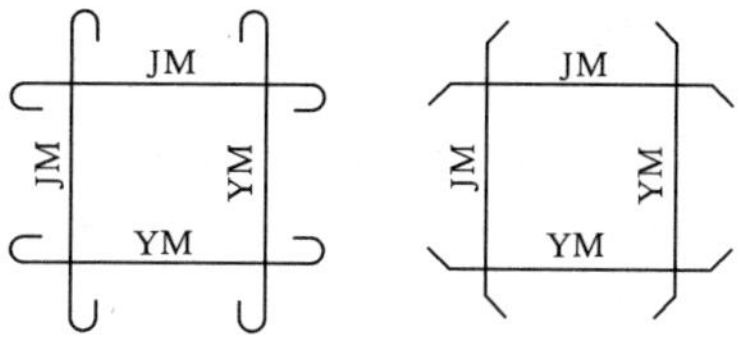
3	若在断面图中不能表达清楚的钢筋布置，应在断面图外增加钢筋大样图，如钢筋混凝土墙楼梯等	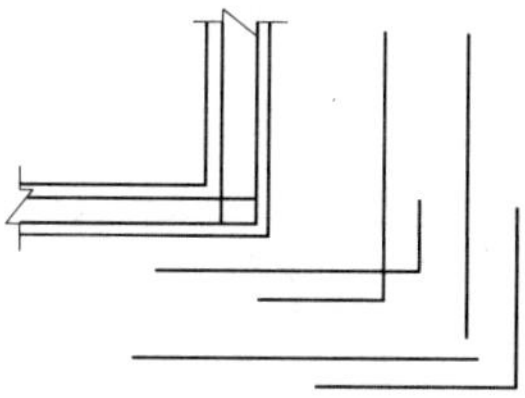
4	若图中所表示的箍筋环筋等布置复杂时，可加画钢筋大样及说明	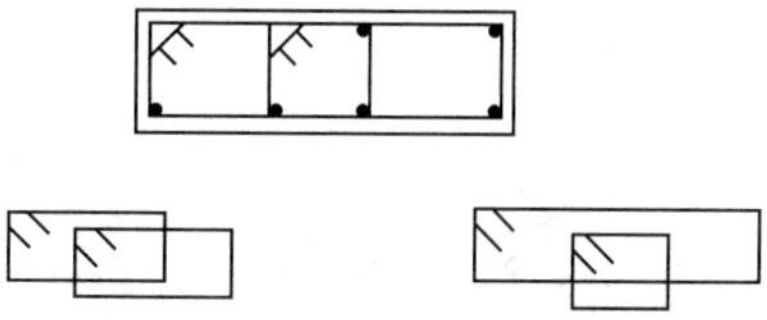
5	每组相同的钢筋箍筋或环筋可用一根粗实线表示，同时用一两端带斜短划线的横穿细线表示其余钢筋及起止范围	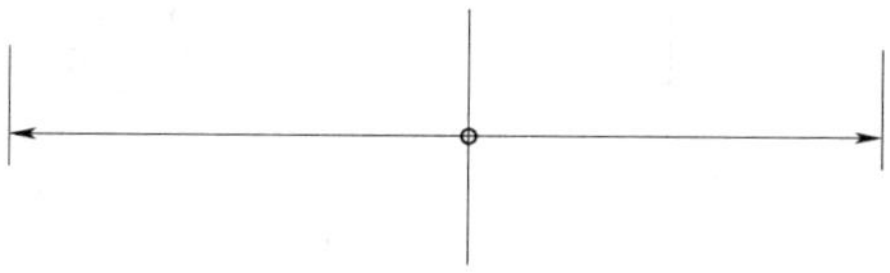

8.2.6　钢筋的标注形式

（1）标注钢筋的根数和直径，梁、柱内受力钢筋常采用此种标注方式，如图 8.2－2（a）所示。

（2）标注钢筋的直径和相邻钢筋中心距，梁、柱内箍筋和板内钢筋常采用此种标注方式，如图 8.2－2（b）所示。

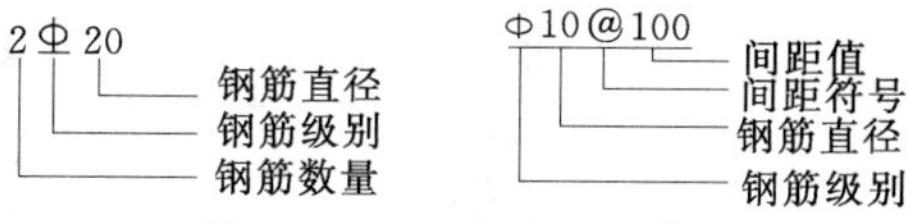

(a)　　(b)

图 8.2－2　钢筋的标注形式

知识拓展：钢筋的弯钩和支座问题

通过对钢筋弯钩和支座问题的认识，有助于后续课程钢筋算量的学习。

1. 钢筋的弯钩

为提高钢筋和混凝土的黏结性，提高钢筋在混凝土中的锚固能力和避免锚固破坏，规范规定：绑扎网片和绑扎骨架中的受拉光面圆钢筋，以及偏心受压、受拉构件中直径大于12mm的受压光面圆钢的末端、梁中箍筋的末端等均应设弯钩。Ⅰ级钢筋末端做180°的弯钩，Ⅱ、Ⅲ级钢筋末端做90°或135°的弯钩。因此，在钢筋配料计算时，应按规定增加弯钩的长度。

各种钢筋弯钩角度对应增长值如下：

（1）180°半圆弯钩为6.25d，如拓展图1（a）所示。

（2）90°直弯钩为3.5d，如拓展图1（b）所示。

（3）45°斜弯钩为4.9d，如拓展图1（c）所示。

（4）箍筋拉筋135°弯钩为11.9d，如拓展图1（d）所示。

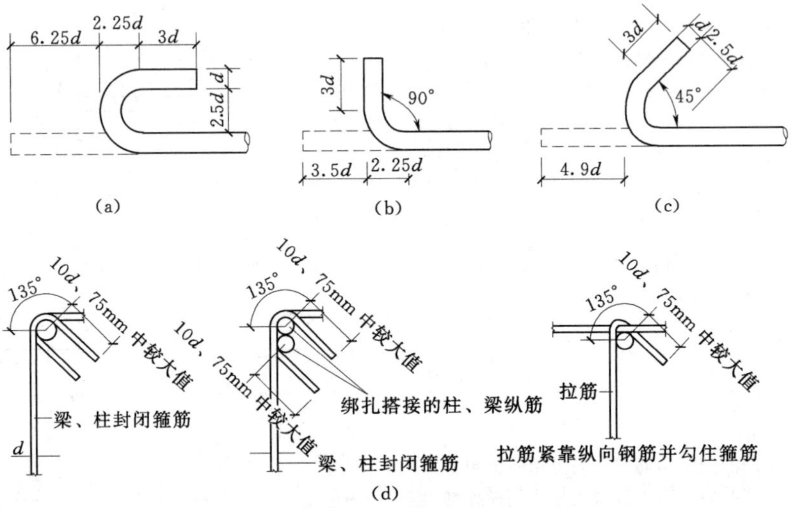

拓展图1 钢筋弯钩形式

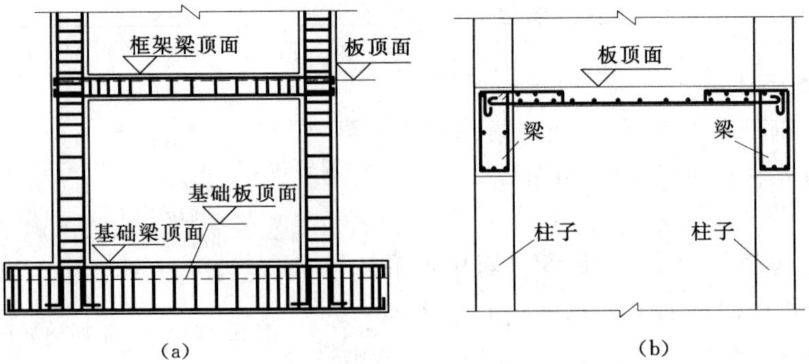

拓展图2 支座示意图

2. 支座的判断

(1) 基础及基础梁是柱的支座；基础与基础的箍筋连续通过，柱子的箍筋到基础及基础梁的顶部，如拓展图 2 (a) 所示。

(2) 柱是梁的支座；柱子箍筋连续通过梁的箍筋到柱子侧面，如拓展图 2 (a) 所示。

(3) 梁是板的支座；与梁平行的钢筋不伸入梁内，如拓展图 2 (b) 所示。

习题与考核

一、实操题

结合课本后的附图，应用所学知识，认识结构施工图的分类，识别构件符号及钢筋的表达形式。

二、理论题

1. 结构施工图的主要内容有哪些？
2. 钢筋有哪些分类方式？
3. 钢筋的连接有哪些方式？钢筋的锚固长度与什么有关系？
4. 混凝土保护层的作用是什么？影响混凝土保护层厚度的因素有哪些？

项目 9

基 础 图 识 读

【学习目标】

知识目标：了解地基分类；掌握基础埋置深度的规定；掌握基础的类型和构造；掌握基础图的形成规定和识读步骤。

技能目标：能够准确识读基础图。

【情景导入】

同学们，我们经常都能看到一座座高楼大厦拔地而起，走在街上，也随处可见正在施工的建筑工地，看着楼房一层层往上升，它们安全吗？为什么这些高楼能够长期稳定，屹立不倒？这需要考虑多方面的因素，而地基基础就在其中起着关键性的作用。

就像一个人的脚一样，人的脚不好，就会站不稳也走不稳，而基础就是建筑物的脚，深埋地下，却直接关系到建筑物的安危。接下来，我们就来了解地基与基础的基本知识，训练基础图识读能力，同时也了解关于地下室构造方面的拓展知识。

任务 9.1 地 基 与 基 础

【内容简介】

本任务主要介绍地基分类，使学生掌握基础埋置深度规定、掌握基础的类型和构造。

9.1.1 地基概述

基础是房屋建筑的重要组成部分，它承受建筑物上部结构传来的全部荷载，并将这些荷载连同基础的自重一起传到地基。地基是基础下面直接承受荷载的土层或岩体。地基承受建筑物的荷载而产生的应力和应变随着土层深度的增加而减小，在达到一定深度后就可以忽略不计。直接承受荷载的土层称为持力层，持力层以下的土层称为下卧层，如图9.1-1 所示。尽管地基不属于建筑的组成部分，但它对保证建筑物的坚固耐久具有非常重要的作用。

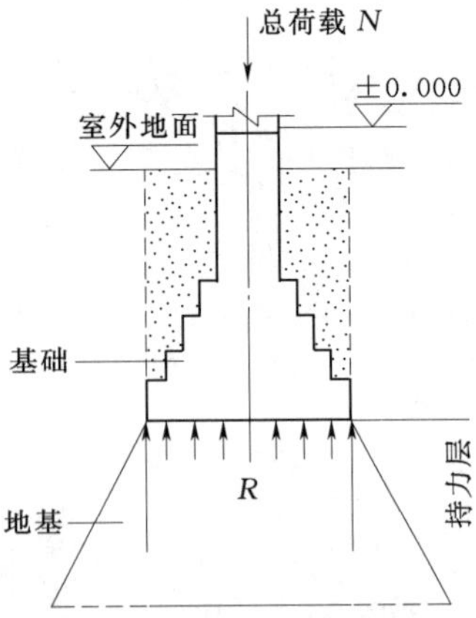

图 9.1-1 地基、基础与荷载的关系

1. 地基的分类

建筑物的地基分为天然地基和人工地基两大类。

天然地基：凡位于建筑物下面的土层，不需经过人工加固，而能直接承受建筑物全部荷载并满足变形要求的称为天然地基。按《建筑地基基础设计规范》（GB 50007—2011）的规定：建筑地基土（岩）可分为岩石、碎石土、砂土、粉土、黏性土和人工填土六类。

天然地基：当土层的承载能力较低或虽然土层较好，但因上部荷载较大，必须对土层进行人工加固后才足以承受上部荷载，并满足变形的要求。这种经人工处理的土层，称为人工地基。

采用人工加固地基的方法通常有以下几种：

(1) 压实法。用各种机械对土层进行夯打、碾压、振动来压实松散土的方法为压实法。土的压实法主要是通过减小土颗粒间的孔隙，排除土壤中的空气，从而增加土的干容重，减少土的压缩性，以提高地基的承载能力。

(2) 换土法。当基础下土层比较软弱，或地基有部分较软弱的土层而不能满足上部荷载对地基的要求时，可将较软弱的图层部分或全部挖去，换成其他较坚硬的材料，这种方法称为换土法。换土法所用材料一般是选用压缩性低的无侵蚀性材料，如砂、碎石、矿渣、石屑等松散材料。这些松散材料是被基槽侧面土壁约束，借助互相咬合而获得强度和稳定性的，从应力状态上看属于垫层，通常称为砂垫层或砂石垫层。

(3) 打桩法。当建筑物荷载很大、地基承载力不能满足要求时，可采用打桩法加固地基。这种方法是将砂桩、灰土桩、钢桩或钢筋混凝土桩打入或灌入土中，把土壤挤实或把桩打入地下坚实的土壤层上，从而提高土壤的承载能力。

2. 基础的埋置深度（挖土深度）

基础的埋置深度是指室外地坪到基础垫层底面的垂直距离，简称埋深，也叫挖土深度，如图 9.1-2 所示。根据基础埋深的不同，有深基础和浅基础之分。一般情况下，将埋深大于 5m 的称为深基础，埋深不大于 5m 的称为浅基础。从基础的经济效果看，其埋置深度越小，工程造价越低，但基础埋深过小，没有足够的土层包围，基础底面的土层受到压力后会把基础四周的土挤出，基础会产生滑移而失去稳定；同时，基础埋深过浅，易受外界的影响而损坏。所以基础的埋深一般不应小于 500mm。

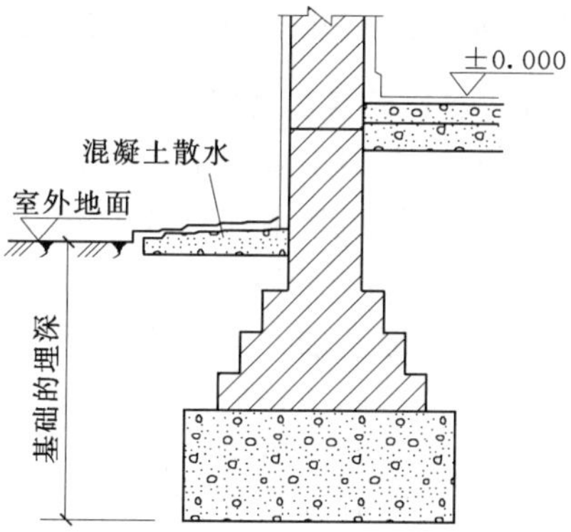

图 9.1-2 基础的埋置深度

影响基础埋置深度的因素很多，一般应根据下列条件综合考虑来确定：

(1) 建筑物的用途。如有无地下室、设备基础、地下设施及地下管线等。

(2) 作用在地基上的荷载大小和性质。荷载有恒荷载和活荷载之分，其中恒荷载引起的沉降量最大，而活荷载引起的沉降量相对较小，因此当恒荷载较大时，基础埋置深度应大一些。

(3) 工程地质与水文地质条件。在一般情况下，基础应设置在坚实的土层上，而不要设置在耕植土、淤泥等软弱土层上。当表面软弱土层很厚，加深基础不经济时，可采用人工地基或采取其他结构措施。基础宜设在地下水位以上，以减少特殊的防水措施，有利于施工。如必须设在地下水位以下，应使基础底面低于最低地下水位 200mm 及其以下，如图 9.1-3 所示。

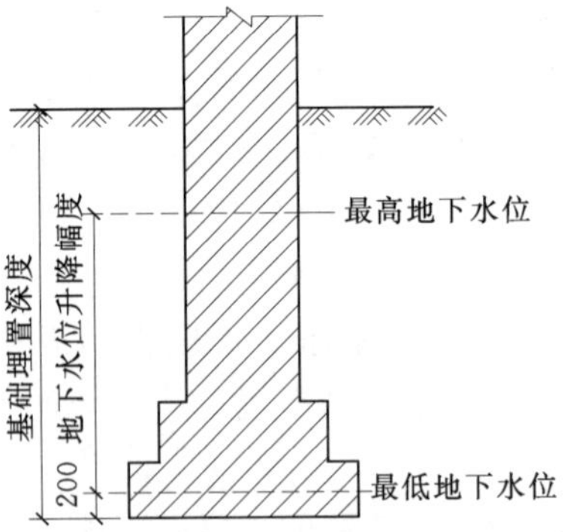

图 9.1-3 基础埋深与地下水位的关系

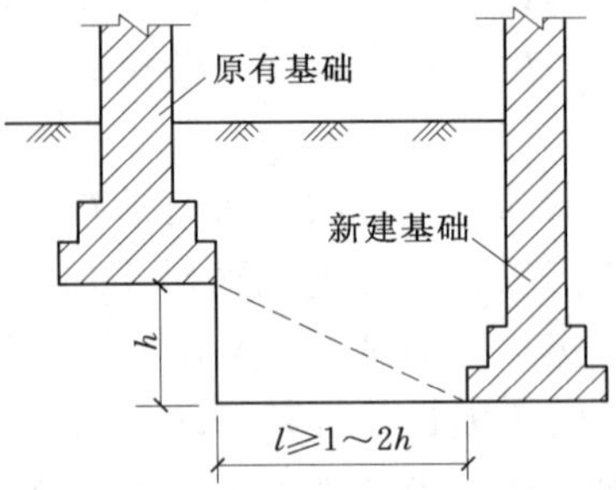

图 9.1-4 基础埋深与相邻基础关系

(4) 基土冻胀和融陷的影响。基础底面以下的土层如果冻胀，会使基础隆起；如果融陷，会使基础下沉，因此基础埋深应设在当地冰冻线以下，以防止地基土冻胀导致基础的破坏。但岩石及砂砾、粗砂、中砂类的土质对冰冻的影响不大。

(5) 相邻建筑物基础的影响。新建建筑物的基础埋深不宜深于相邻原有建筑物的基础。当新建基础深于原有建筑物基础时，两基础间应保持一定净距，一般取相邻两基础底面高差的1～2倍，如图9.1-4所示。如上述要求不能满足时，应采取临时加固支撑、打板桩或加固原有建筑物地基等措施。

9.1.2 基础的类型和构造

基础的类型很多，主要根据建筑物的结构类型、体量高度、荷载大小、地质水文和地方材料供应等因素来确定基础类型。

1. 按基础的构造形式分类

(1) 条形基础：当建筑物上部结构采用墙承重时，基础沿墙身设置呈长条状，这种基础称为条形基础或带形基础，如图9.1-5所示。条形基础常用砖、石、混凝土等材料建造。当地基承载能力较小荷载较大时，承重墙下也可采用钢筋混凝土条形基础。

(2) 独立基础：当建筑物上部结构为梁、柱构成的框架、排架及其他类似结构时，其基础常采用方形或矩形的单独基础，称为独立基础。独立基础的形式有阶梯形、锥形、杯形等，如图9.1-6所示，主要用于柱下；当建筑是以墙作为承重结构，而地基承载力较弱或埋深较大时，为了节约基础材料，减少土石方工程量，也可采用墙下独立基础。为了支承上部墙体，在独立基础上可设基础梁或拱等连续构件，如图9.1-7所示。

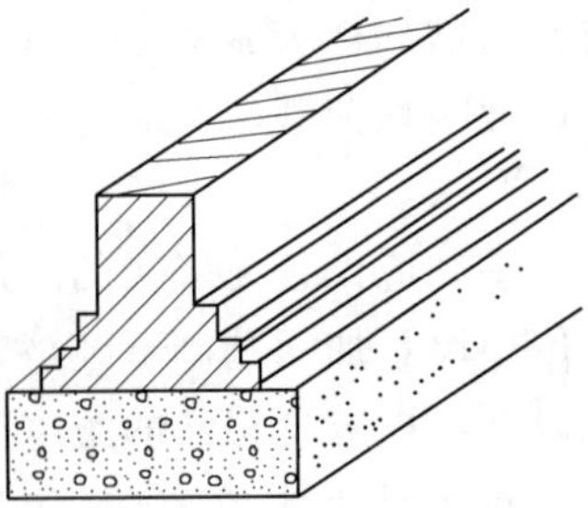

图 9.1-5 条形基础

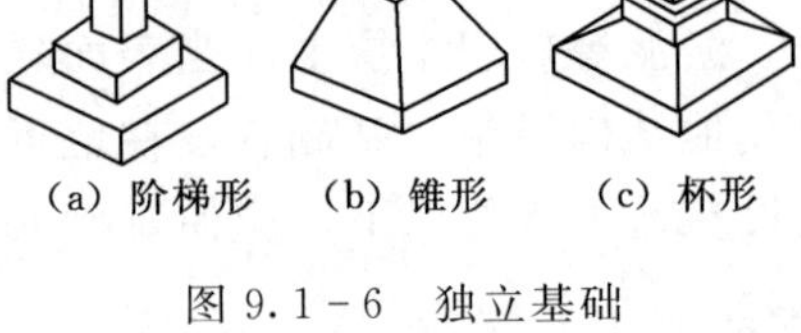

(a) 阶梯形 (b) 锥形 (c) 杯形

图 9.1-6 独立基础

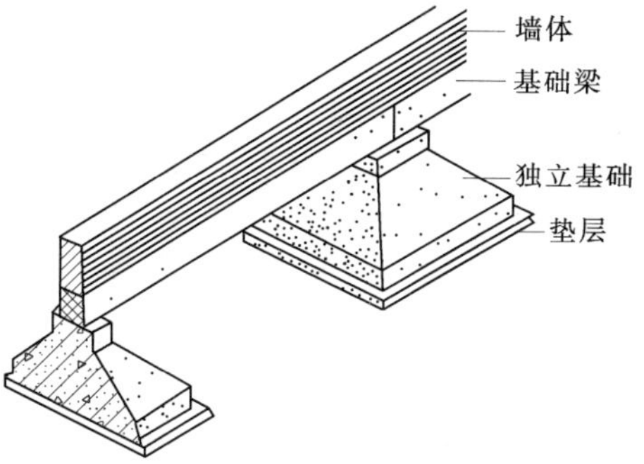

图 9.1-7　墙下独立基础

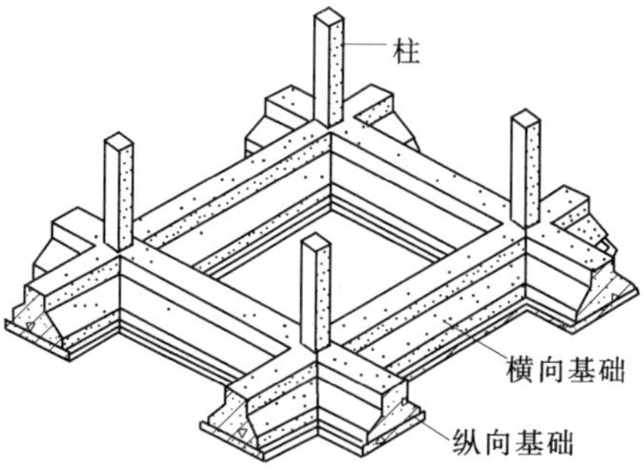

图 9.1-8　井格基础

（3）井格基础：当建筑物上部荷载不均匀、地基条件较差时，常将柱下基础纵横相连组成井字格状，叫井格基础，如图 9.1-8 所示。它可以避免独立基础下沉不均的弊病。

（4）筏板基础：当建筑物上部荷载很大或地基的承载力很小时，可由整片的钢筋混凝土板承受建筑的荷载并传给地基，这种基础形似筏子，故称筏板基础，也称满堂基础。其形式有板式和梁板式两张，如图 9.1-9 所示。

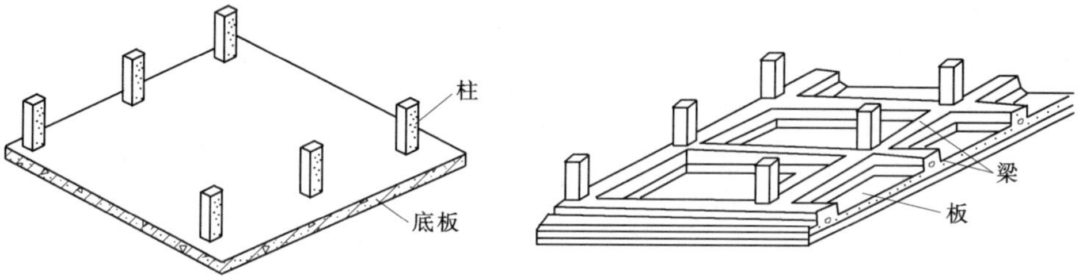

（a）板式基础　　（b）梁板式基础

图 9.1-9　筏板基础

（5）箱形基础：当钢筋混凝土基础埋置深度较大时，为了增加基础的整体刚度，有效抵抗地基的不均匀沉降，常采用由钢筋混凝土底板、顶板和若干纵横墙组成的箱形整体来作为房屋的基础，这种基础称为箱形基础，如图 9.1-10 所示。箱形基础具有较大的强度和刚度，且内部空间可用作地下室，故常作为高层建筑的基础。

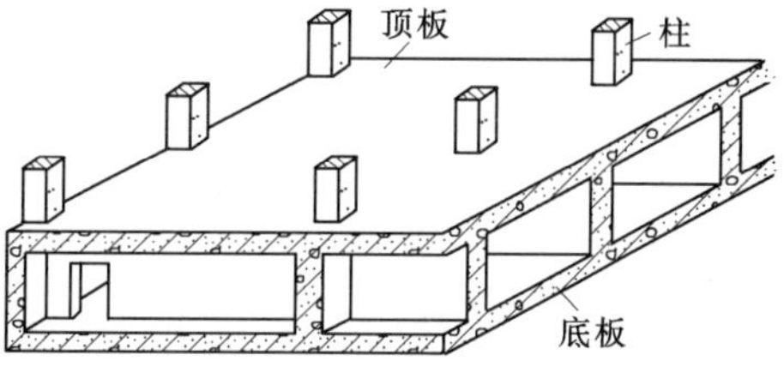

图 9.1-10　箱形基础

（6）桩基础：当建筑物荷载较大，地基的软弱土层厚度在 5m 以上及基础不能埋在软弱土层内时，常采用桩基础。桩基础具有承载力高、沉降量小、节省基础材料、减少挖填土方工程量、改善施工条件和缩短工期等优点。因此，桩基础应用较为广泛。

桩基础由桩身和承台梁（或板）组成，如图 9.1-11 所示。

桩基础按材料不同可分为混凝土桩、钢筋混凝土桩、土桩、木桩、砂桩、钢桩等。目前，我国采用较多的为钢筋混凝土桩，钢筋混凝土桩按桩施工方法不同又分为预制桩和灌注桩。

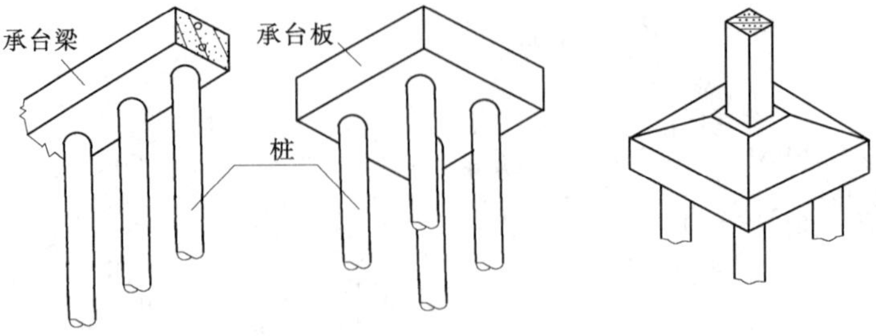

图 9.1－11 桩基础

1）预制桩是预先在钢筋混凝土构件厂或现场预制，然后用打桩机打入地基土层中。桩的断面一般为 200～350mm，桩长不超过 12m。预制桩施工方便，容易保证质量，适宜用在新填土或较软弱的地基。但这种桩造价较高，此外，打桩时有较大噪声，影响周围环境。

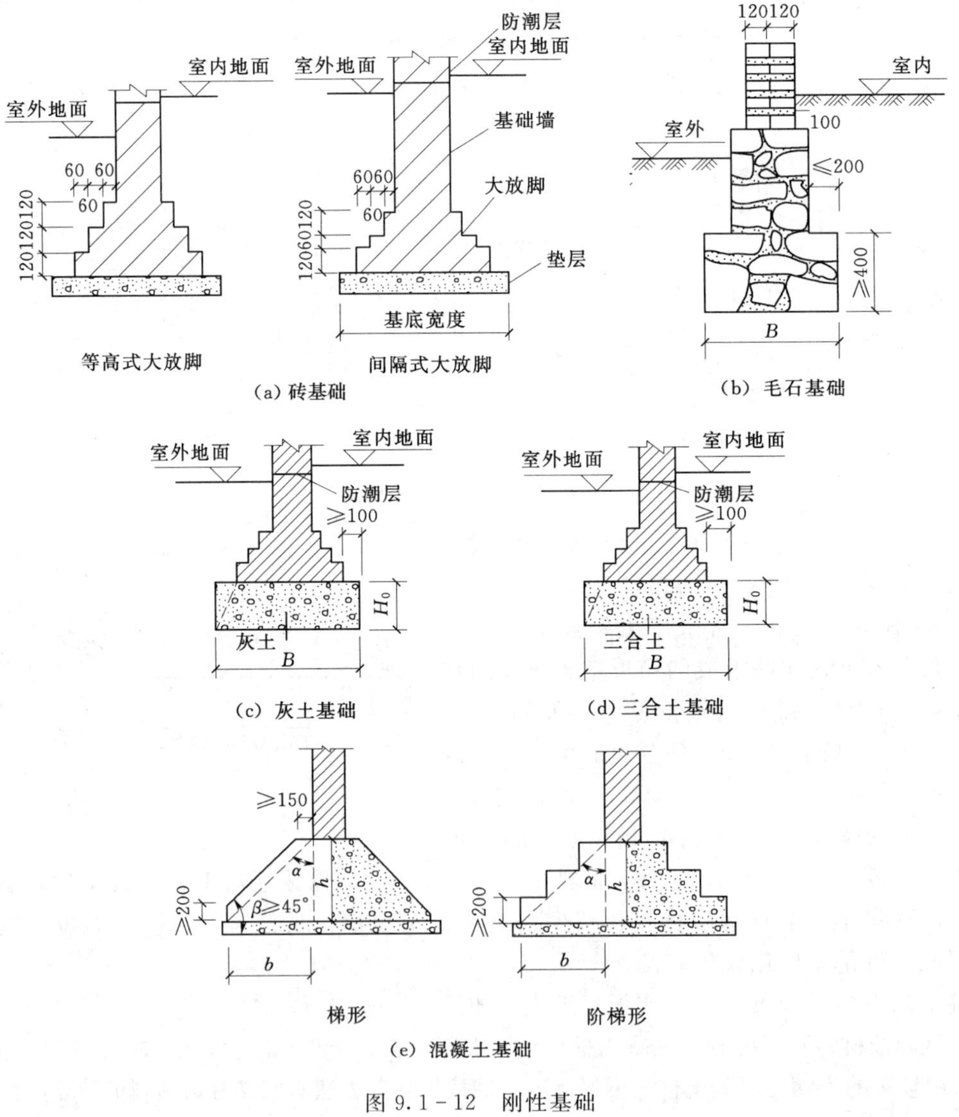

图 9.1－12 刚性基础

2）灌注桩是直接在所设计的桩位上开孔然后向孔内放钢筋骨架，浇灌混凝土而成。与钢筋混凝土预制桩比较，灌注桩不需大型打桩机械，适应性强，近年来发展较快。

2. 按基础的材料及受力特点分类

(1) 刚性基础。凡是由刚性材料建造、受刚性角限制的基础，称为刚性基础。刚性材料一般是指抗压强度高、抗拉和抗剪强度较低的材料。如砖、石、混凝土、灰土等材料建造的基础，属于刚性基础，如图 9.1-12 所示。这类基础的大放脚（基础的扩大部分）较高，体积较大，埋置较深。适用于地下水位较低、六层以下的砖墙承重建筑。

(2) 柔性基础（扩展基础）。主要是指钢筋混凝土基础，它是在混凝土基础的底部配置钢筋，利用钢筋来抵抗拉应力，使基础底部能够承受较大的弯矩。这种基础不受材料刚性角的限制，基础的“大放脚”可以做得很宽、很薄，故称为柔性基础，如图 9.1-13 所示。它的截面面积较刚性基础小得多，挖土方量也少得多，但是它增加了钢筋和混凝土的用量，综合造价还是较高。适用于土质较差、荷载较大、地下水位较高等条件下的大小型建筑。

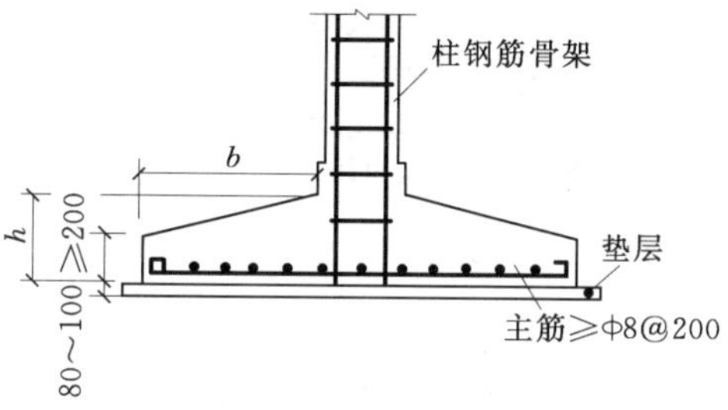

图 9.1-13 柔性基础

任务 9.2 基础图识读技法

【内容简介】

本任务主要介绍基础施工图的内容及作用，使学生掌握基础图识读步骤，基础平面图、基础详图形成规定及识读要点。

基础结构施工图主要是表示建筑物在相对标高±0.000 以下基础结构的图纸。它一般包括基础平面图、基础剖（断）面详图和文字说明三个部分，它是施工时放灰线、开挖基坑、砌筑基础的依据。

基础图识读一般按以下步骤：

第一步，先看有哪些基础构件？数量分别是多少？

第二步，看基础构件的基本信息（混凝土强度等级，保护层厚度）。

第三步，看基础构件的定位情况，判断基础与定位轴线的关系是居中布置，还是偏心布置。

第四步，看基础构件的尺寸（长×宽×高），基底（顶）标高，埋置深度（挖土深度）。

第五步，看基础构件的配筋信息。

第一～三步根据基础平面图完成，第四～五步需结合基础详图进行识读。

9.2.1 基础平面图

1. 基础平面图的形成

基础平面图是用一假想的水平剖切面在地面与基础之间将整幢房屋剖开，移去剖切面

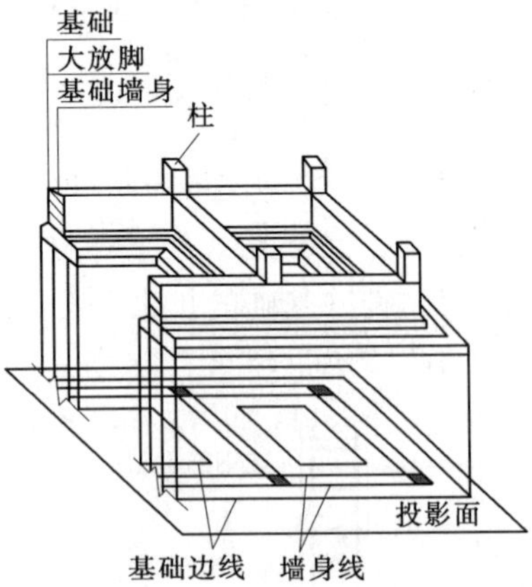

图 9.2-1　基础平面图及形成

以上的房屋和基础回填土，向下作正投影而得到的水平投影图。基础平面图主要表示基础的平面位置，基础与墙、柱的定位轴线的关系，基础底部的宽度，基础上预留的孔洞、构件、管沟等。

为了使基础平面图简洁明了，一般在图中只画出被剖切到的墙、柱轮廓线，并用粗线表示。投影所见到的基础底部轮廓线用细实线表示。除此之外其他细部（如条形基础的大放脚、独立基础的锥形轮廓线等）都不必反映在基础平面图中。由于基础平面图常采用1∶100的比例绘制，被剖切到的基础墙身可不画材料图例；钢筋混凝土柱涂成黑色。

基础平面图的形成如图 9.2-1 所示。

2. 基础平面图识读要点

（1）了解图名和比例。比例是否与建施图的平面图一致。

（2）了解基础与定位轴线的平面位置和相互关系，以及轴线间的尺寸。定位轴线是否与建施图的平面图一致。

（3）了解基础中的垫层、基础墙、柱、基础梁等的平面布置、形状、尺寸等。

（4）了解基础剖面图的剖切位置的情况。在基础平面图中，凡基础的宽度、墙厚、大放脚的形式、基础底面标高及尺寸等做法有不同时，常分别采用不同的剖面详图和编号予以表明。

（5）看清设计和施工说明。了解基础的用料、施工注意事项、基础的埋置深度等情况。

3. 基础平面图识读示例

（1）示例一：某工程基础平面布置图如图 9.2-2 所示，结构设计总说明、基础说明如图 9.2-3 所示。

第一步，先看有哪些基础构件？数量分别是多少？

从图中可以看出本图采用的基础构件有：独立基础 J1～J3，条形基础 1-1，基础梁 DL1。

按照一定的顺序阅读，比如采用“从上至下，从左至右”的顺序依次统计，可以汇总出独立基础的数量分别为：J1（2个），J2（4个），J3（20个）。

条形基础 1-1 的布置位置分别为：Ⓐ轴，①～③×Ⓑ轴，⑥～⑧×Ⓑ轴，Ⓒ轴，Ⓓ轴、①轴、②轴、③轴、Ⓒ～Ⓓ×④轴、Ⓒ～Ⓓ×⑤轴、⑥轴、⑦轴、⑧轴共13处。

基础梁 DL1 的布置位置为：③～⑥×Ⓑ轴，Ⓐ～Ⓒ×④轴，Ⓐ～Ⓒ×⑤轴共3处。

第二步，看基础构件的基本信息（混凝土强度等级，保护层厚度）。

找到结构设计总说明，同时结合基础图中的说明，可以了解：墙下条基采用C15碎石混凝土，±0.000以下墙体采用MU7.5水泥砂浆砌MU10标准砖。

独立基础C25，地圈梁C25，独立基础垫层、DL1垫层采用C10素混凝土。

基础钢筋保护层厚度为40mm。

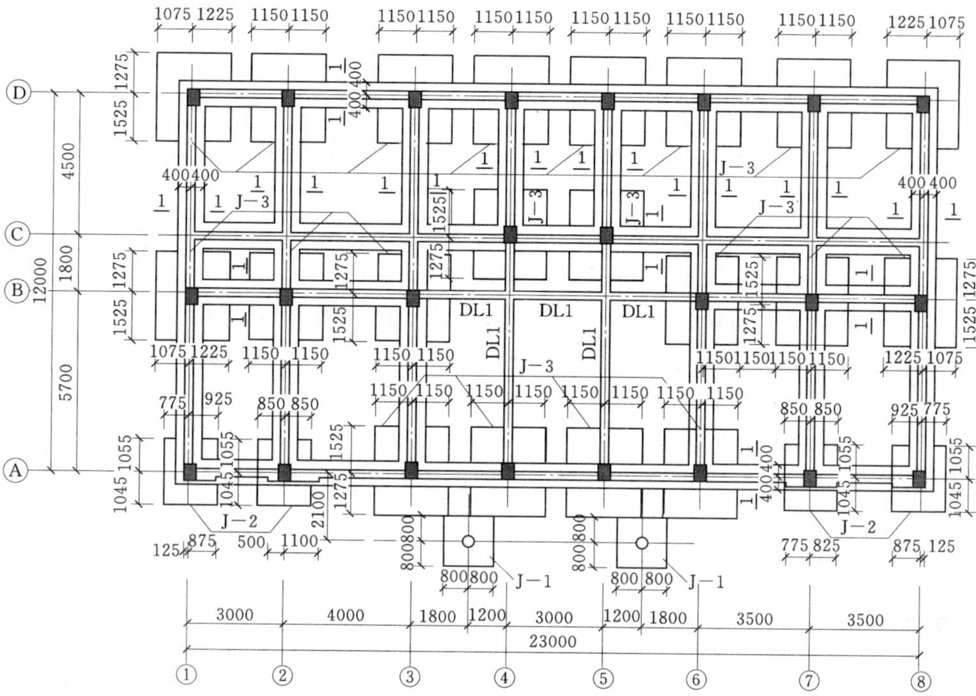

基础平面布置图 1:100

图 9.2-2 某工程基础平面布置图

结构设计总说明

一、(略)

二、(略)

三、(略)

四、主要结构材料

本工程设计选用的各种建筑材料必须有出厂合格证明，并符合国家及主管部门颁发的产品标准。主体结构采用建筑材料均应经实验合格和质检部门抽检合格后方使用。

1. 混凝土强度等级

a. 基础部分：墙下条基：C15 碎石混凝土；独立基础：C25；地圈梁：C25。

b. 主体框架柱、梁、板、楼梯、圈梁：C25。

c. 构造柱、窗台、女儿墙压顶、门窗过梁：C20。

d. 其余未注明的混凝土构件：C20。

2. 钢筋种类：热轧钢筋 HPB235 以Φ表示，$f_y=210N/mm^2$。

钢筋 HRB335 以Φ表示，$f_y=300N/mm^2$。

3. 墙体：±0.000 以下采用 M7.5 水泥砂浆砌 Mu10 标准砖，厚度 240mm。

±0.000 以上采用 M7.5 混合砂浆砌 Mu10 烧结空心砖。

基础说明：

1. 地基承载力特征值根据地质报告取值 $f_{ak}=230kPa$。
2. 独立基础混凝土等级为 C25，柱子插筋末端弯直钩 200，基础内设箍筋 2Φ8。
3. 柱定位及插筋与底层柱同。
4. 基础顶至－0.030 框架柱截面、配筋与底层柱同。
5. 独立基础垫层、DL1 垫层采用 C10 素混凝土，厚 100，每边伸出基础 100。
6. 室内地平相对标高±0.00 根据现场定，室内外高差 0.45m，基础底标高根据地质报告暂定为－2.80m，具体根据现场调整，且必须置于第 3 层土中大于 300mm。
7. 基础中纵向受力钢筋的混凝土保护层厚度不应小于 40mm，当无垫层时不应小于 70mm。

图 9.2-3 某工程结构设计总说明、基础说明

第三步，根据各种基础构件与轴线的位置，判断各基础构件是居中布置，还是偏心布置。

独立基础：以①×Ⓐ轴上的J2为例，水平尺寸分别为775、925，垂直尺寸分别为1045、1055，可以判断此处的J2与轴线的关系是偏心的。继续阅读，可以了解除J1为居中布置外，全部J2、J3均有偏心布置。

条形基础1-1：尺寸分别为400、400，因此为居中布置。

基础梁DL1：平面图中没有示意尺寸，默认为居中布置。

(2) 示例二：建筑实训综合楼：结施-02“基础平面布置图”，如附图1所示。

第一步，先看有哪些基础构件？数量分别是多少？

我们首先根据图样，判断基础的类型均为独立基础。

以①×D轴的J1为例：J1表示编号为1的独立基础。

阅读图纸时，建议按照一定的顺序进行统计，比如按照“从上至下，从左至右”的顺序进行阅读，经统计并整理后，我们可以得出结论：建筑实训综合楼的独立基础分别为：J1（8个），J2（2个），J3（6个），J4（6个），J5（2个），J6（1个），J7（1个），J8（1个），J9（2个），J10（2个），J11（1个），J12（1个），J13（1个），共34个独立基础。

第二步，看基础构件的基本信息（混凝土强度等级，钢筋保护层厚度）。

我们从基础设计说明中可以阅读到：基础混凝土采用C30，钢筋保护层厚度为40mm。

第三步，根据柱基与轴线的位置，判断柱基是居中布置，还是偏心布置。

以①×D轴的J1为例，可以看出，J1水平尺寸分别为1650、2050；垂直尺寸分别为1650、2050，判断柱基为偏心布置。

阅读全部的独基情况，我们可以看到，除了A轴上的两个J1与定位轴线的关系是居中布置外，其余的独基都有偏心布置的情况。

接下来，我们需要阅读基础的尺寸，基底（顶）标高，挖土深度和配筋信息。这需要我们阅读基础详图。

9.2.2 基础详图

在基础平面图中仅表示基础的平面布置，而基础的形状、大小、构造、材料及埋置深度等均没有表示，所以需要画出基础详图来进行说明。

基础详图是将基础垂直切开所得到的断面图（独立基础详图通常由断面图和平面图组成）。基础详图主要表达基础的形状、尺寸、材料、构造及基础的埋置深度等。

1. 基础详图的识读要点

(1) 根据基础平面图中的详图剖切符号的编号或基础代号查阅基础详图。

(2) 了解基础剖（断）面图的各部分尺寸、标高，如基础墙的厚度、大放脚的细部与垫层的尺寸，基础与轴线的位置关系，基础垫层底面到室外地坪的基础埋置深度，室内外与基础底面的标高等。

(3) 了解砖基础墙防潮层的设置及位置、材料要求。

(4) 了解基础梁的尺寸及配筋情况。

(5) 了解基础结构的构造，如钢筋混凝土结构内的配筋，其他构件与基础相连的节点配筋、插筋、钢箍或预埋件等情况。

2. 基础详图识读示例

（1）示例一：某工程基础详图如图 9.2-4 所示。

接着上述示例一后面的识图步骤为：先看独立基础，以 J1 为例：

第四步，看基础的尺寸（长×宽×高），基底（顶）标高，埋置深度（挖土深度）。

J1 为阶梯形的独立基础。从下往上看：

第一阶的尺寸为：长度为 2×800＝1600，宽度为 2×800＝1600，高度为 300

第二阶的尺寸为：长度为 300＋400＋300＝1000

宽度为 300＋400＋300＝1000

高度为 300

因此，J1 为 2 阶的阶梯形独立基础。

J1 的基底标高为－2.800m。基础下方的垫层采用 C10 素混凝土垫层，垫层的截面尺寸为 1800×1800，厚度为 100。因此，垫层底标高为－2.800－0.10＝－2.900(m)。

J1 的埋置深度（挖土深度）是指室外地坪到基础垫层底面的垂直距离，从基础说明中，我们知道室外地坪的标高为－0.450m［一般读图时，需从建施图（立面图或者剖面图）中阅读室外地坪标高］，因此，J1 的埋置深度为：2.900－0.450＝2.450(m)。

第五步，看基础的配筋信息。

J1 的基础底面钢筋为：X 向配 Φ10@150，Y 向配 Φ10@150。

独立基础 J2、J3 的阅读方法同 J1。

现在阅读条形基础 1-1，重复上述的阅读步骤，具体如下：

第四步，看基础构件的尺寸（长×宽×高）。

条形基础 1-1 的长度详见平面图的位置示意，它的组成内容包括：C15 碎石混凝土条基，基础墙，地圈梁三部分。

其中：C15 碎石混凝土条基宽度为 2×400＝800，高度为 300。

基础墙的厚度（宽度）为：外墙是 240，内墙是 180；高度从±0.000 起往下至碎石混凝土条基的顶面－2.000＋0.3＝－1.700(m) 处，基础墙底部设了两级大放脚，大放脚的宽为 60，高为 120；

在±0.000 下方 60mm 处设置了地圈梁，地圈梁的截面尺寸为 240×400。

条形基础 1-1 的基底标高为－2.000m。它的埋置深度为 2.000－0.45＝1.45(m)。

第五步，看基础构件的配筋信息。

这里地圈梁配置了钢筋：上部纵筋为 2Φ14，下部纵筋为 2Φ14，总共为 4Φ14，箍筋为 Φ8@200。

同样，基础梁 DL1 的阅读方法，也是重复上述的阅读步骤，具体如下：

第四步，看基础构件的尺寸（长×宽×高），基底（顶）标高，埋置深度（挖土深度）。

DL1 的截面尺寸为 240×400，长度详见平面图的位置示意。

DL1 的顶面标高为－0.050m，因此其底面标高为－0.050－0.4＝－0.450(m)，在 DL1 下方设置了 C10 素混凝土垫层，垫层厚度为 100，垫层底标高为－0.450－0.100＝

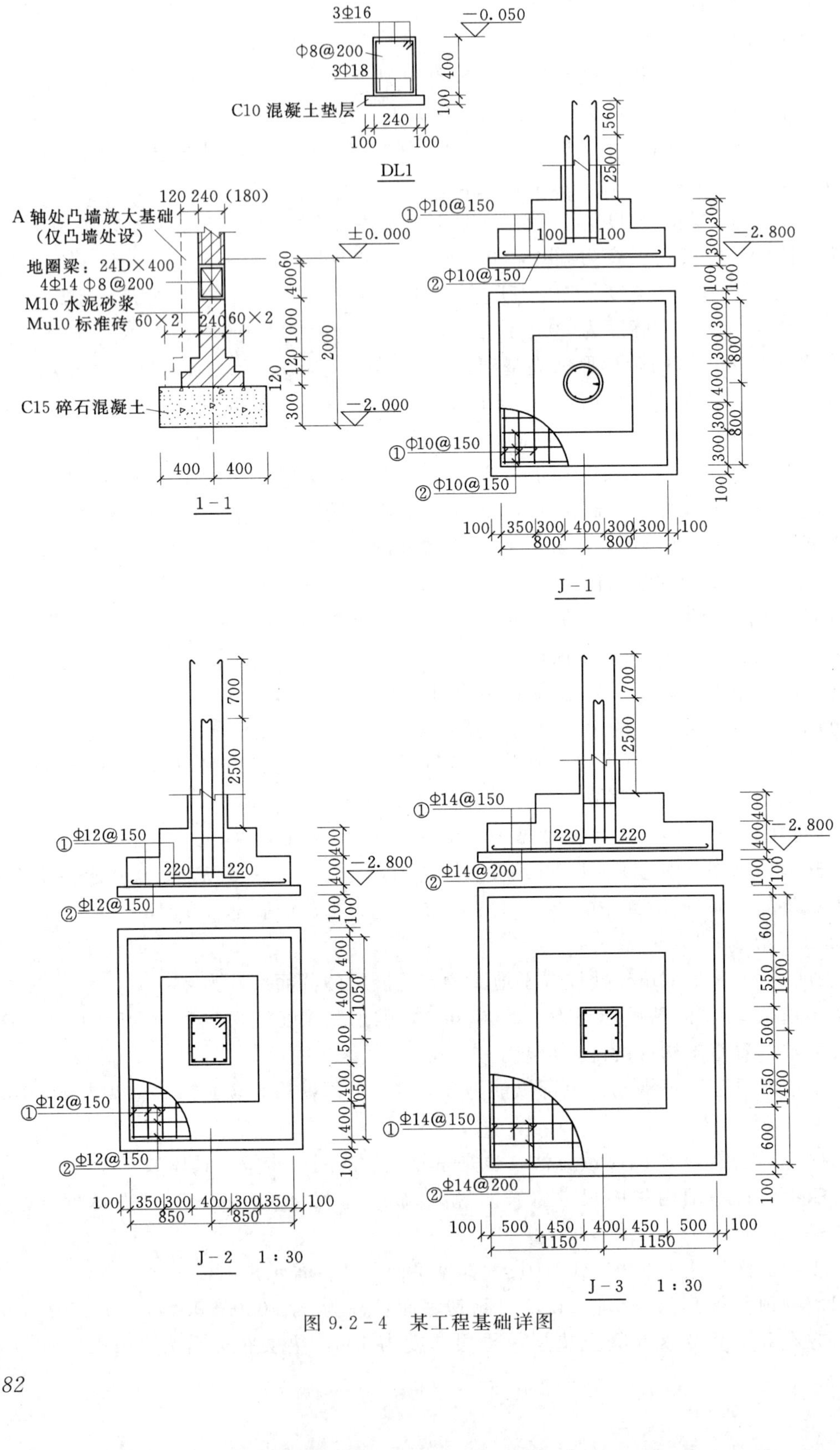

图 9.2-4　某工程基础详图

−0.550(m)。

因此，DL1 的埋置深度为 0.550−0.450=0.100(m)。

第五步，看基础构件的配筋信息。

DL1 的钢筋信息为：上部纵筋为 3 Φ 16，下部纵筋为 3 Φ 16，箍筋为 Φ 8@200。

（2）示例二：建筑实训综合楼：结施-02“柱下独立基础大样示意”“1-1”及“独立基础配筋表”，如附图 1 所示。

我们接着上述示例二后面的识图步骤，继续进行阅读，具体如下：

第四步，看基础构件的尺寸（长×宽×高），基底（顶）标高，埋置深度（挖土深度）。

以 J1 为例：J1 为阶梯形的独立基础。从下往上看：

第一阶的尺寸为：长度为 $X=3700$，宽度为 $Y=3700$，高度为 $h_1=300$。

第二阶的尺寸为：长度为（$X-2X_1$）即（3700−2×800）=2100

宽度为（$Y-2Y_1$）即（3700−2×800）=2100

高度为 $h_2=400$

$h_3=0$，没有第三阶的尺寸，因此，J1 为 2 阶的阶梯形独立基础。

J1 的基底标高为−2.000m。基础下方的垫层采用 C15 素混凝土垫层，垫层的截面尺寸为 4000×4000，厚度为 150。因此，垫层底标高为−2.000−0.15=−2.150(m)。

J1 的埋置深度（挖土深度）是指室外地坪到基础垫层底面的垂直距离，从前面建施图（立面图或者剖面图）中，我们已经知道室外地坪的标高为−0.450，因此，J1 的埋置深度为 2.150−0.450=1.700(m)。

第五步，看基础构件的配筋信息。

J1 的基础底面钢筋为：X 向配 Φ 16@150，Y 向配 Φ 16@150。

结合“基础设计说明”第 6 点：当柱下钢筋混凝土独立基础的边长大于或等于 2.5m 时，除外侧钢筋外，底板受力钢筋的长度可取边长的 0.9 倍，并交错布置。

J1 的基底尺寸为 3700×3700，因此，基底 X 向、Y 向钢筋除外侧钢筋外，其余的钢筋长度均可取边长的 9/10。

知识拓展：地 下 室 构 造

地下室是指位于地面以下的建筑使用空间，按使用功能分为普通地下室和防空地下室；按结构材料分为砖墙结构地下室和混凝土墙结构地下室；按地下室埋入深度分为全地下室和半地下室。全地下室是指地下室地面低于室外地坪的高度超过该房间净高的 1/2；半地下室是指地下室地面低于室外地坪的高度超过该房间净高的 1/3，但不超过净高的 1/2 的房间。

1. 地下室的组成

地下室一般由墙、底板、顶板、门窗、楼梯和采光井等部分组成，如拓展图 1 所示。

2. 地下室的防潮防水

当地下室地坪高于地下水的常年水位和最高水位时，由于地下水不会直接侵入地下

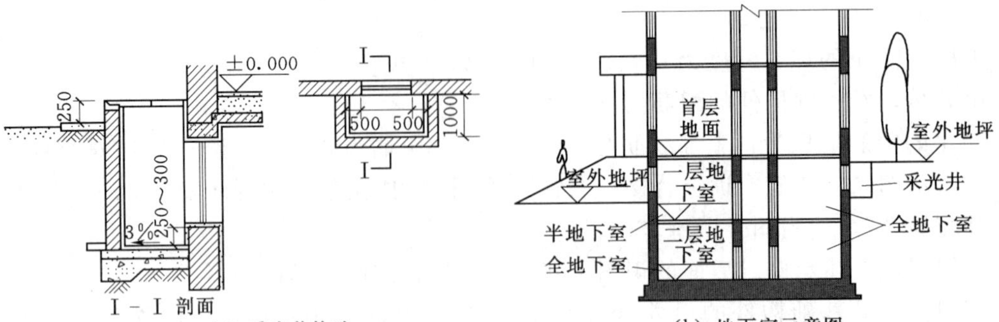

(a) 采光井构造　　(b) 地下室示意图

拓展图 1　地下室的组成

室，墙和底板仅受土层中毛细水和地表下渗而形成的无压水影响，只需做防潮处理。在地下室外墙外面设垂直防潮层，所有墙体应设两道水平防潮层，如拓展图 2 所示。

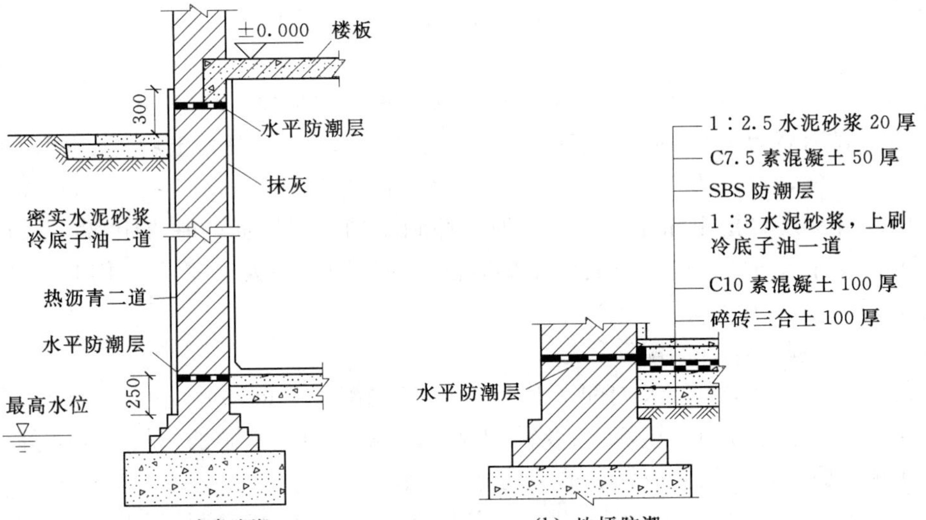

(a) 墙身防潮　　(b) 地坪防潮

拓展图 2　地下室的防潮处理

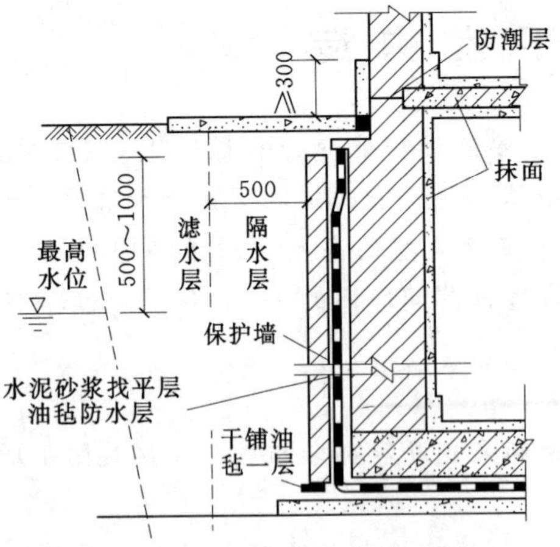

拓展图 3　地下室柔性防水构造

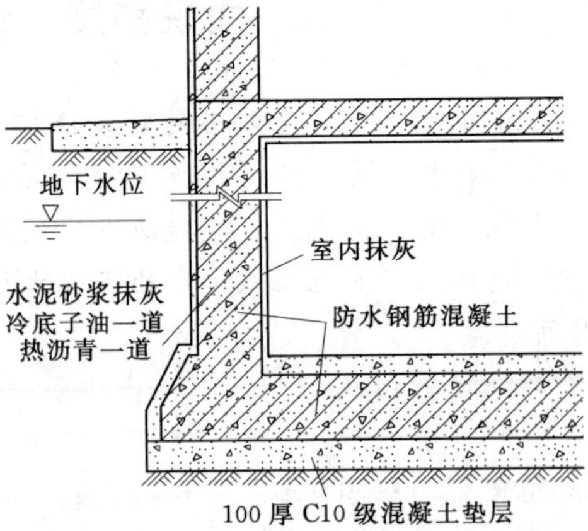

拓展图 4　地下室防水混凝土防水处理

当地下水最高地下水位高于地下室地坪时，地下室的底板和部分外墙将浸在水中，此时地下室外墙受到地下水的侧压力，地坪受到水的浮力影响，因此必须对地下室外墙和地坪做防水处理，并把防水层连贯起来。常用的防水措施有两种：柔性防水（如沥青卷材防水，如拓展图 3 所示）、刚性防水（如防水混凝土防水，如拓展图 4 所示）。

习题与考核

一、实操题

结合课本后的附图，应用所学知识，进行基础结构施工图识读。

二、理论题

1. 地基的分类有哪些？
2. 基础的埋置深度是如何规定的？影响基础埋置深度的因素有哪些？
3. 按基础的构造形式分类，基础的类型有哪些？
4. 按基础的材料及受力特点分类，基础的类型有哪些？
5. 基础结构施工图一般包括哪些内容？
6. 说明基础图的识图步骤。

项目 10

楼层结构布置图识读

【学习目标】

知识目标： 了解楼板的类型；掌握现浇钢筋混凝土楼板类型与构造；掌握柱、梁、板平法施工图制图规则。

技能目标： 能够准确识读柱、梁、板平法施工图。

【情景导入】

同学们，我们现在坐在教室里听课，每位同学都有一定的重量，这个重量在工程中称为荷载，这些荷载都压在楼板上面，但楼板并没有轻而易举地被我们压垮，而且楼板本身也有自重，为什么没有顺应万有引力往下掉？楼板的自重又由什么来支撑？有些同学说是由混凝土和钢筋来承担的，那施工人员是如何领会到设计意图的，怎么知道要放多少钢筋、怎么摆放的呢？这就是我们接下来要学习的内容。

任务 10.1　楼板的类型与构造

【内容简介】

本任务主要介绍楼板的类型，使学生掌握现浇钢筋混凝土楼板分类与构造。

10.1.1　楼板的类型

楼板层按结构层所用材料的不同，主要分为木楼板、砖拱楼板、钢筋混凝土楼板和钢衬板楼板等，如图 10.1-1 所示。

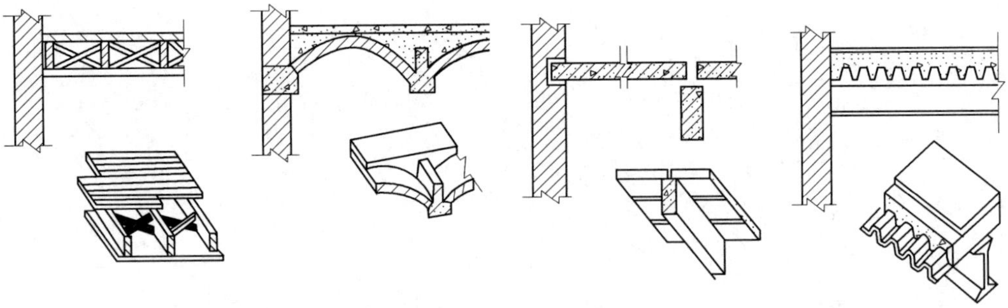

(a)木楼板　(b)砖拱楼板　(c)钢筋混凝土楼板　(d)钢衬板楼板

图 10.1-1　楼板的类型

1. 木楼板

木楼板是在木格栅之间设置剪刀撑，形成有足够整体性和稳定性的骨架，并在木格栅上下铺钉木板所形成的楼板，如图 10.1-1（a）所示。这种楼板构造简单，自重轻，导热系数小，但耐久性和耐火性差，耗费木材量大，除木材产区外较少采用。

2. 砖拱楼板

砖拱楼板是先在墙或柱上架设钢筋混凝土小梁，然后在钢筋混凝土小梁之间用砖砌成拱形结构所形成的楼板，如图 10.1-1（b）所示。砖拱楼板可节约钢材、水泥、木材，造价低，但承载能力和抗震能力差，结构层所占的空间大，顶棚不平整，施工较繁琐，所以现在已基本不用。

3. 钢筋混凝土楼板

钢筋混凝土楼板的强度高、刚度大、耐久性和耐火性好，具有良好的可塑性，便于工业化的生产，是目前应用最广泛的楼板类型，如图 10.1-1（c）所示。根据施工方法不同分为现浇整体式、预制装配式、装配整体式三种类型。

4. 压型钢板组合楼板

组合楼板是利用压型钢板做衬板与混凝土浇筑在一起支承在钢梁上构成，钢板同时兼起施工模板作用，具有刚度大、整体性好、可简化施工程序的优点，如图 10.1-1（d）所示。

5. 钢楼板

钢楼板自重轻、强度高、整体性好、易连接、施工方便、便于建筑工业化，但用钢量大、造价高、易腐蚀、维护费用高、耐火性比钢筋混凝土差。一般常用于工业类建筑。

本任务主要介绍现浇钢筋混凝土楼板和预制装配式钢筋混凝土楼板。

10.1.2 现浇钢筋混凝土楼板

现浇钢筋混凝土楼板系指在施工现场通过支模板、绑扎钢筋、整体浇筑混凝土及养护等工序而成型的楼板。这种楼板具有整体性好、刚度大、利于抗震、梁板布置灵活等特点，但其模板耗材大、工序多、周期长、工人劳动强度大，且施工受季节限制。适用于地震区及平面形状不规则或防水要求较高的房间。

现浇钢筋混凝土楼板根据受力和传力特点分为板式楼板、肋形楼板、无梁楼板和压型钢板组合楼板。

1. 板式楼板

板式楼板是板内不设置梁，将板直接搁置在墙上且整块板厚度相同的平板，根据周边支撑情况及板平面长短边边长的比值，又可分为单向板、双向板、悬挑板，如图 10.1-2 所示。

（1）当板的长边与短边之比大于 2 时，板基本上沿短边方向传递荷载，这种板称为单向板，板内受力钢筋沿短边方向设置，分布筋沿长边方向配置在受力筋的内侧。单向板的代号如 B/80，其中 B 代表板，80 代表板厚为 80mm，如图 10.1-2（a）所示。

（2）双向板长边与短边之比不大于 2，荷载沿双向传递，按双向配置受力筋，短边方向内力较大，长边方向内力较小，短边方向的受力钢筋放在外侧，如图 10.1-2（b）所示。

（3）悬挑板只有一边支承，其主要受力钢筋摆在板的上方，分布钢筋放在主要受力筋矩的下方，板厚为挑长的 1/35，且根部不小于 80mm。主要用于雨篷、挑檐、阳台和空调

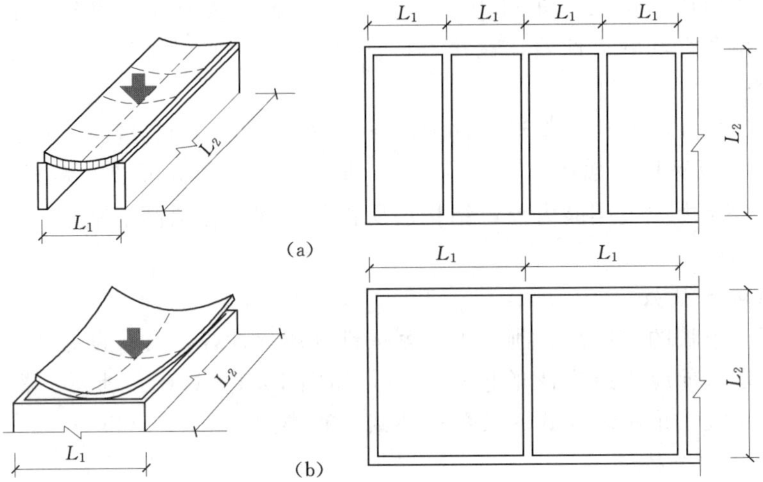

图 10.1-2　楼板的受力与传力方式

板等部位。

板式楼板底面平整、美观、施工方便，适用于小跨度房间，如走廊、厕所和厨房等。

2. 肋形楼板

当房间开间和进深较大时，常在板下设梁，使楼板结构更经济合理，这种楼板称为肋形楼板，也称为梁板式楼板。肋形楼板中的梁可有主梁、次梁之分，次梁与主梁一般垂直相交，板搁置在次梁上，次梁搁置在主梁上，主梁搁置在墙或柱上，所以板内荷载通过梁传至墙或者柱子上，如图 10.1-3 和图 10.1-4（b）所示。

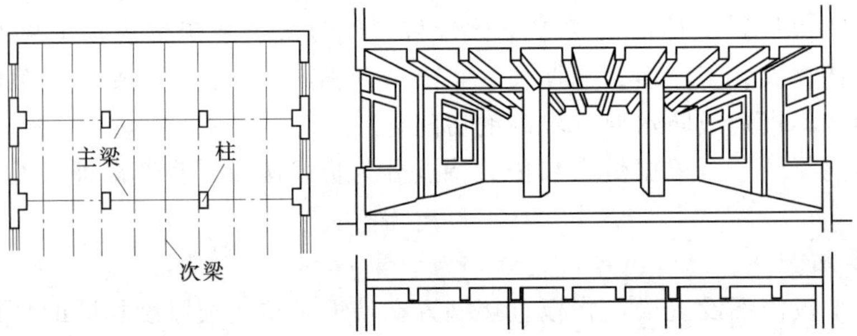

图 10.1-3　肋形楼板

当房间尺寸较大，并接近正方形时，常沿两个方向布置等距离、等截面高度的梁，板为双向板，形成井格形的梁板结构，纵梁和横梁同时承担着由板传递下来的荷载，这种形式称为井式楼板，井式梁楼板是肋形楼板的一种特殊形式，如图 10.1-5 和图 10.1-4（a）所示。

3. 无梁楼板

无梁楼板是楼板层不设梁，而直接将板支承于柱上的楼板。柱顶构造分为有柱帽和无柱帽两种。当楼面荷载较小时，采用无柱帽的形式；当楼面荷载较大时，为提高板的承载能力、刚度和抗冲切能力，可以在柱顶设置柱帽和托板来减小板跨、增加柱对板的支托面

(a) (b)

图 10.1－4 肋形楼板

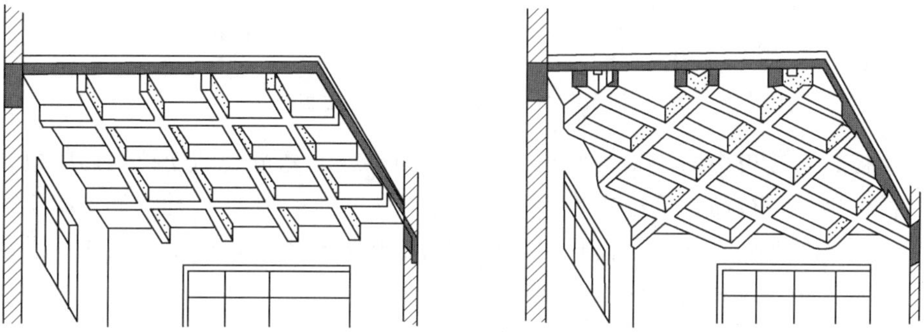

(a) 正交式 (b) 斜交式

图 10.1－5 井式楼板

积，如图 10.1－6 所示。

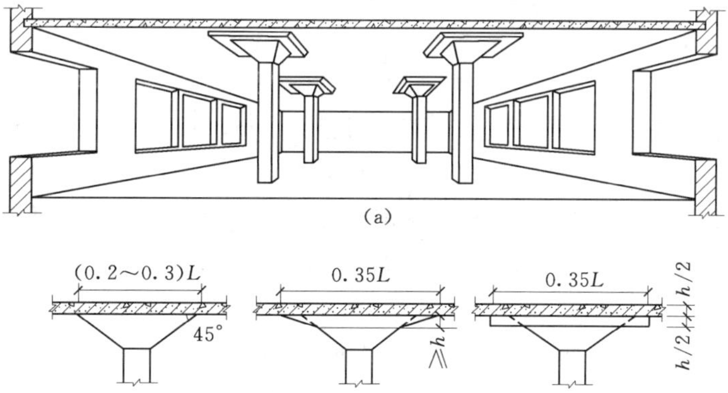

(a)

(b)

图 10.1－6 无梁楼板

无梁楼板柱网一般布置为正方形或矩形，柱距以 6m 左右较为经济。由于其板跨较大，板厚不宜小于 120mm，一般为 160～200mm。无梁楼板的板底平整，室内净空高度大，采光、通风条件好，适宜于活荷载较大的商店、仓库、展览馆等建筑。

4. 压型钢板组合楼板

压型钢板组合楼板是利用凹凸相间的压型薄钢板做衬板与现浇混凝土浇筑在一起支承在钢梁上构成整体型楼板。它由钢梁、压型钢板和现浇混凝土三部分组成，并由栓钉（又称抗剪栓钉）组合成整体，如图 10.1-7 所示。

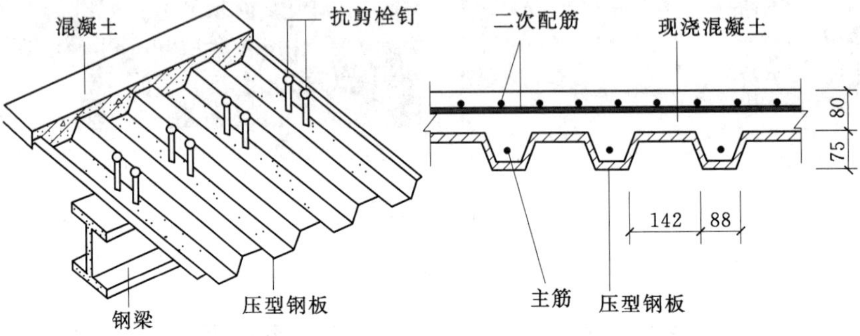

图 10.1-7　压型钢板组合楼板

压型钢板组合楼板中的压型钢板承受施工时的荷载，是板底的受拉钢筋，也是楼板的永久性模板。这种楼板简化了施工程序，加快了施工进度，并且具有钢筋混凝土楼板强度高、刚度大和耐久性好等优点，而且比钢筋混凝土楼板自重轻，施工速度快，承载能力更好，适用于大空间建筑和高层建筑。

10.1.3　预制装配式钢筋混凝土楼板

预制装配式钢筋混凝土楼板系指楼板的梁、板等构件在预制加工厂或施工现场外预先制作，然后运到工地现场经人工或机械吊装到房屋上进行安装而成的钢筋混凝土楼板。此做法可节省模板，改善劳动条件，提高效率，缩短工期，促进工业化水平。但预制楼板的整体性不好，灵活性也不如现浇板，更不宜在楼板上穿洞。常见预制混凝土板分为实心平板、空心板和槽形板。

1. 实心平板

实心平板板厚一般为 50～100mm，跨度可达 2.7m，板宽为 600mm 或 900mm。板的两端支承在墙或梁上，由于构件小，起吊机械要求不高，如图 10.1-8 所示。实心平板上下板面平整、制作简单，但自重较大、隔声效果差。宜用于跨度小的走廊板、楼梯平台板、阳台板、厨房板、厕所板、管沟盖板等处。

2. 空心板

空心板是将平板沿纵向抽孔而成。孔的断面有圆形、方形、长方形和长圆形等，其中以圆孔板最为常见。与实心平板比较，空心板在不增加混凝土用量及钢筋用量的前提下，提高了截面抗弯能力，增强结构刚性。空心楼板具有自重小、用料少、强度高、经济等优点，缺点是板面不能任意打洞，以避免影响承载能力，如图 10.1-9 所示。

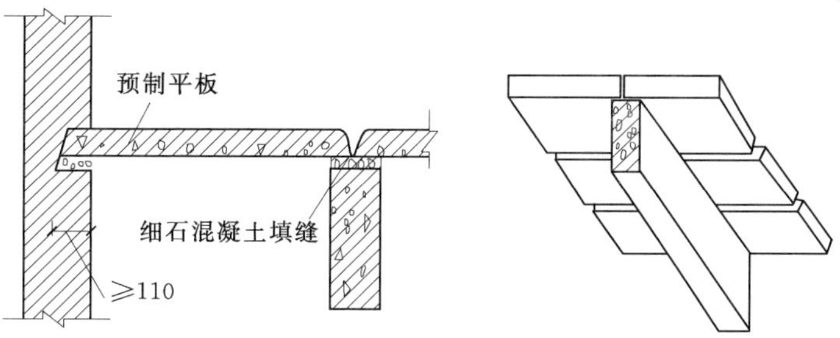

图 10.1-8　实心平板

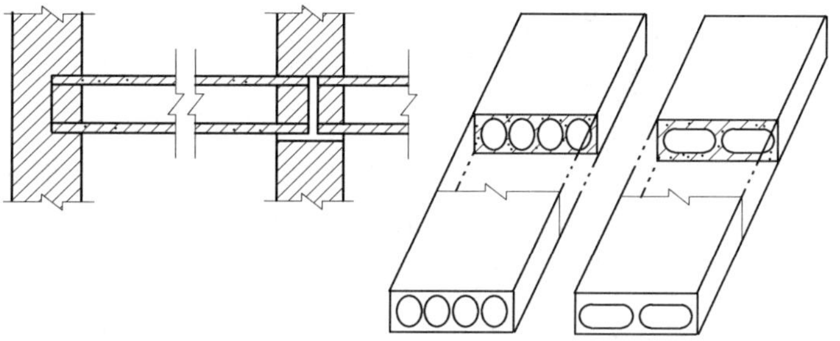

图 10.1-9　空心板

3. 槽形板

槽形板由四周及中部若干根肋及顶面或底面的平板组成，属肋梁与板的组合构件。由于有肋，它的允许跨度可大些。当肋在板下时，称为正槽板。正槽板的受力较合理，但安装后顶棚因一根根肋梁而显得凹凸不平。当肋在板上时，称为反槽板。它的受力不合理，安装后楼面上有凸出板面的一根根肋梁，但天棚平整。采用反槽板楼盖时，楼面上肋与肋间可填放松散材料，再在肋上架设木地板等作地面。这种楼面具有保温、隔声等特点，常用于有特殊隔声、保温要求的建筑，如图 10.1-10 所示。

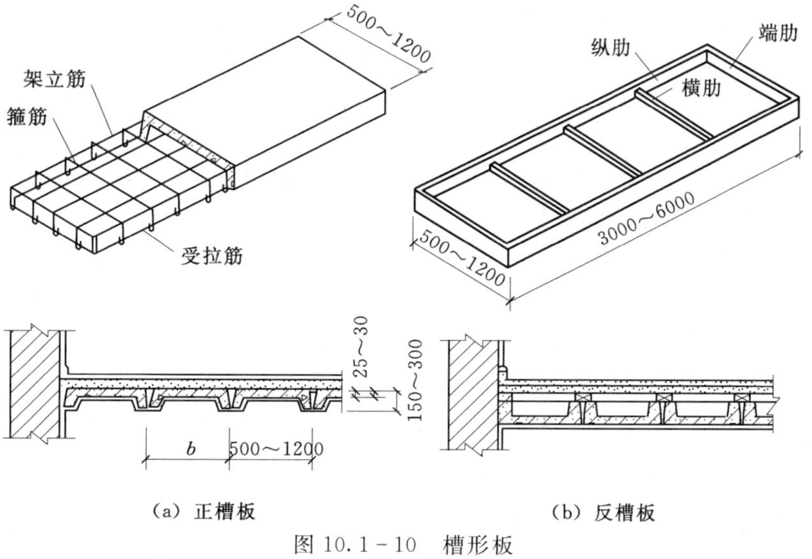

图 10.1-10　槽形板

任务10.2 柱平法施工图识读

【内容简介】

本任务主要介绍柱平法施工图制图规则，使学生能准确识读柱平法施工图。

10.2.1 柱平法施工图制图规则

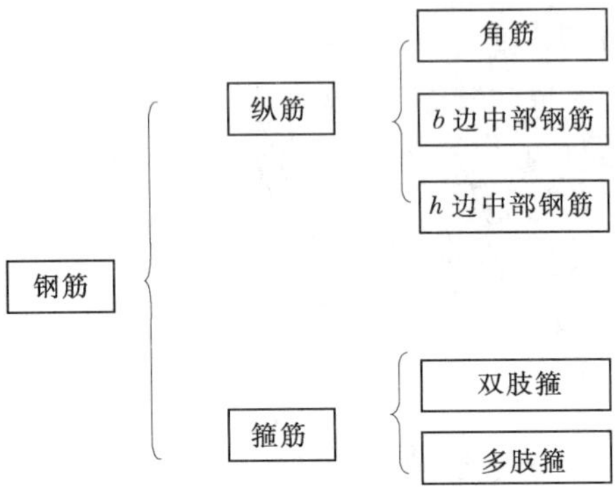

图10.2-1 柱内钢筋类型

柱内钢筋主要包括以下类型，如图10.2-1所示。

柱平法施工图系在柱平面布置上采用列表注写方式或截面注写方式表达。

1. 列表注写方式

列表注写方式是在柱平面布置图上（一般只需要采用适当比例绘制一张柱平面布置图，包括框架柱、框支柱、梁上柱和剪力墙上柱），分别在同一编号的柱中选择一个（有时需要选择几个）截面标注几何参数代号；在柱表中注写柱编号、柱段起止标高、几何尺寸（含柱截面对轴线的偏心情况）与配筋的具体数值，并配以各种柱截面形式及其箍筋类型图的方式，来表达柱平法施工图。列表注写方式由柱表和柱平面布置图两部分组成。具体内容规定如下：

（1）注写柱编号，柱编号由类型代号和序号组成，应符合表10.2-1的规定。

表10.2-1　　柱　编　号

柱　类　型	代　　号	序　　号
框架柱	KZ	××
框支柱	KZZ	××
芯柱	XZ	××
梁上柱	LZ	××
剪力墙上柱	QZ	××

注　编号时，当柱的总高、分段截面尺寸和配筋均对应相属，仅截面与轴线的关系不同时，仍可将其编为同一柱号，但应在图中注明截面与轴线的关系。

（2）注写各段柱的起止标高，自柱根部往上以变截面位置或截面未变但配筋改变处为界分段注写，框架柱和框支柱的根部标高系指基础顶面标高；芯柱的根部标高系指根据结构实际需要而定的起始位置标高；梁上柱的根部标高系指梁顶面标高；剪力墙上柱的根部标高为墙顶面标高。

（3）对于矩形柱，注写柱截面尺寸 $b \times h$ 及与轴线关系的几何参数代号 b_1、b_2 和 h_1、h_2 的具体数值，需对应于各段柱分别注写。其中 $b=b_1+b_2$，$h=h_1+h_2$，当截面的某一收缩变化至与轴线重合或偏到轴线的另一侧时 b_1、b_2、h_1、h_2 中的某项为零或为负值。

对于圆柱，表中 $b \times h$ 一栏改用在圆柱直径数字前加 d 表示。为表达简单，圆柱截面

与轴线的关系也用 b_1、b_2 和 h_1、h_2 表示，并使 $d=b_1+b_2=h_1+h_2$。

（4）注写柱纵筋。当柱纵筋直径相同，各边根数也相同时（包括矩形柱、圆柱、芯柱），将纵筋注写在“全部纵筋”一栏中。除此之外，柱纵筋分角筋、截面 b 边中部筋和 h 边中部筋三项分别注写（对于采用对称配筋的矩形截面柱，可仅注写一侧中部筋，对称边省略不注）。

（5）注写柱箍筋，包括柱箍筋类型号（常见箍筋类型号如图 10.2-2 所示）及箍筋肢数、钢筋级别、直径与间距。当为抗震设计时，用斜线“/”区分柱端箍筋加密区与柱身非加密区长度范围内箍筋的不同间距。当圆柱采用螺旋箍筋时，需在箍筋前加“L”。

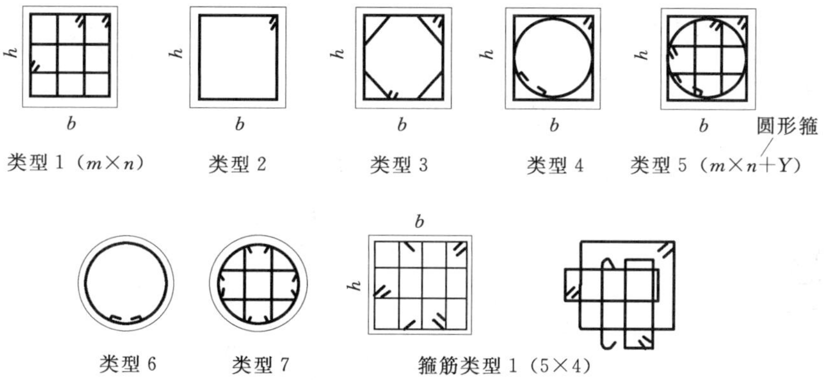

图 10.2-2 常见箍筋类型

2. 截面注写方式

截面注写方式是在柱平面布置图的柱截面上，分别在同一编号的柱中选择一个截面，直接注写截面尺寸和配筋具体数值的方式来表达柱平法施工图。

（1）在柱定位图中，按一定比例放大绘制柱截面配筋图，在其编号后再注写截面尺寸（按不同形状标注所需数值）、角筋、中部纵筋及箍筋。

（2）柱的纵筋数量及箍筋形式直接画在大样图上，并集中标注在大样旁边。

（3）当柱纵筋采用同一直径时，可标注全部钢筋；当纵筋采用两种直径时，需将角筋和各边中部筋的具体数值分开标注；当柱采用对称配筋时，可仅在一侧注写腹筋。

（4）必要时，可在一个柱平面布置图上用小括号“（）”和尖括号“〈〉”区分和表达各不同标准层的注写数值。

（5）如柱的分段截面尺寸和配筋均相同，仅分段截面与轴线的关系不同时，可将其编为同一柱号。但此时应在未画配筋的柱截面上注写该截面与轴线关系的具体尺寸。

10.2.2 柱平法识读示例

1. 柱平法施工图识图要点

（1）看结构设计说明中的有关内容，如抗震等级、混凝土强度等级、混凝土保护层等。

（2）看各柱的平面布置和定位尺寸，根据相应的建筑结构平面图，特别应注意变截面处，上下截面与轴线的关系。

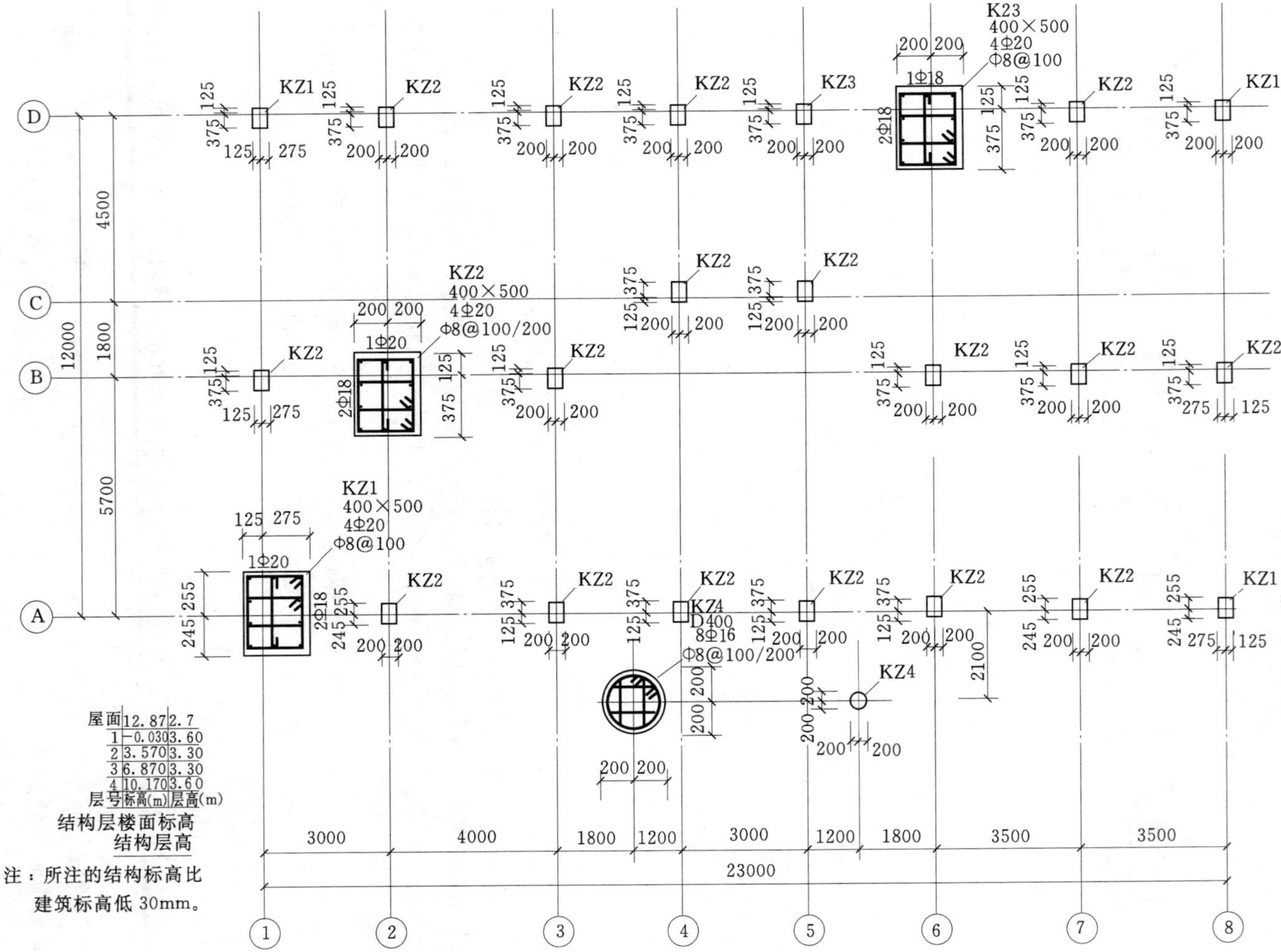

说明：1. 柱子混凝土强度等级为 C25，保护层为 30mm。
2. 柱纵筋采用电渣压力焊，基础顶至－0.030，框架柱截面、配筋与底层相同。
3. 凡混凝土柱与砖墙联结处设置拉结筋 2Φ6@500，入柱 250，入墙 1000，且钢筋末端设 60 直钩，若砌体长度不足上述尺寸的，则锚入砌体内长度等于砌体长度。

层号	标高(m)	层高(m)
屋面	12.87	2.7
4	10.170	3.60
3	6.870	3.30
2	3.570	3.30
1	−0.030	3.60

结构层楼面标高
结构层高

注：所注的结构标高比建筑标高低 30mm。

标高－0.030～3.570 柱平法施工图 1：100

图 10.2－3 柱平法施工图

（3）从图中（截面注写方式）及表中（列表注写方式）查看柱的编号、起止标高、截面尺寸、纵向钢筋、箍筋等。

（4）柱纵向钢筋的连接位置、连接方法、连接长度、连接范围内的箍筋要求。

（5）柱与填充墙的拉接筋及其他二次结构预留筋或预埋铁件。

（6）其他。

2. 柱平法施工图识读示例

（1）示例一：某工程柱平法施工图如图 10.2-3 所示，采用截面注写方式，其主要内容如下：

1）图名、比例：图名为“标高－0.030～3.570 柱平法施工图”，比例为 1∶100。

2）定位轴线及编号：横向轴线自左向右为①～⑧轴，纵向轴线自下向上为Ⓐ～Ⓓ。

3）柱的平面布置和定位：如①轴与Ⓐ轴交点处布置 KZ1。

4）柱的编号及相同编号柱的数量：该图所示有 4 种柱编号，即 KZ1、KZ2、KZ3 和 KZ4 其中 KZ1 有 4 个，KZ2 有 18 个，KZ3 有 2 个，均为矩形柱，KZ4 有 2 个，为圆柱。

5）柱截面尺寸及配筋状况：如 KZ1 的截面尺寸为 400×500，即 b 为 400mm，h 为 500mm，角筋为 4 根直径 20mm 的Ⅱ级钢筋，b 边中部钢筋为 1 根直径 20mm 的Ⅱ级钢筋，h 边中部钢筋为 2 根直径 18mm 的Ⅱ级钢筋，箍筋直径为 8mm 的Ⅰ级钢筋，箍筋间距为 100mm，箍筋类型为 3×5。

（2）示例二：某综合实训楼如附图Ⅲ所示。该工程柱平法施工图采用列表注写方式。

该实训楼为框架结构，抗震等级为三级，框架柱混凝土强度等级一～三层为 C30，四层至屋顶层为 C25；该实训楼除基础钢筋混凝土环境为二 a 类，其余为一类，故柱子混凝土保护层最小厚度取 20mm。

柱表见结施-04，共有 KZ1～KZ15 共 15 种框架柱，LZ1～LZ4 共 4 种梁上柱。KZ1 标高为－0.500～5.370，截面尺寸为 600×600，即 b 边为 600mm，h 边为 500mm，角筋为 4 根直径 20mm 的Ⅲ级钢筋，b 边中部钢筋为 3 根直径 16mm 的Ⅲ级钢筋，h 边中部钢筋为 3 根直径 16mm 的Ⅲ级钢筋，箍筋直径为 10mm 的Ⅰ级钢筋，箍筋间距加密区为 100mm，非加密区为 200mm，箍筋类型为 5×5。柱定位详见结施-03 柱平面定位图。

任务 10.3　梁平法施工图识读

【内容简介】

本任务主要介绍梁平法施工图制图规则，使学生能准确识读梁平法施工图。

10.3.1　梁平法施工图制图规则

梁内钢筋主要包括以下类型，如图 10.3-1 所示。

梁中这些钢筋信息主要通过在梁平面布置图上采用平面注写方式或截面注写方式表达。

1. 平面注写方式

平面注写方式是在梁平面布置图上，分别在不同编号的梁中各选一根梁，在其上注写截面尺寸和配筋的具体数值，如图 10.3-2 所示。

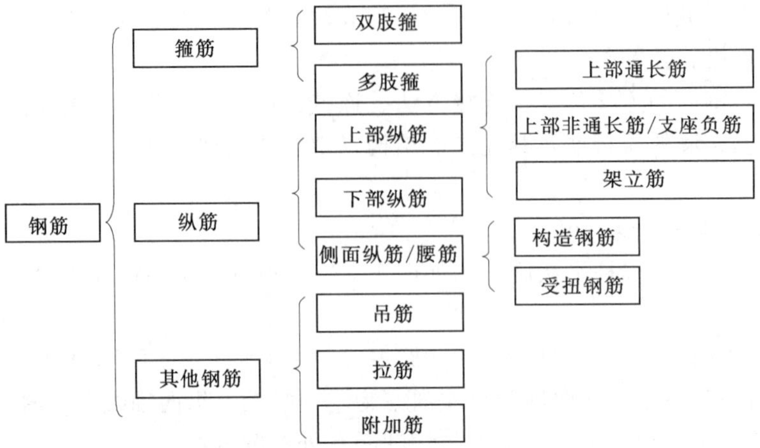

图 10.3-1 梁内钢筋类型

平面注写包括集中标注与原位标注，集中标注表达梁的通用数值，原位标注表达梁的特殊数值。当集中标注中的某项数值不适用于梁的某部位时，则将该数值原位标注，施工时，原位标注取值优先。

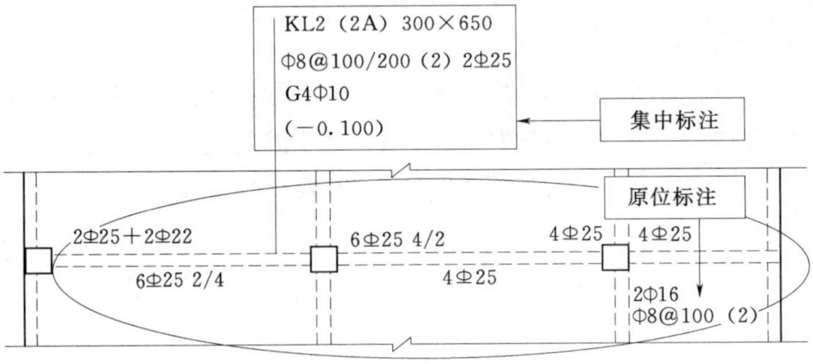

图 10.3-2 梁平面注写方式

(1) 集中标注。集中标注表达梁的通用数值，包括五项必注值及一项选注值。必注值包括梁编号、梁截面尺寸、梁箍筋、梁上部通长筋或架立筋、梁侧面纵向构造钢筋或受扭钢筋；选注值为梁顶面标高高差，如图 10.3-3 所示。

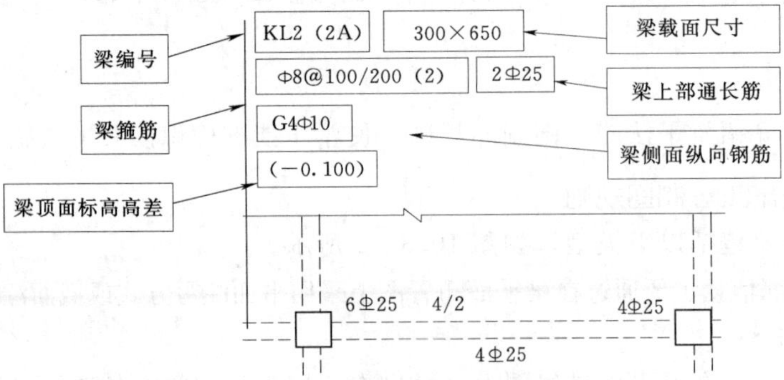

图 10.3-3 梁集中标注示意图

1）梁编号。梁编号由梁类型代号、序号、跨数及有无悬挑代号几项组成，并应符合表 10.3－1 规定。

表 10.3－1　　　　　　　　　**梁　编　号**

梁类型	代号	序号	跨数及是否有悬挑
楼层框架梁	KL	××	(××)、(××A) 或 (××B)
屋面框架梁	WKL	××	(××)、(××A) 或 (××B)
框支梁	KZL	××	(××)、(××A) 或 (××B)
非框架梁	L	××	(××)、(××A) 或 (××B)
悬挑梁	XL	××	
井字梁	JZL	××	(××)、(××A) 或 (××B)

注　(××A) 为一端有悬挑，(××B) 为两端有悬挑，悬挑不计入跨数。例如：KL2 (2A) 表示第 2 号框架梁，2 跨，一端有悬挑；KL1 (2B) 表示第 2 号框架梁，2 跨，两端有悬挑，如图 10.3－4 所示。

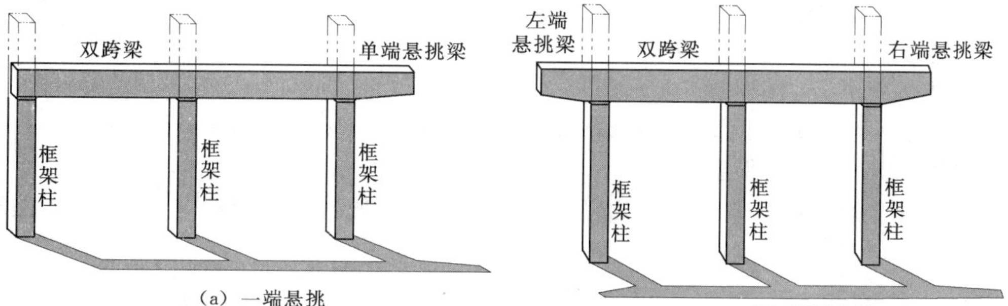

(a) 一端悬挑　　(b) 两端悬挑

图 10.3－4　悬挑梁示意图

2）梁截面尺寸。

当为等截面梁时，用 $b\times h$ 表示，例 KL2 (2A) 300×650 表示梁宽 300，梁高 650。

当为竖向加腋梁时，用 $b\times h$ $GY_{C_1\times C_2}$ 表示，其中 C_1 为腋长，C_2 为腋高，如图 10.3－5 (a) 所示。

当为水平加腋梁时，一侧加腋时用 $b\times h$ $PY_{C_1\times C_2}$ 表示，其中 C_1 为腋长，C_2 为腋宽，加腋部位应在平面图中绘制，如图 10.3－5 (b) 所示。

当有悬挑梁且根部和端部的高度不同时，用斜线分隔根部与端部的高度值，即为 $b\times h_1/h_2$，如图 10.3－6 所示。

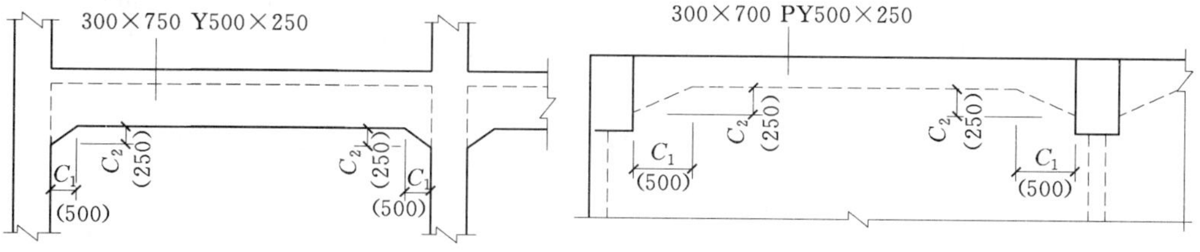

(a) 竖向加腋　　(b) 水平加腋

图 10.3－5　加腋梁截面尺寸注写示意图

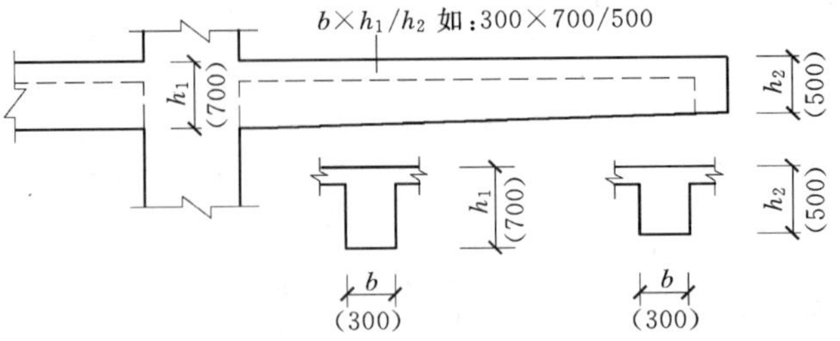

图 10.3-6　悬挑梁不等高截面尺寸注写示意图

3）梁箍筋。包括钢筋级别、直径、加密区与非加密区间距及肢数，箍筋加密区与非加密区的不同间距及肢数需用斜线“/”分隔；当梁箍筋为同一种间距及肢数时，则不需斜线；当加密区与非加密区的箍筋肢数相同时，则将肢数注写一次，箍筋肢数应写在括号内。

例：Φ10@100/200(4) 表示箍筋为Ⅰ级钢筋，直径为 10，加密区间距为 100，非加密区间距为 200，均为四肢箍。

Φ8@100(4)/150(2) 表示箍筋为Ⅰ级钢筋，直径为 8，加密区间距为 100，四肢箍；非加密区间距为 150，两肢箍。

KL2 中Φ8@100/200(2) 表示箍筋为Ⅰ级钢筋，直径为 10，加密区间距为 100，非加密区间距为 200，均为两肢箍。

非框架梁、悬挑梁、非抗震梁采用不同箍筋间距和肢数，用斜线“/”分开；先写支座端部箍筋，后写跨中钢箍筋。

例如，12Φ8@100/200(4) 表示梁两端各有 12 根直径为 8、间距 100 的 4 肢箍筋，梁跨中部分为间距 200 的 4 肢箍筋，梁跨中部分箍筋根数根据间距和梁剩余部分长度计算。

梁箍筋肢数示意如图 10.3-7 所示。

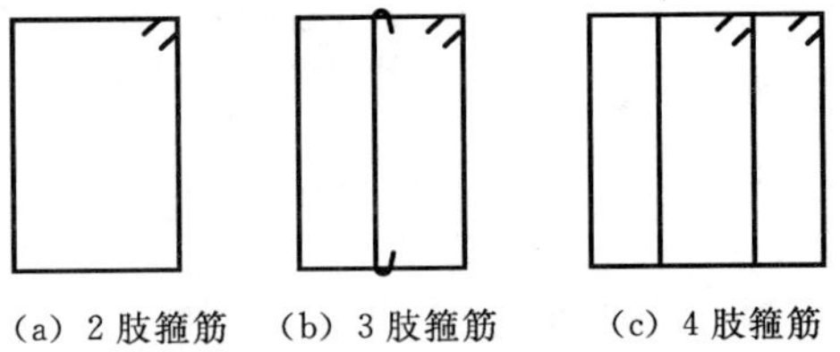

图 10.3-7　梁箍筋肢数示意图

4）梁上部通长筋或架立筋。通长筋指梁上部受力筋沿梁的长度方向不截断，架立筋的作用是和箍筋绑扎在一起形成钢筋骨架。

a. 上部只有通长受力筋，没有架立筋，直接写通长筋筋的根数、级别和直径，如图 10.3-8 所示 KL5 中的 2Φ16。

b. 仅有架立筋，注写在括号内，如图 10.3-9 所示的 2Φ10 即为架立筋。

c. 既有通长筋又有架立筋，如图 10.3-10 所示，表达为通长筋+(架立筋)。

如图 10.3-10 所示 2Φ20+(2Φ12)，2Φ20 表示上部通长筋为 2 根直径 20mm 的 HRB400 钢筋，在角部，2Φ12 表示上部 3 跨中间位置架立筋 2 根直径 12mm 的 HPB300 钢筋。

d. 上、下均有通长钢筋，上下部通长筋用分号“；”分隔开，表达为“上部通长筋；下部通长筋”。

如图 10.3-11 所示，3Φ22 表示上部通长筋均为 3 根直径 22mm 的三级钢筋，4Φ16 表示下部通长筋均为 4 根直径 16mm 的三级钢筋。

5）梁侧面纵向构造钢筋或受扭钢筋。当梁的有效高度大于 450mm 时，需配置侧面纵向构造钢筋，当梁侧配置受扭纵筋时，不再重复配置侧向构造纵筋。

a. 标注两侧全部构造纵筋（对称布置），符号 G。

例：如图 10.3－11 所示，G4 Φ 12，表示配置 4 根构造钢筋，沿梁的两侧对称布置，梁两侧构造钢筋用拉筋固定，如图 10.3－12 所示拉筋构造示意图。

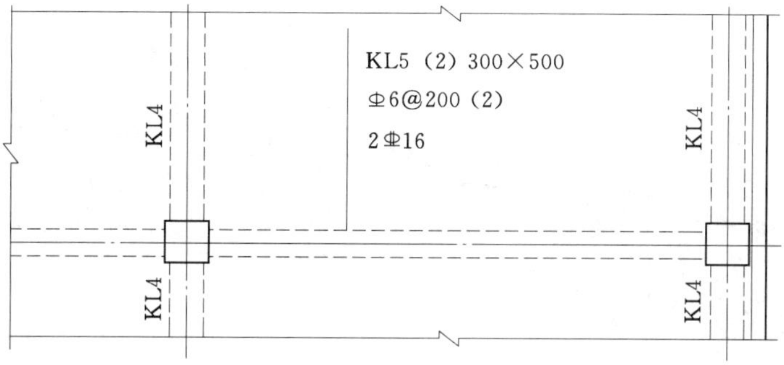

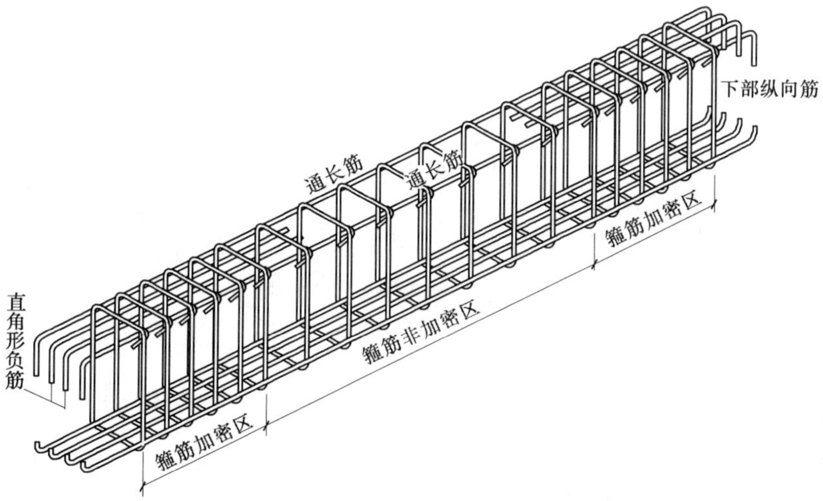

图 10.3－8　梁上部通长筋示意图

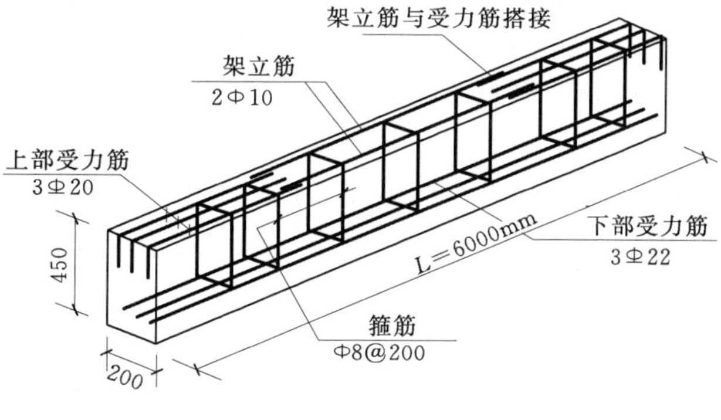

图 10.3－9　梁上部架立筋示意图

b. 有受扭钢筋，标注全部受扭纵筋（对称布置），符号 N。

例：N4 ⌀ 12，表示配置4根受扭钢筋。

6）梁顶面标高高差。梁顶面标高高差是指相对于结构层楼面标高的高差值。有高差时，需将其写入括号内，梁顶高于一般楼面结构高度为正，梁顶低于一般楼面结构高度为负，无高差时不注。

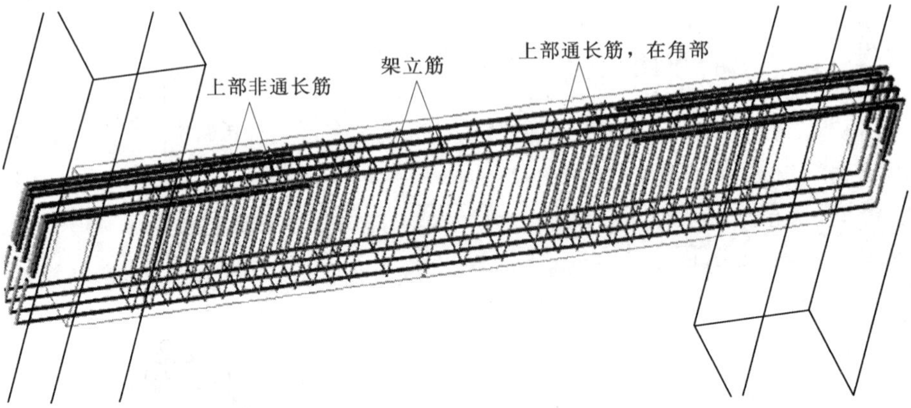

图 10.3-10 梁上部通长筋和架立筋示意图

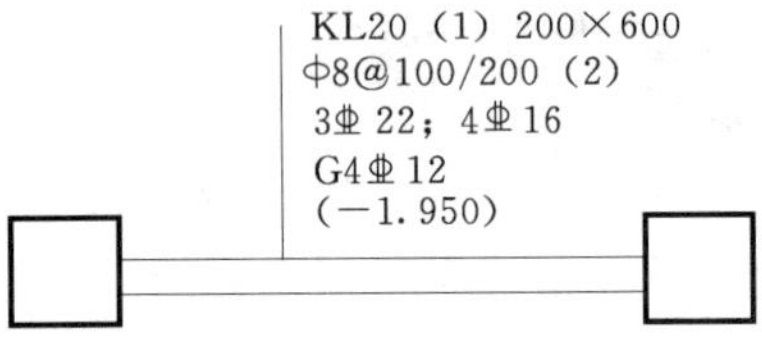

图 10.3-11 梁平法标注示例

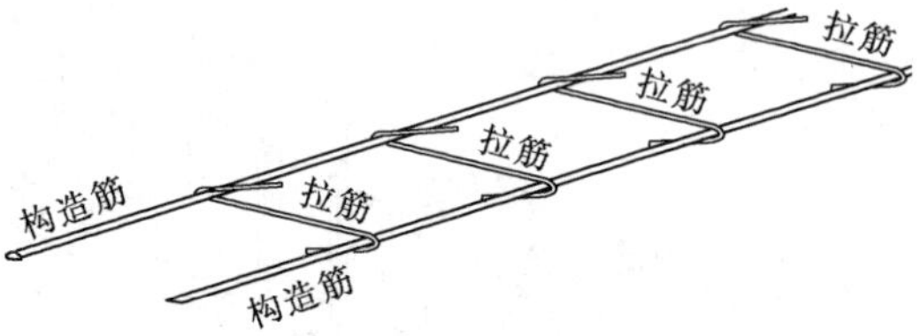

图 10.3-12 梁拉筋构造示意图

例：第三层楼板结构标高6.270m，厕所位置梁顶实际标高6.220m，此项标注为(−0.050)，即表明该梁顶面标高相对于6.270m低0.05m。如图10.3-11所示，(−1.95)表示KL20顶标高比楼层标高低1.95m。

（2）原位标注。当在梁上集中标注的内容不适用于某跨或某悬挑部分时，将其不同数值原位标注在该跨或该悬挑部位称为原位标注。原位标注优先于集中标注，即在同一部位同一类型钢筋信息或尺寸以原位标注为准。

一般需要原位标注的主要包括梁尺寸、梁箍筋、梁支座上部纵筋、梁下部纵筋、梁侧面构造钢筋或抗扭钢筋、梁标高、附加箍筋或吊筋。具体规定如下：

1）梁尺寸：如图10.3-13所示，KL1集中标注中截面尺寸为250×550，表明KL1梁截面尺寸的通用值为250×550，而②～④轴梁原位标注截面尺寸为250×600，④～⑤轴悬挑部分梁原位标注截面尺寸为250×500/400，根据原位标注优先于集中标注原则，只有①～②轴梁的截面尺寸为250×550，其余跨数截面尺寸取原位标注值。

2）梁箍筋：如图10.3-13所示，KL1集中标注中箍筋为Φ8@100/200(2)，④～⑤轴原位标注箍筋信息为Φ8@100(2)，根据原位标注优先于集中标注原则，①～④轴间箍筋取集中标注Φ8@100/200(2)，④～⑤箍筋信息取原位标注Φ8@100(2)。

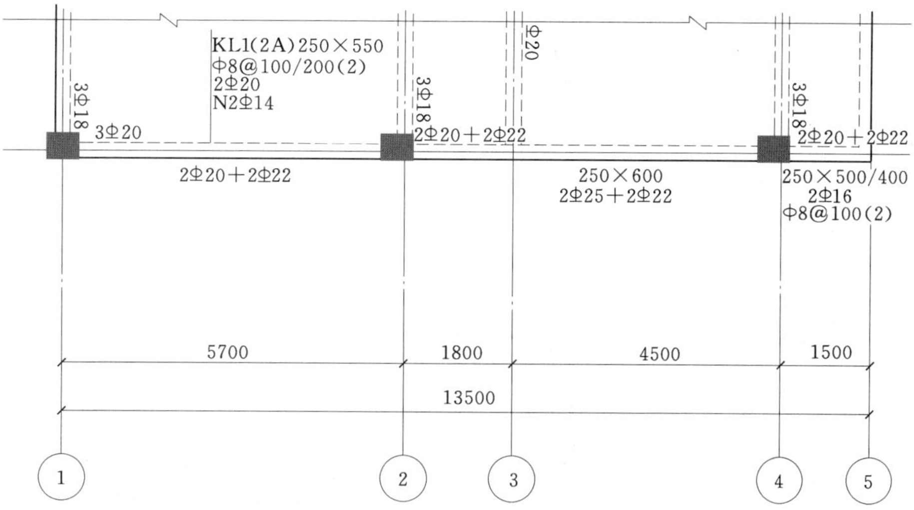

图 10.3-13　梁原位标注示例

3）梁支座上部纵筋，该部位含通长筋在内的所有纵筋。

a. 当上部纵筋多于一排时，用斜线“/”将各排纵筋自上而下分开。如图 10.3-14 所示，梁中间支座上部纵筋注写为 6Φ25 4/2，表示上一排纵筋为 4Φ25，下一排纵筋为 2Φ25，其中上一排纵筋 4Φ25 中包括 2Φ25 的通长筋，另 2Φ25 为支座负筋。

b. 当同排纵筋有两种直径时，用加号“+”将两种直径相连，注写时将角部纵筋写在前面。如图 10.3-14 所示端支座 2Φ25+2Φ22，表示该支座上部有 4 根纵筋，2Φ25 即通长筋放在角部，2Φ22 即支座负筋放在中部。

c. 当梁中间支座两边的上部纵筋不同时，须在支座两边分别标注；当梁中间支座两边的上部纵筋相同时，可仅在支座的一边标注配筋值，另一边可省去不注，如图 10.3-14 所示中间支座 6Φ25 4/2 右边省略不注。

4）梁下部纵筋，注写在梁下部跨中位置。

a. 当下部纵筋多于一排时，用斜线“/”将各排纵筋自上而下分开，如图 10.3-14（a）所示第一跨 6Φ25 2/4，表示上一排纵筋为 2Φ25，下一排纵筋为 4Φ25，全部伸入支座。

b. 当同排纵筋有两种直径时，用加号“+”将两种直径的纵筋相连，注写时角筋写在前面。如图 10.3-15（b）所示，2Φ25+2Φ22 表示下部只有一排钢筋，2Φ25 放在角部，2Φ22 放在中部。

c. 当梁下部纵筋不全部伸入支座时，将梁支座下部纵筋减少的数量写在括号内。如图 10.3-15 所示，6Φ20 2(−2)/4，表示下部纵筋分两排，上排纵筋为 2Φ20，且不伸入支座，下排纵筋为 4Φ20，全部伸入支座。

d. 当已按规定注写了梁上部和下部均为通长的纵筋值时，则不需在梁下部重复做原位标注，如图 10.3-11 所示。

5）附加箍筋或吊筋，附加箍筋和吊筋用在主次梁相交处，钢筋直接画在平面图中主梁上，用引线标注总配筋值。当多数附加箍筋或吊筋相同时，可在梁平法施工图上统一注明，少数与统一注明值不同时，再原位引注，如图 10.3-16 所示。

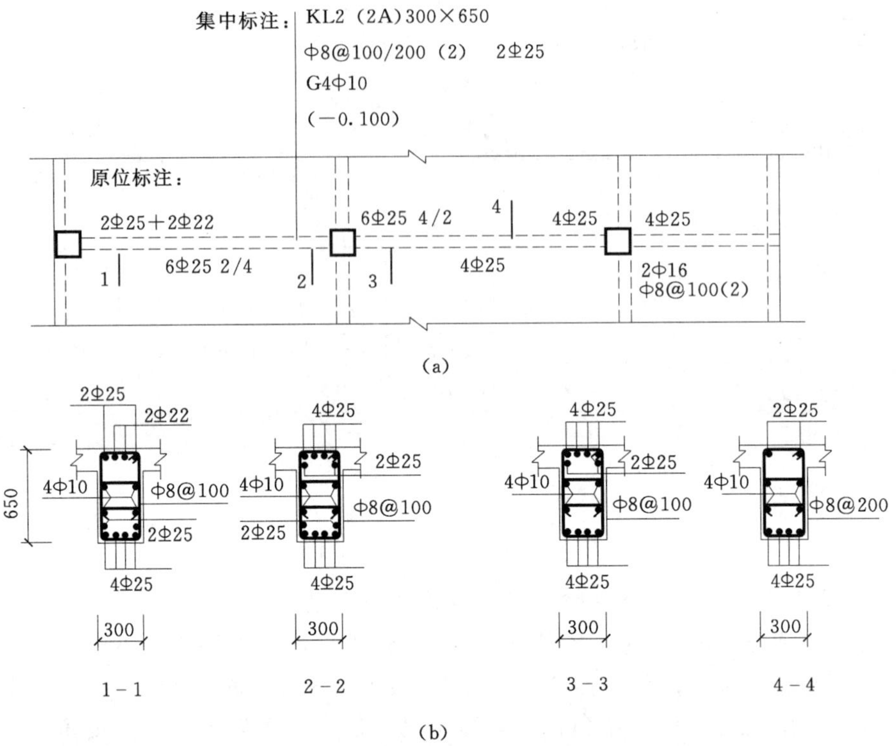

图 10.3－14　梁的上部纵梁构造

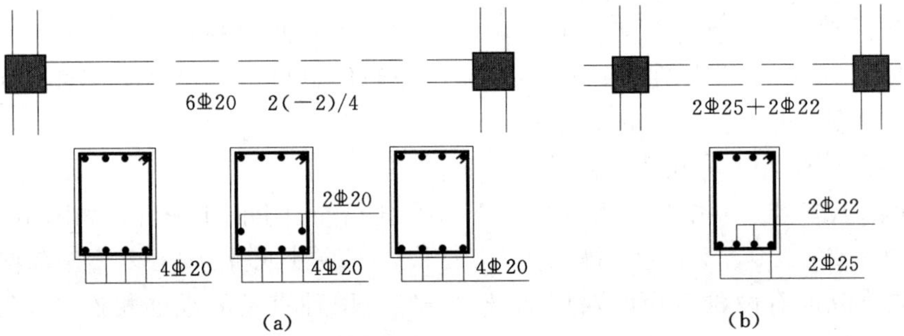

图 10.3－15　梁的下部纵筋构造

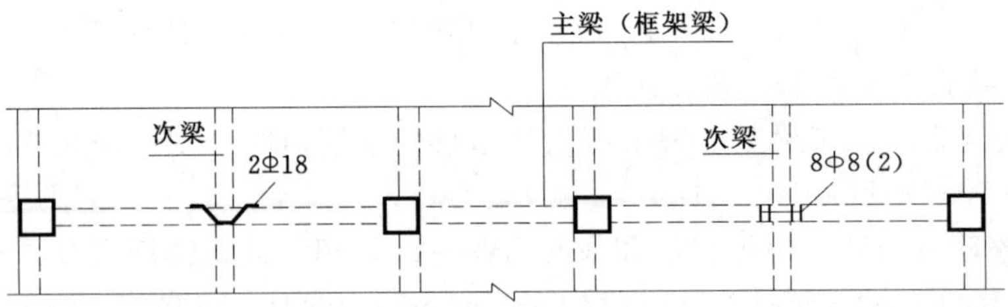

图 10.3－16　梁的吊筋和附加箍筋

2. 截面注写方式

（1）在分标准层绘制的梁平面布置图上，分别在不同编号的梁中各选择一根用截面剖切符号引出配筋图，并在其上注写截面尺寸和配筋具体数值的方式来表达梁平面整体配筋。

（2）从相同编号的梁中选一根梁，先将单边截面剖切符号及编号画在梁上，再将截面配筋详图画在本图或其他图上。当某梁的顶面标高与结构层的楼面标高不同时，应在其梁编号后注写梁顶面标高高差。

（3）在梁截面配筋详图上注写截面尺寸、上部钢筋、下部钢筋、侧面构造钢筋或受扭钢筋及箍筋等配筋具体数值，其表达形式与平面注写方式相同。

（4）截面注写方式既可单独使用，也可与平面注写方式结合使用。

如图 10.3－17 所示，L3、L5 即采用截面注写方式。

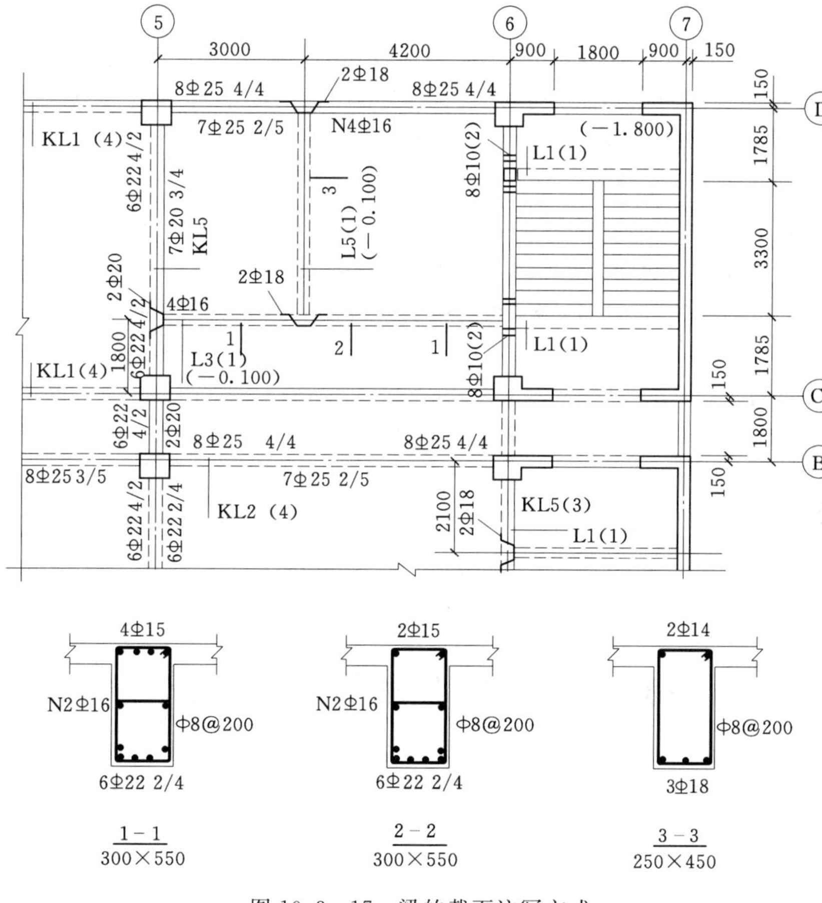

图 10.3－17　梁的截面注写方式

10.3.2　梁平法识读示例

1. 梁平法施工图识图要点

（1）看结构设计说明中的有关内容，如抗震等级、混凝土强度等级、混凝土保护层等。

（2）看各梁的平面布置和定位尺寸，根据相应的建筑结构平面图，特别应注意梁的中心线与轴线的关系。

（3）从集中标注和原位标注中读取梁的截面尺寸、上部纵筋、下部纵筋、构造钢筋和受扭钢筋、箍筋、附加钢筋等信息。

（4）梁纵向钢筋的连接位置、连接方法、连接长度、连接范围内的箍筋要求。

（5）柱与填充墙的拉接筋及其他二次结构预留筋或预埋铁件。

（6）其他。

2. 梁平法识读示例

如附图Ⅲ所示，该实训楼梁采用平面注写方式。

该实训楼为框架结构，抗震等级为三级，梁混凝土强度等级为 C25；该实训楼除基础钢筋混凝土环境为二 a 类，其余为一类，故梁混凝土保护层最小厚度取 20mm。

现浇梁的配筋：如附图结施－07 中二层梁配筋图①轴上Ⓒ～Ⓕ轴间梁的配筋，图示为 KL1。

集中标注表示：框架梁 KL1 为 1 跨，一端有悬挑，截面为 300×800；箍筋为Ⅰ级钢筋，直径 8mm，加密区间距为 100mm，非加密区间距为 150mm，均为两肢箍；上部通长筋为 2 根直径 25mm 的 2 级钢筋；下部通长筋为 3 根直径 25mm 的 3 级钢筋；受扭钢筋 6 根直径 12mm 的 3 级钢筋；该梁顶标高与楼层标高一致。

原位标注表示：

Ⓒ～Ⓓ轴悬挑部分：梁截面尺寸为 300×800/600；下部纵筋为 3 根直径 16mm 的 3 级钢筋，全部伸入支座；箍筋为Ⅰ级钢筋，直径 8mm，区间距为 100mm，均为两肢箍；受扭钢筋 4 根直径 12mm 的 3 级钢筋。

Ⓓ轴支座左边上部纵筋为 4 根直径 25mm 的 3 级钢筋，其中 2 根为上部通长筋，支座右边为 6 根直径 25mm 的 3 级钢分两排，上一排为 4 根，下一排为 2 根，其中上一排有 2 根为上部通长筋，放在角部。

Ⓕ轴支座上部纵筋为 4 根直径 25mm 的 3 级钢筋，其中 2 根为上部通长筋，放在角部。

KL1 与 L2 交接处两侧配置附加箍筋，每侧 4 根直径 8mm 的Ⅰ级钢筋，箍筋间距为 50mm。

任务 10.4　板平法施工图识读

【内容简介】

本任务主要介绍板平法施工图制图规则，使学生能准确识读板平法施工图。

10.4.1　板平法施工图制图规则

板内钢筋主要包括以下类型，如图 10.4－1 所示。

板中这些钢筋信息主要通过板平面布置图上采用板平面注写方式表达，本任务主要介绍有梁楼盖平法施工图板平面注写方式。

有梁楼盖板平法施工图，是在楼面板和屋面板布置图上，采用平法平面注写方式。板的平面注写方式主要包括板块集中标注和板支座原位标注，如图 10.4－2 所示。

为方便设计表达和施工识图，规定结构平面的坐标方向如下：

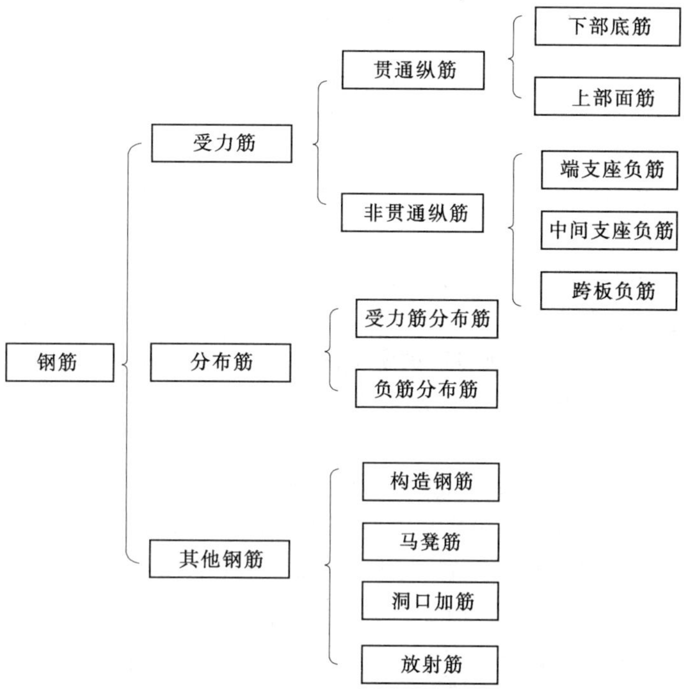

图 10.4－1　板内钢筋类型

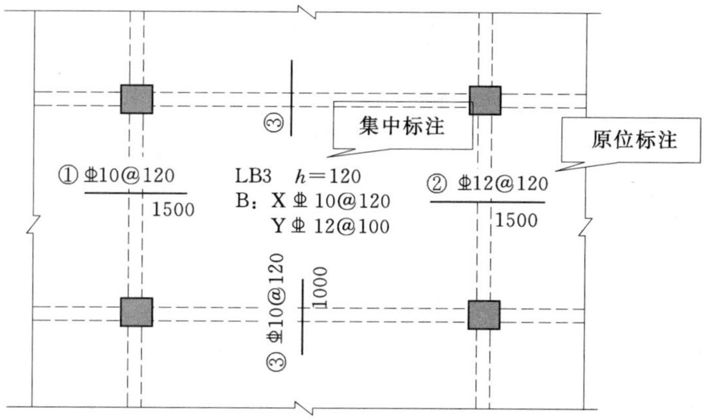

图 10.4－2　板平面注写方式

（1）当两向轴网正交时，图面从左至右为 X 向，从下至上为 Y 向。

（2）当轴网转折时，局部坐标方向顺轴网转折角度做相应转折。

（3）当轴网向心布置时，切向为 X 向，径向为 Y 向。

1. 板块集中标注

板块集中标注的内容为：板块编号、板厚、贯通钢筋以及当板面标高不同时的标高高差。

（1）板块编号。应符合表 10.4－1 的规定。

表 10.4-1 板块编号

板类型	代号	序号
楼面板	LB	××
屋面板	WB	××
悬挑板	XB	××

(2) 板厚。板厚注写为 h=×××(为垂直于板面的厚度);当悬挑板的端部改变截面厚度时,用斜线分隔根部与端部的高度值,注写为 h=×××/×××;当设计已在图中统一注明板厚时,此项可不注。

例如,注写为"h=120",则表示该跨板的厚度为 120mm;注写为"h=120/80",则表示该悬挑板的根部高度为 120mm,端部高度为 80mm。

(3) 贯通纵筋。

1) 贯通钢筋按板块的下部和上部分别注写(当板块上部不设贯通钢筋时则不注),并以 B 代表下部,以 T 代表上部,B&T 代表上部和下部;X 向贯通纵筋以 X 打头,Y 向贯通纵筋以 Y 打头,两向贯通纵筋配置相同时则以 X&Y 打头。

2) 当为单向板时,另一向贯通的分布筋可不必注写,而在图中统一注明。

如图 10.4-3 集中标注表示:表示 2 号楼面板,板厚为 120mm,板下部配置的贯通纵筋 X 向为 ⌀10@120,Y 向为 ⌀12@100,板上部未配置贯通纵筋。

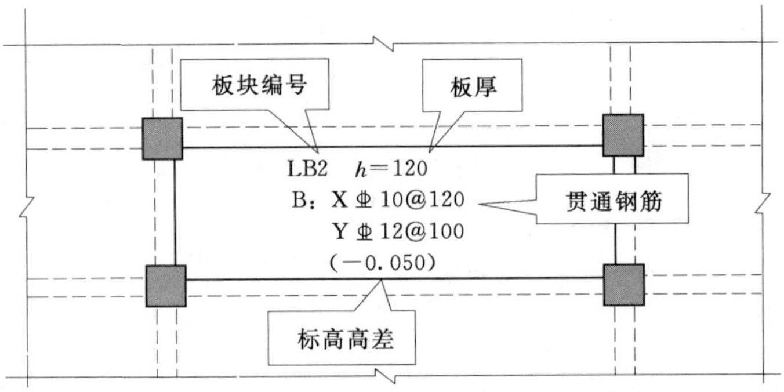

图 10.4-3 板块集中标注(一)

如图 10.4-4 集中标注表示:3 号楼面板,板厚为 110mm,板下部配置的贯通纵筋 X 向为 ⌀10@150,Y 向为 ⌀10@150,板上部配置的贯通纵筋 X 向为 ⌀12@100,Y 向为 ⌀12@100。

3) 当在某些板内配置有构造钢筋时,则 X 向以 Xc,Y 向以 Yc 打头注写。

例如:XB2 h=150/100 B:Xc&Yc ⌀8@200 表示 2 号悬挑板,板根部厚 150mm,端部厚 100,板下部配置构造钢筋双向均为 ⌀8@200(上部受力钢筋见板支座原位标注)。

4) 当 Y 向采用放射配筋时,设计者应注明配筋间距的定位尺寸。

5) 当贯通钢筋采用两种规格的钢筋"隔一布一"时,表达为Φ xx/yy@ ×××,表示直径为 xx 的钢筋和直径为 yy 的钢筋二者之间的间距为×××。

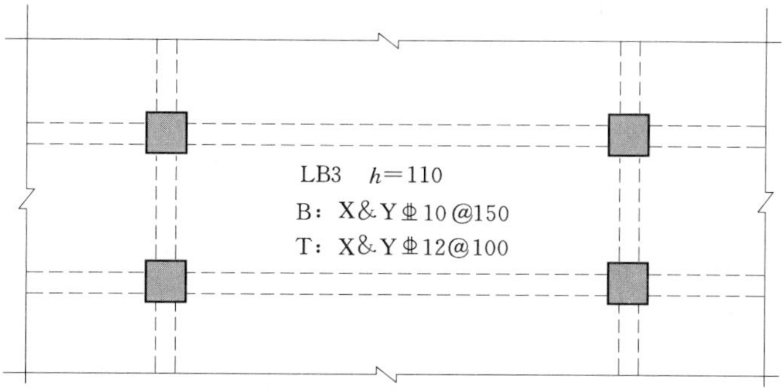

图 10.4-4 板块集中标注（二）

例如：某一楼板块注写为 LB5 h=110

B：X ⌀ 10/12@100；Y ⌀ 12@100

表示 5 号楼面板，板厚 110，板下部配置的贯通纵筋 X 向为两种直径，即 10mm 和 12mm 的钢筋隔一布一，两种直径钢筋之间间距 100；Y 向为 ⌀ 12@100。

（4）板面标高高差是指相对于结构层楼面标高的高差，应将其注写在括号内，且有高差则注，无高差则不注。

图 10.4-3 所示：（-0.050）表示该块楼面板标高比结构层楼面标高低-0.05m。

同一编号板块的类型、板厚和贯通纵筋均应相同，但板面标高、跨度、平面形状以及板支座上部非贯通纵筋可以不同，如同一编号板的平面形状可为矩形、多边形以及其他形状等。

2. 板支座原位标注

板支座原位标注的内容为：板支座上部非贯通钢筋和悬挑板上部受力钢筋。

（1）表示方法：在垂直于板支座（梁或墙）绘制一段适宜长度的中粗实线，以该线段代表支座上部非贯通纵筋。

1）以该线段应在配置相同跨的第一跨表达。

2）当该筋通长设置在悬挑板或短跨板上部时，实线段应画至对边或短跨。

（2）注写内容：

1）在线段上方注写钢筋编号、配筋值、横向连续布置的跨数（注写在括号内，当为一跨时可不注），以及是否横向布置到梁的悬挑端。

2）在线段的下方位置注写板支座上部非贯通筋自支座中线向跨内的延伸长度。

（3）注写要求：

1）当中间支座上部非贯通纵筋向支座两侧对称延伸时，可仅在支座一侧线段下方标注延伸长度，另一侧不注，如图 10.4-5（a）所示，表示①号非贯通筋为中间支座负筋，钢筋信息为 ⌀ 12@120，沿着支撑梁连续布置 1 跨，该钢筋自支座中线向两侧内的伸出长度均为 1600mm。

2）当中间支座上部非贯通纵筋向支座两侧非对称延伸时，应分别在支座两侧线段下方注写延伸长度，如图 10.4-5（b）所示，表示②号非贯通筋为中间支座负筋，钢筋信息为 ⌀ 12@120，沿着支撑梁连续布置 1 跨，该钢筋自支座中线向两侧内的伸出长度左边为 1600mm，右边为 1400mm。

3）当为端支座上部非贯通筋时，在支座有板一侧延伸，在延伸一侧线段下方注写延伸长度，如图 10.4－5（c）所示的③号钢筋，表示端支座负筋，钢筋信息为 ⌀ 10@120，沿着支撑梁连续布置 1 跨，该钢筋自支座中线向有板侧内的伸出长度 1000mm。

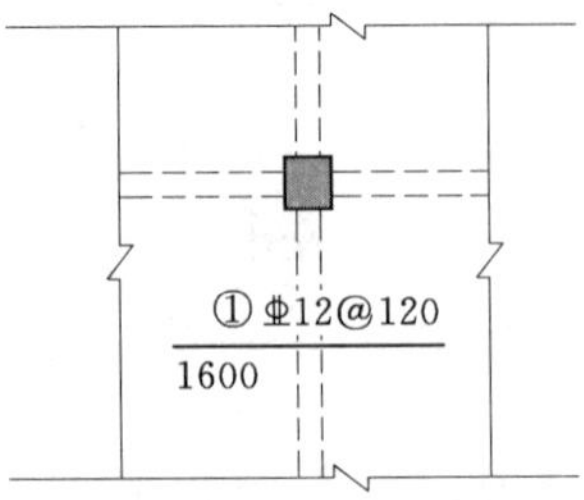

(a)

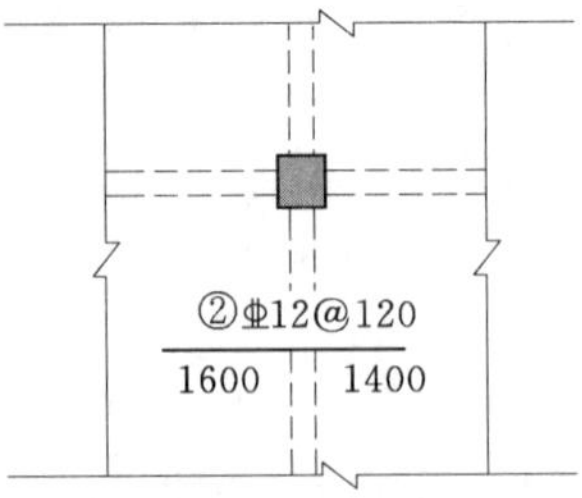

(b)

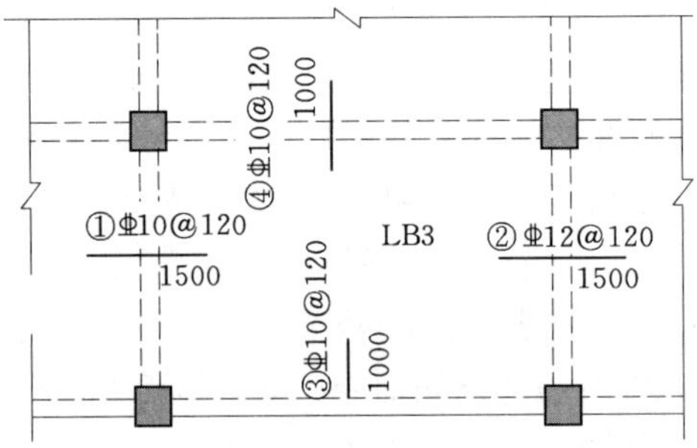

(c)

图 10.4－5　板支座原位标注

4）对线段画至对边贯通全跨或贯通全悬挑长度的上部通长纵筋，贯通全跨或延伸至全悬挑一侧的长度值不注，只注明非贯通筋另一侧的延伸，如图 10.4－6 所示。

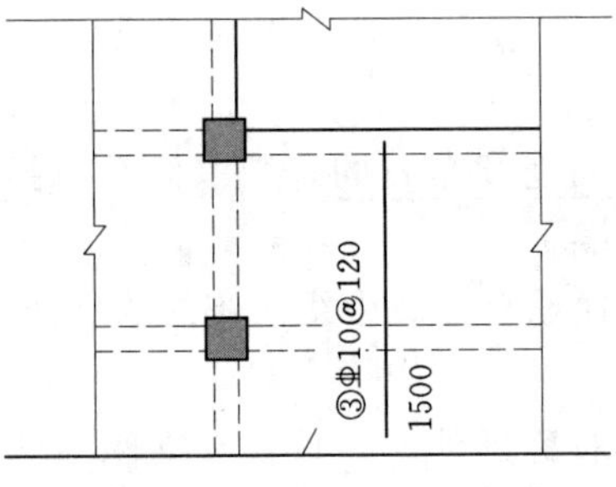

(a) 一侧贯通全跨注写示意图

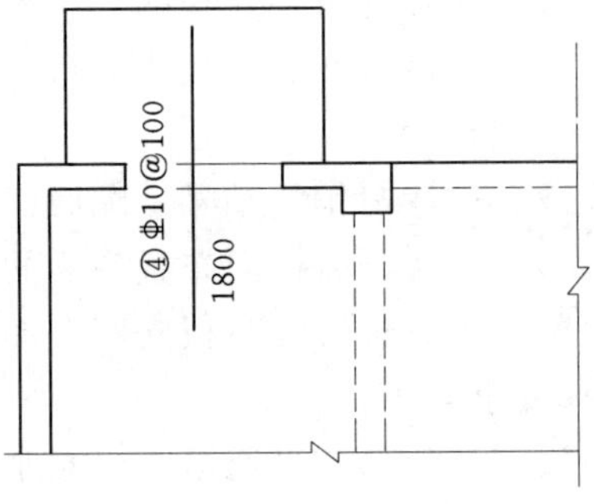

(b) 一侧贯通全悬挑注写示意图

图 10.4－6　板支座非贯通筋贯通全跨或伸出至悬挑端

5）悬挑板的注写方式，如图 10.4－7 所示。

6）在板平面布置图中，不同部位的板支座上部非贯通纵筋及悬挑板上部受力钢筋，可仅在一个部位注写，对其他相同者则仅需在代表钢筋的线段上注写编号及注写横向连续布置的跨数即可，如图 10.4－8 所示。

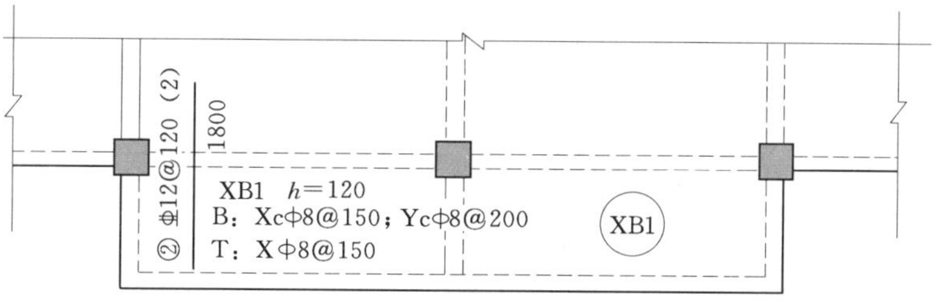

图 10.4－7　悬挑板支座非贯通筋

10.4.2　板平法识读示例

1. 板平法施工图识图要点

(1) 看结构设计说明中的有关内容，如抗震等级、混凝土强度等级、混凝土保护层、板洞等局部加强处理、分布筋的设置等。

(2) 看各板的平面布置和其支座（如梁、墙）的定位尺寸，根据相应的建筑结构平面图，特别应注意变截面处，上下截面与轴线的关系。

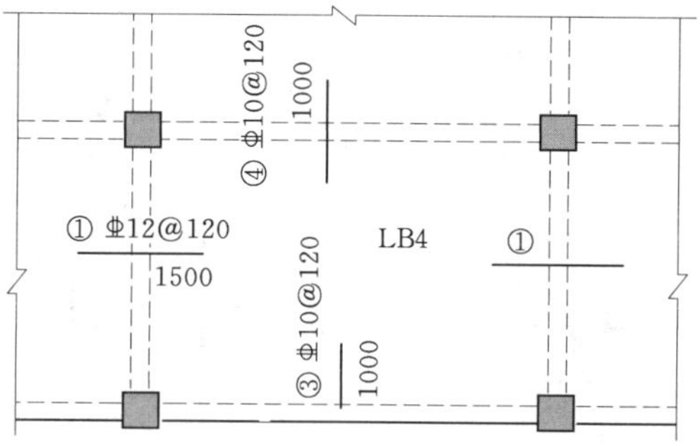

图 10.4－8　板上部非贯通筋标注方式

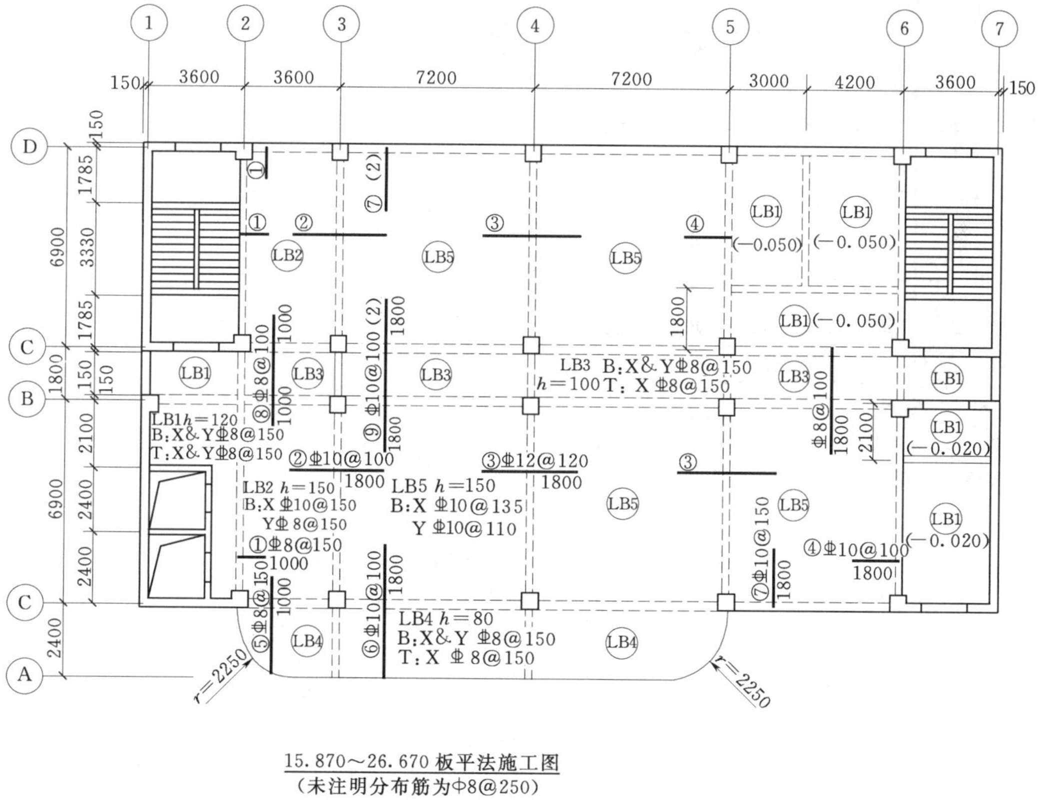

图 10.4－9　某工程板平法施工图（一）

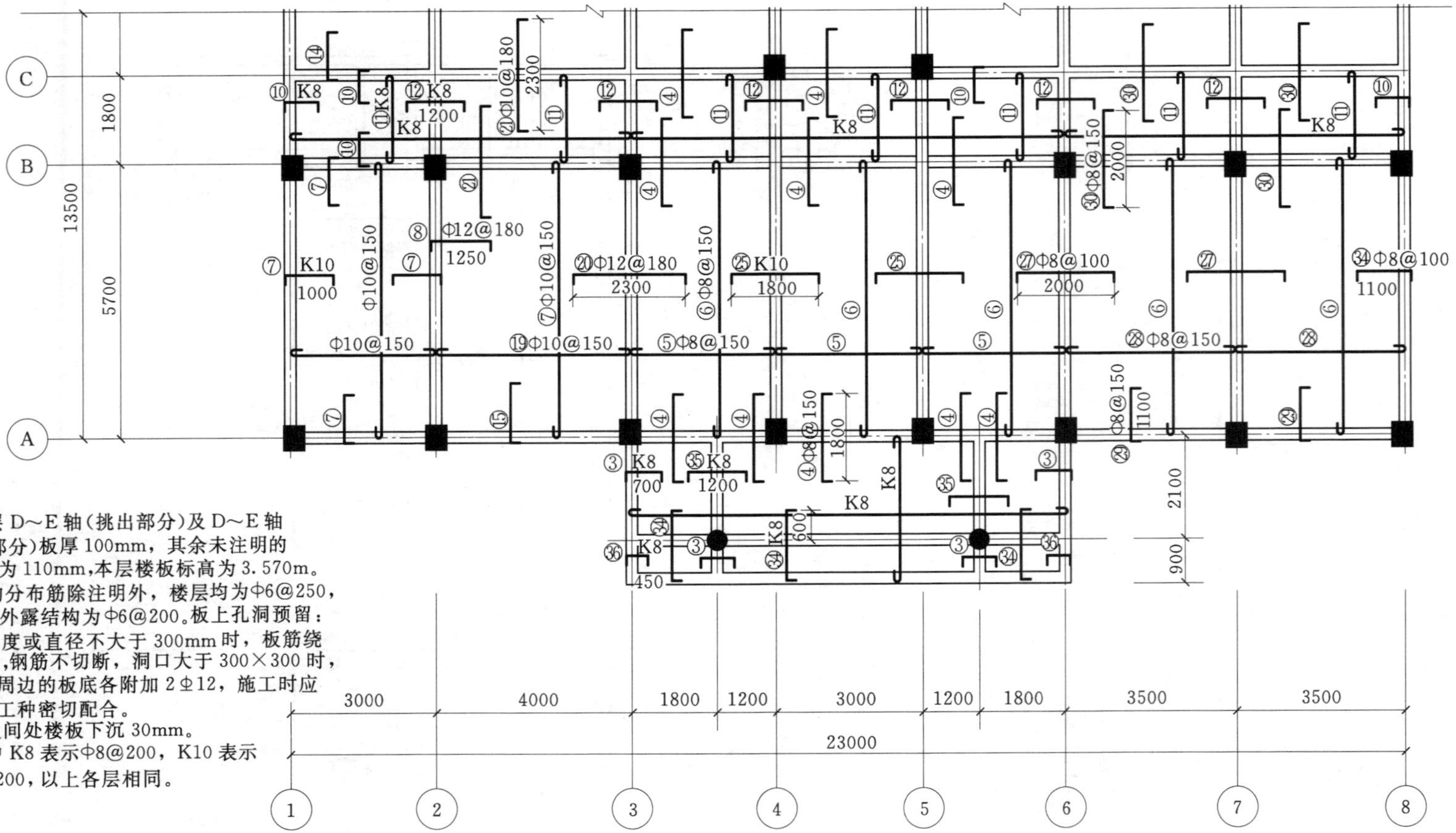

说明：

1. 本层 D～E 轴（挑出部分）及 D～E 轴（走廊部分）板厚 100mm，其余未注明的板厚均为 110mm，本层楼板标高为 3.570m。
2. 板的分布筋除注明外，楼层均为Φ6@250，屋面及外露结构为Φ6@200。板上孔洞预留：孔洞宽度或直径不大于 300mm 时，板筋绕过洞边，钢筋不切断，洞口大于 300×300 时，在洞口周边的板底各附加 2Φ12，施工时应与其他工种密切配合。
3. 卫生间处楼板下沉 30mm。
4. 图中 K8 表示Φ8@200，K10 表示Φ10@200，以上各层相同。

二层楼板配筋图 1∶100

图 10.4－10 某工程板平法施工图（二）

（3）从图中原位标注和集中标注中读取板厚、贯通钢筋、非贯通钢筋等相关钢筋信息及标高高差。

（4）板钢筋的连接位置、连接方法、连接长度等要求。

（5）其他。

2. 板平法施工图识读示例

（1）示例一：某工程板平法施工图如图 10.4－9 所示，LB5 板配筋：板厚 150mm，下部 X 方向配置贯通受力筋为 ⌀10@135，Y 方向配置贯通受力筋为 ⌀10@110，没有配置上部贯通钢筋，Ⓑ、Ⓒ轴上③～⑤轴之间配置⑨号非贯通筋即跨板支座负筋 ⌀10@100，支座负筋上分布筋为 Φ8@250。

（2）示例二：某工程板平法施工图如图 10.4－10 所示，相关信息采用原位标注和文字说明的形式表示。

①～②轴与Ⓐ～Ⓑ之间现浇楼板配筋：板厚 110mm，下部 X 和 Y 方向均配置贯通受力筋为 Φ10@150，①轴上Ⓐ～Ⓑ之间配置⑦号非贯通筋即端部支座负筋 Φ10@200，向板内伸入 1000mm，支座负筋上分布筋为 Φ6@250。

（3）示例三：附图Ⅲ为某综合实训楼结构施工图。

该实训楼为框架结构，抗震等级为三级，现浇板混凝土强度等级为 C25；该实训楼除基础钢筋混凝土环境为二 a 类，其余为一类，故板混凝土保护层最小厚度取 15mm。

现浇板的配筋：如附图结施－09 中①～②与Ⓒ～Ⓓ轴间板的配筋：板厚 100mm，板受力筋设置为双层双向，即下部和上部 X 和 Y 方向均配置贯通受力筋为 ⌀6@125，1 级钢筋端部做 180°弯钩，Ⓓ轴上①～②之间配置负筋 ⌀8@150；①轴上Ⓒ～Ⓓ之间配置端支座负筋 ⌀8@200；②轴上Ⓒ～Ⓓ轴之间配置中间支座负筋 ⌀8@200。

①～②与Ⓔ～Ⓕ之间板的配筋：板厚 100mm，板下部受力筋 Y 方向为 ⌀8@200，X 方向应配置构造分布筋 ⌀6@150（见结构设计说明）。

知识拓展：梁 内 钢 筋 配 置

通过对梁钢筋配置的认识，有助于后续课程钢筋算量的学习。

1. 梁的破坏类型及应对

（1）正截面受弯破坏。通过计算配置纵向受拉、受压钢筋来满足。

（2）斜截面受剪破坏。通过计算或构造配置箍筋或弯起钢筋来满足。

（3）斜截面受弯破坏。通过对纵向钢筋和箍筋的构造要求来满足。

2. 梁的钢筋计算原理

（1）梁的纵筋怎样配置合理。在拉力较小的地方配置钢筋少些，拉力较大的地方配置钢筋多些，如拓展图 1 所示。

（2）怎样固定梁的纵筋。用箍筋，同时箍筋起到抵抗梁的斜截面受剪破坏，如拓展图 2 所示。

（3）箍筋到梁中间上部与谁固定。一般梁会配置上部贯通筋用以固定梁中间箍筋的上部，如果出现 2 肢箍以上的多肢箍筋还需要配置架立筋来固定中间箍筋，如拓展图 3 所示。

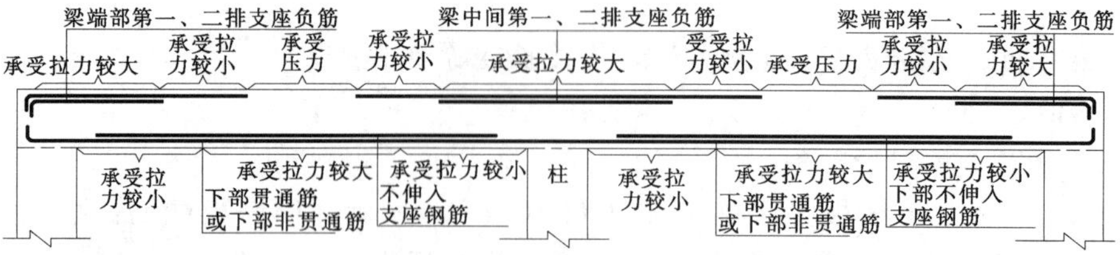

拓展图 1　梁纵筋配置示意图

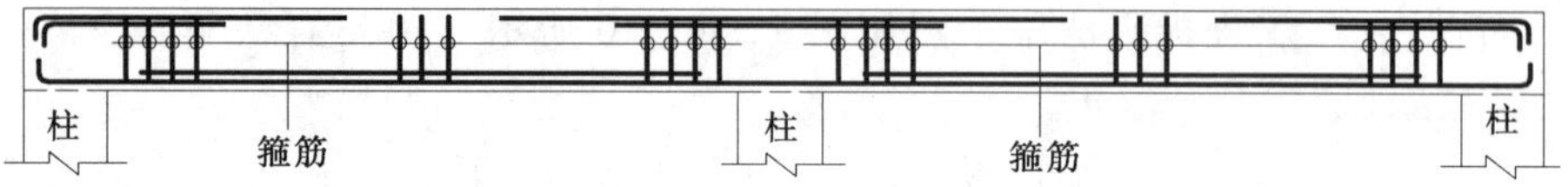

拓展图 2　梁箍筋配置示意图

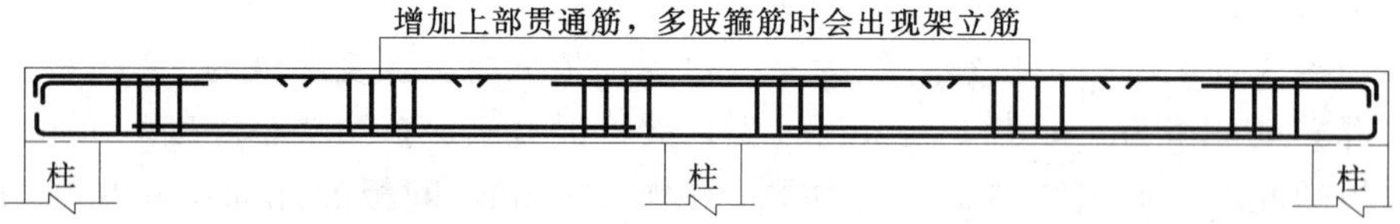

拓展图 3　梁上部贯通筋或架立筋

(4) 当梁截面特别高时怎么办。为了防止梁被扭曲，需要给梁配置侧面纵筋，即腰筋，有侧面纵筋就一定有固定侧面纵筋的拉筋，如拓展图 4 所示。

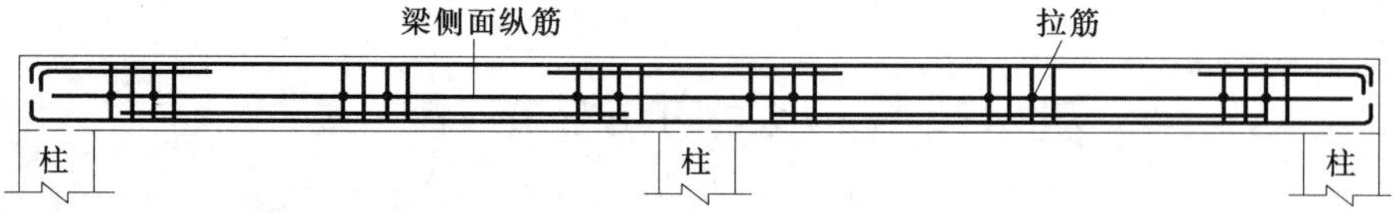

拓展图 4　梁侧面纵筋和拉筋

(5) 当主梁遇到次梁时怎么办。当主次梁相交时，主梁要承担次梁的荷载，就要在主梁上配置吊筋或附加箍筋，如拓展图 5 所示。

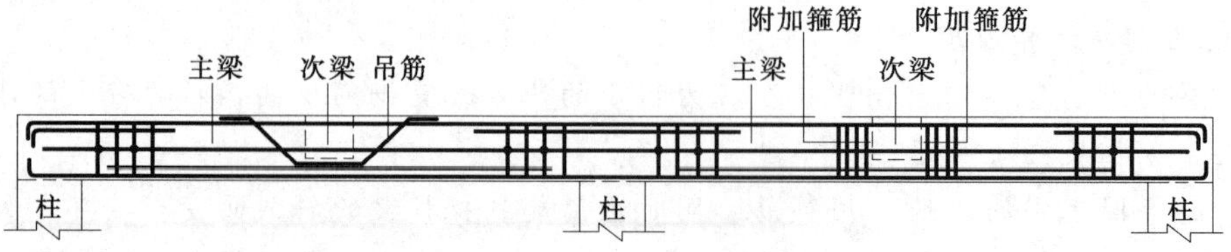

拓展图 5　梁吊筋和附加箍筋

习 题 与 考 核

一、实操题

结合课本后的附图，应用所学知识，进行柱、梁、板结构施工图识读。

二、理论题

1. 楼板的类型有哪些？简述现浇钢筋混凝土楼板的分类。
2. 柱子钢筋有哪些？柱平法表达方式分别是什么？
3. 梁内钢筋有哪些？梁集中标注中必注值有哪些？
4. 板内钢筋有哪些？板的集中标注内容和原位标注内容分别有什么？

项目 11

钢筋混凝土楼梯结构施工图识读

【学习目标】

知识目标： 了解楼梯的类型及几种注写方式；掌握楼梯中的常见钢筋类型及制图规则。

技能目标： 掌握楼梯平法施工图的识图要点，能够准确识读楼梯平法施工图。

【情景导入】

同学们，根据图 11.0-1，我们来思考一下：

(1) 楼梯有哪些类型?

(2) 楼梯的钢筋有哪些?

(3) 如何把这些三维排布的钢筋清楚明白地表示在图纸上?

带着这些问题我们一起进行下面的学习。

图 11.0-1　楼梯的配筋图

任务 11.1　现浇混凝土板式楼梯平法施工图制图规则

【内容简介】

本任务主要介绍楼梯的类型并且掌握他们的形状，使学生掌握楼梯的钢筋及三种注写方式。

11.1.1　楼梯的类型

楼梯的类型见表 11.1-1，其对应形状如图 11.1-1～图 11.1-5 所示。

表 11.1-1　　楼 梯 的 类 型

梯板代号	适用范围		是否参与结构整体抗震计算
	抗震构造措施	适用结构	
AT	无	框架、剪力墙、砌体结构	不参与
BT			
CT	无	框架、剪力墙、砌体结构	不参与
DT			
ET	无	框架、剪力墙、砌体结构	不参与
FT			
GT	无	框架、剪力墙、砌体结构	不参与
HT			
ATa	有	框架结构	不参与
ATb			不参与
ATc			参与

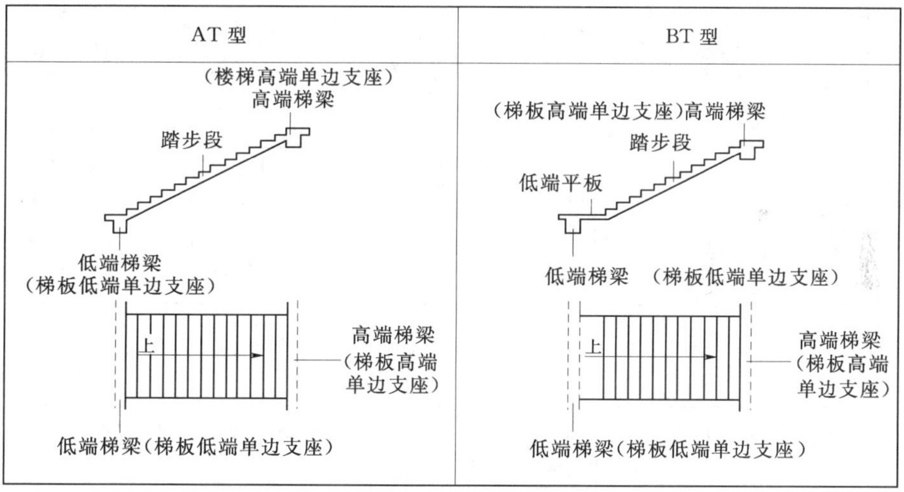

图 11.1-1　楼梯类型示意图（一）

11.1.2　楼梯的钢筋

以 AT 型楼梯为例，楼梯是类似板的构件，所以楼梯的钢筋同板的钢筋类似，有上部纵筋（类似于板在上部的支座负筋）、下部纵筋和分布筋，如图 11.1-6 所示。

11.1.3　楼梯平面注写方式

1. 平面注写方式

平面注写方式，系在楼梯平面布置图上注写截面尺寸和配筋具体数值的方式来表达楼梯施工图，包括集中标注和外围标注。

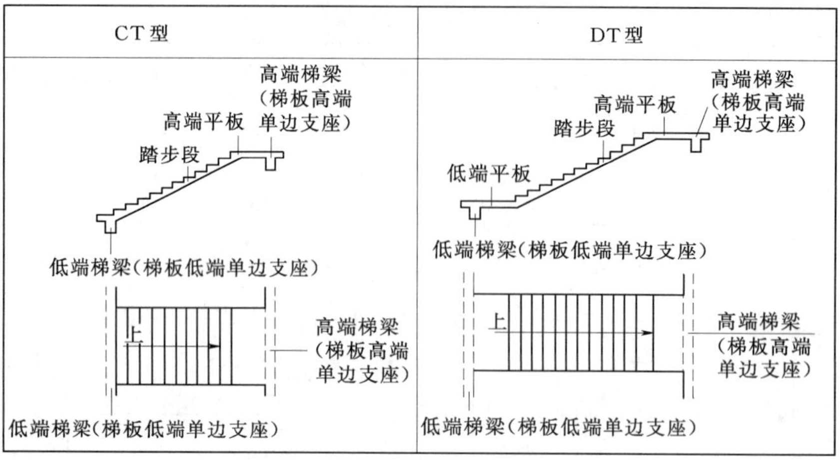

图 11.1-2　楼梯类型示意图（二）

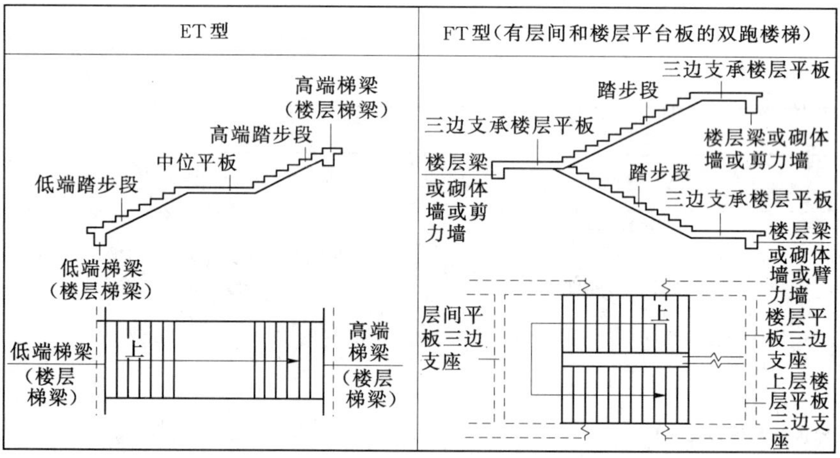

图 11.1-3　楼梯类型示意图（三）

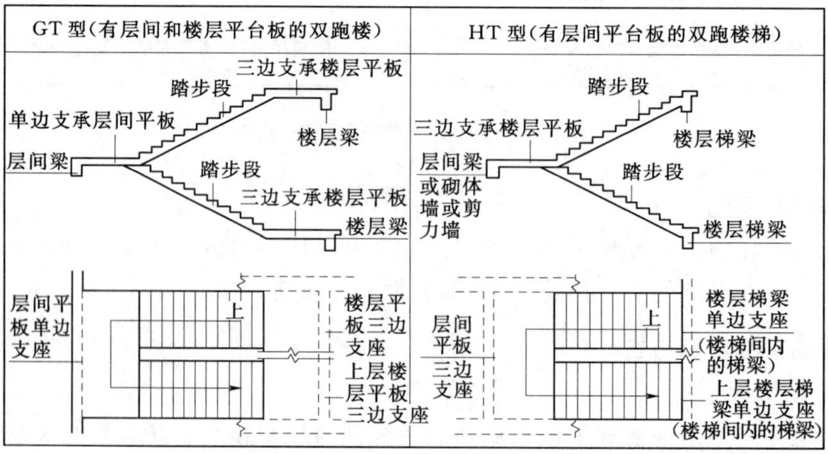

图 11.1-4　楼梯类型示意图（四）

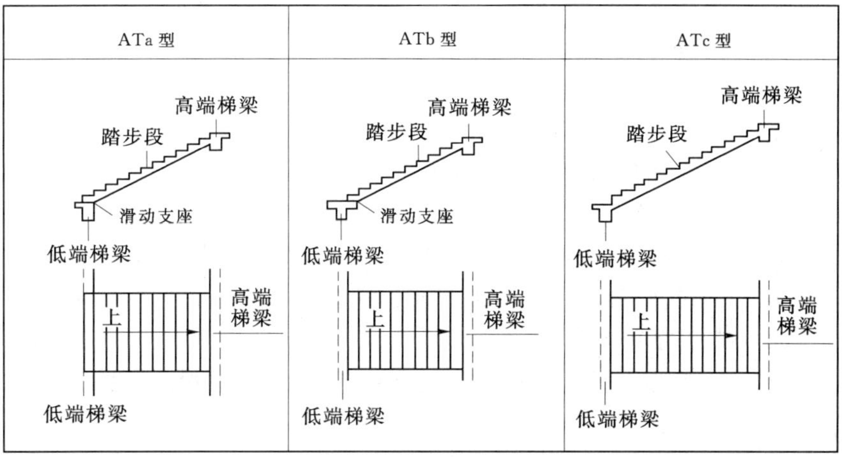

图 11.1-5　楼梯类型示意图（五）

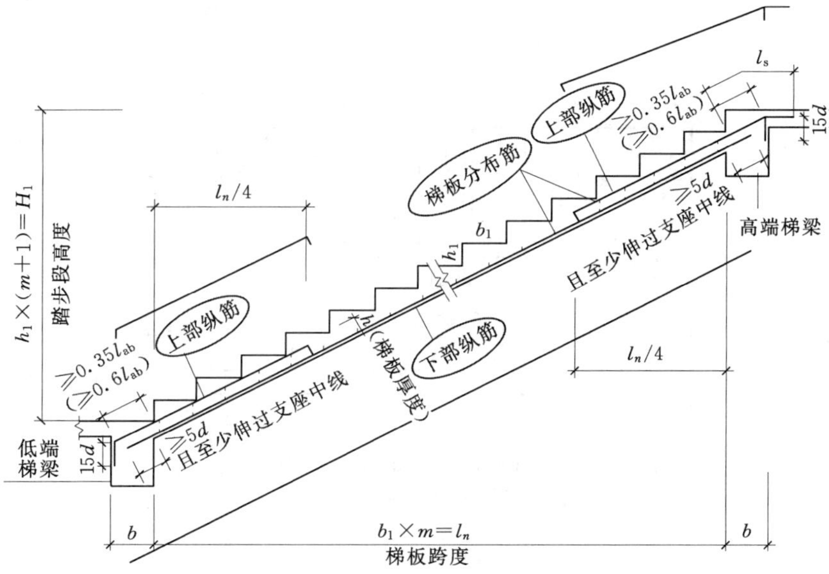

图 11.1-6　AT 型楼梯构造详图

2. 楼梯集中标注的内容

楼梯集中标注的内容有五项，具体规定如下：

(1) 梯板类型代号与序号，如 AT××。

(2) 梯板厚度，注写为 $h=\times\times\times$。当为带平板的梯板且梯段板厚度和平板厚度不同时，可在梯段板厚度后面括号内以字母 P 打头注写平板厚度。

例：$h=130$(P150)，130 表示梯段板厚度，150 表示梯板平板段的厚度。

(3) 踏步段总高度和踏步级数之间以“/”分隔。

(4) 梯板支座上部纵筋和下部纵筋之间以“;”分隔。

(5) 梯板分布筋，以 F 打头注写分布钢筋具体值，该项也可在图中统一说明。

例：平面图中梯板类型及配筋的完整标注示例如下（AT型）：

AT1，h=120：梯板类型及编号，梯板板厚。

1800/12：踏步段总高度/踏步级数。

⌀10@200；⌀12@150：上部纵筋；下部纵筋。

FΦ8@250：梯板分布筋（可统一说明）。

3. 楼梯外围标注的内容

楼梯外围标注的内容包括楼梯间的平面尺寸、楼层结构标高、层间结构标高、楼梯的上下方向、梯板的平面几何尺寸、平台板配筋、梯梁及梯柱配筋等。

4. 常见AT型楼梯的平面注写

（1）AT型楼梯的适用条件为：两梯梁之间的矩形梯板全部由踏步段构成，即踏步段两端均以梯梁为支座。凡是满足该条件的楼梯均可为AT型。

（2）AT型楼梯平面注写方式如图11.1-7所示。其中：集中注写的内容有5项，第1项为梯板类型代号与序号AT××；第2项为梯板厚度h；第3项为踏步段总高度H_s/踏步级数（m+1）；第4项为上部纵筋及下部纵筋；第5项为梯板分布筋。设计示例如图11.1-8所示。

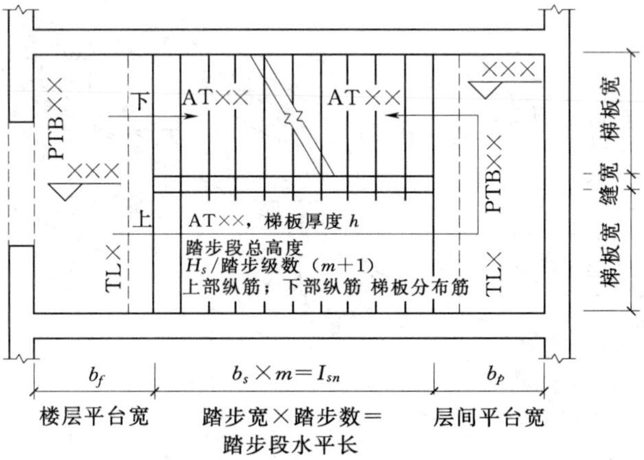

图11.1-7　注写方式

（3）梯板的分布钢筋可直接标注，也可统一说明。

（4）平台板PTB、梯梁TL、梯柱TZ配筋可参照《混凝土结构施工图平面整体表示方法制图规则和构造详图（现浇混凝土框架剪力墙、梁、板）》（11G101-1）标注。

11.1.4　剖面注写方式

（1）剖面注写方式需在楼梯平法施工图中绘制楼梯平面布置图和楼梯剖面图，注写方式分平面注写、剖面注写两部分。

（2）楼梯平面布置图注写内容，包括楼梯间的平面尺寸、楼层结构标高、层间结构标高、楼梯的上下方向、梯板的平面几何尺寸、梯板类型及编号、平台板配筋、梯梁及梯柱配筋等。

（3）楼梯剖面图注写内容，包括梯板集中标注、梯梁梯柱编号、梯板水平及竖向尺

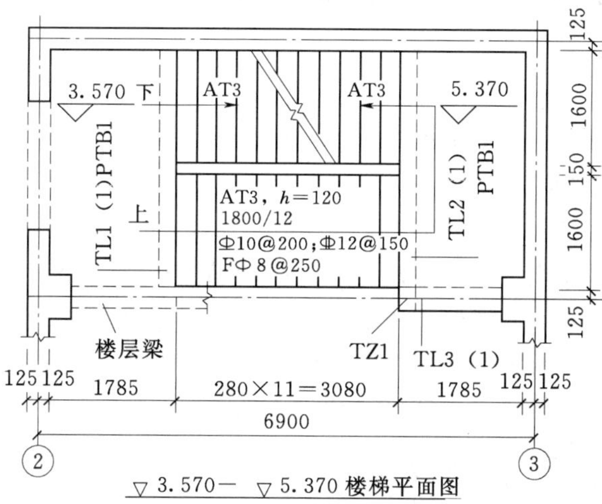

图 11.1-8　设计示例

寸、楼层结构标高、层间结构标高等。

（4）梯板集中标注的内容有四项，具体规定如下：

1）梯板类型及编号，如 AT××。

2）梯板厚度，注写为 h=×××。当梯板由踏步段和平板构成，且踏步段梯板厚度和平板厚度不同时，可在梯板厚度后面括号内以字母 P 打头注写平板厚度。

3）梯板配筋。注明梯板上部纵筋和梯板下部纵筋，用分号“;”将上部与下部纵筋的配筋值分隔开来。

4）梯板分布筋，以 F 打头注写分布钢筋具体值，该项也可在图中统一说明。

例：剖面图中梯板配筋完整的标注如下：

AT1，h=120：梯板类型及编号，梯板板厚。

Φ 10@200：Φ 12@150：上部纵筋；下部纵筋。

F Φ 8@250：梯板分布筋（可统一说明）。

11.1.5　列表注写方式

（1）列表注写方式系用列表方式注写梯板截面尺寸和配筋具体数值的方式来表达楼梯施工图，见表 11.1-2。

（2）列表注写方式的具体要求同剖面注写方式，仅将剖面注写方式中的梯板配筋注写项改成列表注写项。

表 11.1-2　　梯板几何尺寸和配筋

梯板编号	踏步段总高度/踏步级数	板厚 h	上部纵向钢筋	下部纵向钢筋	分布筋

任务 11.2　楼梯配筋图识读

【内容简介】

本任务主要介绍楼梯平法施工图识图要点，使学生准确读取楼梯尺寸和钢筋信息。

1. 楼梯平法施工图看图要点

（1）根据楼梯平面图确定楼梯的类型。

（2）确定楼梯的平面尺寸、楼层结构标高、层间结构标高。

（3）确定与楼梯相关的梁、梯柱、休息平台等构件的尺寸和配筋。

（4）根据楼梯剖面图，确定楼梯的厚度、踏步总高度和踏步级数。

（5）确定楼梯支座上部纵筋，下部纵筋和分布筋。

2. 楼梯平法施工图识图实例

（1）示例一：办公楼的楼梯配筋图。

1）根据平面图（图 11.2－1），确定了楼梯为 AT 型楼梯。

2）楼梯间在Ⓒ～Ⓓ和⑤～⑥轴。

3）根据框梁的平法识图规则，确定二层楼梯和休息平台的连接梁为 KL10 的一跨，三层和顶层的为 KL19 的一跨；楼层平台和楼梯的连接梁则为 L6；休息平台的具体钢筋也可见楼梯平面图，其厚 $h=100$；底筋 X 向为①号钢筋，Y 向为②号钢筋，还有边支座负筋③号钢筋，分布筋按结构设计总说明中的规定为 Φ6@250。

4）根据图 11.2－2 和图 11.2－3，确定一层的楼梯为 TB1，$h=120$mm，踏步总高度为 150×13＝1950(mm)，总宽度为 270×12＝3240(mm)，底筋为① Φ12@150，低端支座上部纵筋为② Φ12@150，高端支座上部纵筋为③ Φ12@150，分布筋为 Φ6@250；二层以上均为 TB2/TB3/TB4，其各板均相同，$h=110$mm，踏步总高度为 150×11＝1650mm，总宽度为 270×10＝2700mm，底筋为① Φ12@150，低端支座上部纵筋为② Φ12@150，高端支座上部纵筋为③ Φ12@150，分布筋为 Φ6@250。

（2）示例二：附图 3.7 为某综合实训楼-结施 06，该示例采用列表注写的方式。

1）通过列表和剖面图详图，可以知道“某综合实训楼”的楼梯有 AT 型和 BT，其中 AT 型有两种，BT 型有一种。其中，一层中有两块 AT2 梯板，二层中有一块 BT1 和一块 AT1，三层及三层以上则都为 AT1。

2）根据地基梁配筋图可以知道每层有两个楼梯间，在Ⓓ～Ⓔ和⑥～⑦轴，及Ⓓ～Ⓔ和⑫～⑬轴。根据楼梯剖面详图知道一层楼梯间的层高为 5.4m，二层及二层以上的则为 3.9m。

3）以二层的楼梯为例，与二层休息平台 PTB 连接的梁为 PTL2，PTB 左右两边的梁为 TL2，柱有 TZ1。PTL2、TL2 及 TZ1 的配筋信息可在图中找出，PTB 的配筋信息则在文字楼梯说明中的第 6 点中说明。

4）根据配筋表，确定二层 BT1 板的梯段净长＝300×12＝3600(mm)，踏步总高＝150×13＝1950(mm)，$h=190$mm，下部纵筋 Φ14@100，梯板上部纵筋（通长）Φ10@150，因为板厚＝190mm≥120mm，所以分布筋为 Φ10@200。

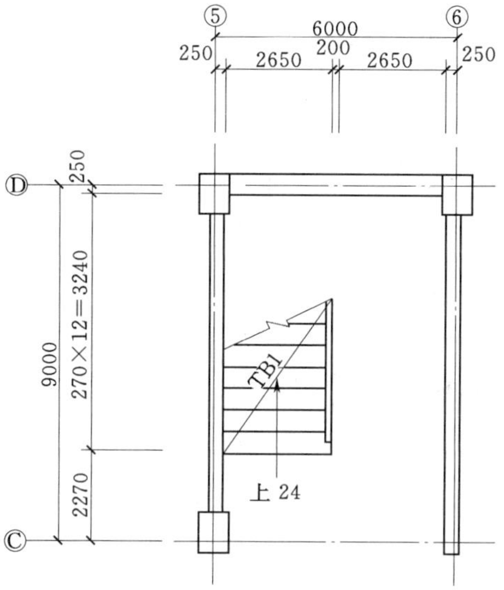

一层楼梯平面

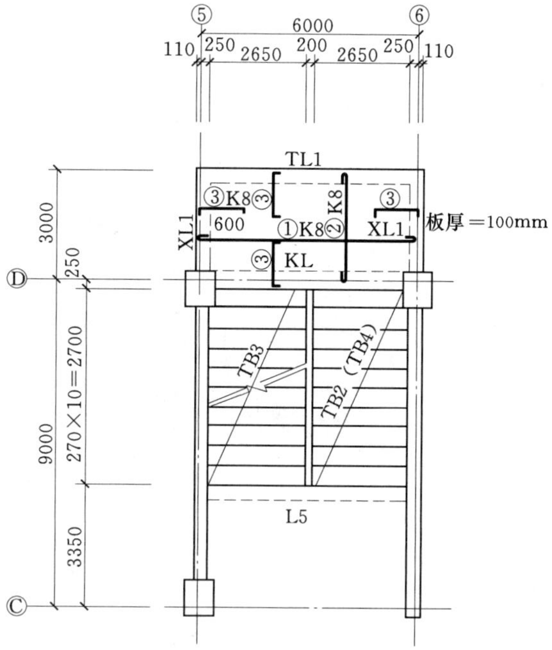

二、三层楼梯平面

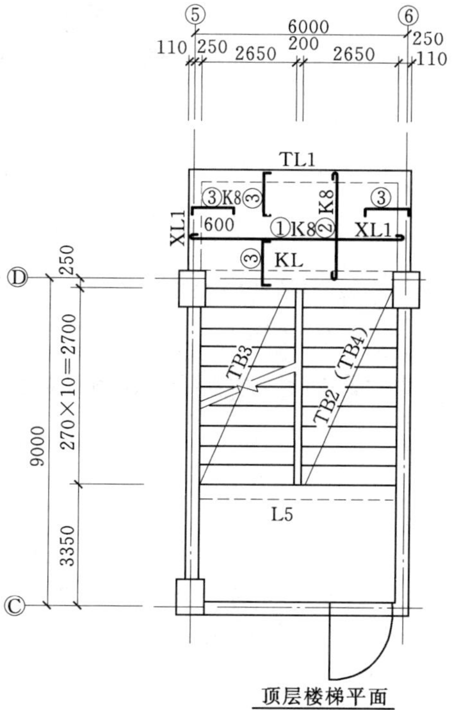

顶层楼梯平面

图 11.2-1 楼梯平面图

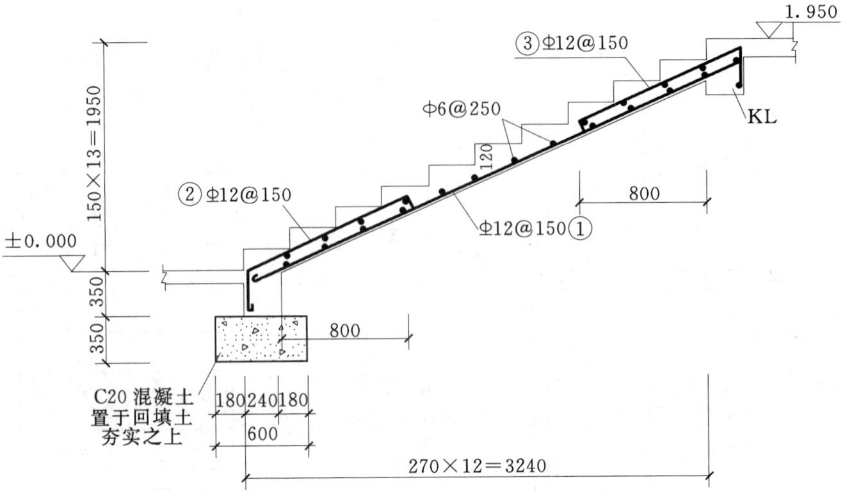

图 11.2－2　TB1 配筋图

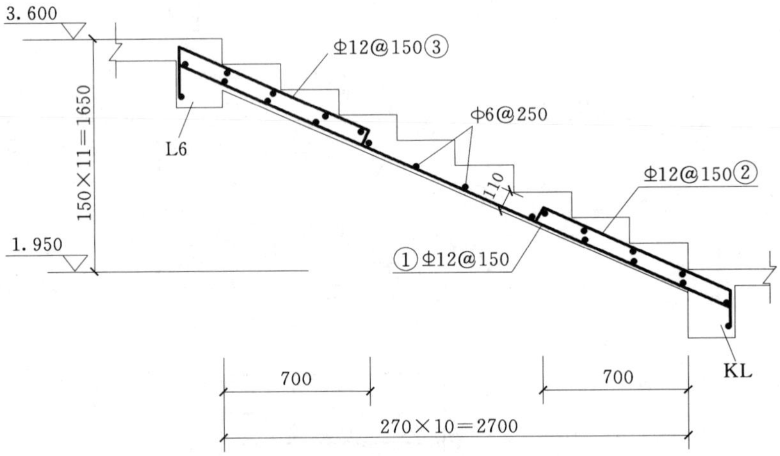

图 11.2－3　TB2(TB3、TB4) 配筋图

知识拓展：楼梯剖面注写和列表注写学习

一、剖面图注写

根据拓展图 1 和拓展图 2 回答问题：

1. 图中有几种楼梯类型？

2. 指出每种楼梯的板厚，踏步段长度、高度，踏步级数以及上部纵筋，下部纵筋，分布筋的信息。

二、列表注写

结合拓展图 1 和拓展表 1，对比剖面注写，回答问题：

1. 图中有几种楼梯类型？

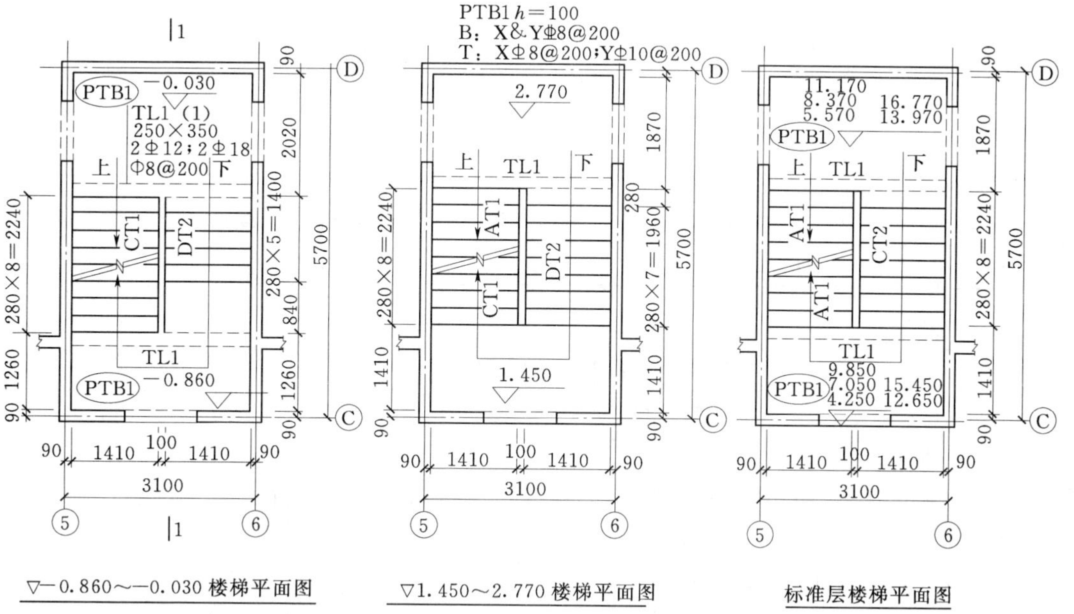

拓展图 1　平面图

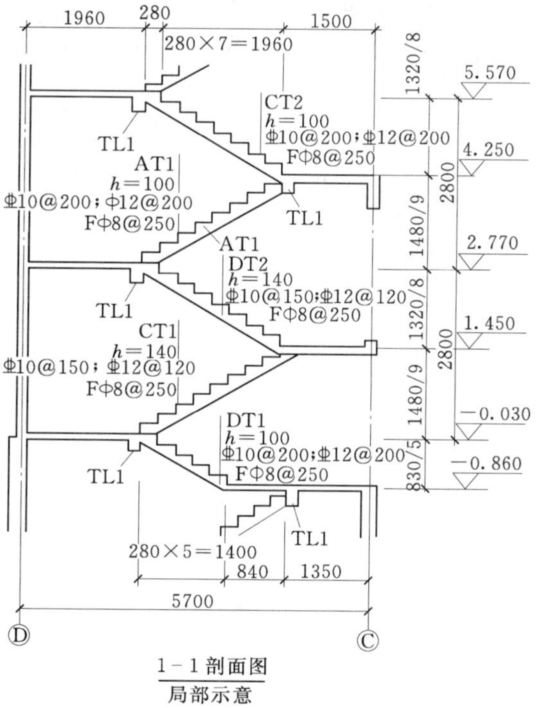

拓展图 2　剖面图

2. 指出每种楼梯的板厚，踏步段长度、高度，踏步级数以及上部纵筋，下部纵筋，分布筋的信息。

拓展表1 列 表 注 写

梯板类型编号	踏步高度/踏步级数	板厚 h	上部纵筋	下部纵筋	分布筋
AT1	1480/9	100	Φ10@200	Φ12@200	ϕ8@250
CT1	1480/9	140	Φ10@150	Φ12@120	ϕ8@250
CT2	1320/8	100	Φ10@200	Φ12@200	ϕ8@250
DT1	830/5	100	Φ10@200	Φ12@200	ϕ8@250
DT2	1320/8	140	Φ10@150	Φ12@120	ϕ8@250

习题与考核

一、实操题

结合课本后的附图，应用所学知识，进行楼梯结构施工图识读。

二、理论题

1. 楼梯的类型有哪些？
2. AT型楼梯的特征有哪些？
3. 楼梯的钢筋有哪些？
4. 楼梯的集中标注内容和外围标注内容分别有什么？
5. 楼梯厚度、上部纵筋、下部纵筋、分布筋分别如何表示？

参 考 文 献

［1］ 丁春静．建筑识图与房屋构造［M］．2版．重庆：重庆大学出版社，2011.

［2］ 杨波．建筑工程施工识图速成与技法［M］．南京：江苏科学技术出版社，2009.

［3］ 李晓东．建筑识图与房屋构造［M］．北京：高等教育出版社，2012.

［4］ GB/T 50103—2010 总图制图标准［S］．北京：中国计划出版社，2011.

［5］ GB/T 50001—2010 房屋建筑制图统一标准［S］．北京：中国计划出版社，2011.

［6］ GB/T 50104—2010 建筑制图统一标准［S］．北京：中国计划出版社，2011.

［7］ GB/T 50105—2010 建筑结构制图标准［S］．北京：中国计划出版社，2011.

［8］ 11G101-1、11G101-2、11G101-3 国家建筑标准设计图集［S］．北京：中国计划出版社，2013.

［9］ 李宁宁，陈卫平．建筑识图训练［M］．2版．武汉：中国地质大学出版社，2011.

［10］ 陈卫平，程辉．建筑工程基础［M］．3版．武汉：中国地质大学出版社，2011.

［11］ 葛若东．土建专业岗位基础知识［M］．北京：中国环境出版社，2014.

［12］ 凌卫宁．房屋建筑学［M］．北京：中国水利水电出版社，2007.

［13］ 王远正，王建华，李平诗．建筑识图与房屋构造［M］．重庆：重庆大学出版社，1996.

［14］ 许光，袁雪峰．建筑识图与房屋构造［M］．重庆：重庆大学出版社，2007.

［15］ 刘尊明．建筑构造与识图［M］．哈尔滨：哈尔滨工业大学出版社，2012.

［16］ GB 50345—2012 屋面工程技术规范［S］．北京：中国建筑工业出版社，2012.

［17］ GB 50352—2005 民用建筑设计通则［S］．北京：中国建筑工业出版社，2005.